"十四五"职业教育国家规划教材

模具制造工艺
（第三版）
MUJU ZHIZAO GONGYI

主　编　刘华刚

中国教育出版传媒集团
高等教育出版社·北京

新形态教材

内容简介

本书是"十四五"职业教育国家规划教材,根据教育部最新发布的《高等职业学校专业教学标准》中对本课程的要求,并参照现行相关国家标准和职业技能等级考核标准修订而成的。

本书共包括七个项目,分别是模具零件机械加工工艺基础、冲裁模零件机械加工工艺、锻模零件机械加工工艺、铝合金挤压模零件机械加工工艺、塑料模零件机械加工工艺、模具零件的特种加工技术和模具的装配调试技术。

本书为新形态一体化教材,借助先进技术,丰富内容呈现形式,配套多媒体助学助教资源,助力提高教学质量和教学效率。

本书可作为高等职业技术院校模具设计与制造、材料成形、数控、机械制造等相关专业的教材,也可满足普通高等教育应用型人才培养的需要,还可供有关工程技术人员参考。

图书在版编目(CIP)数据

模具制造工艺 / 刘华刚主编. —3 版. —北京:高等教育出版社,2023.2(2025.1 重印)

ISBN 978-7-04-059810-0

Ⅰ. ①模… Ⅱ. ①刘… Ⅲ. ①模具-制造-生产工艺-高等职业教育-教材 Ⅳ. ①TG760.6

中国国家版本馆 CIP 数据核字(2023)第 017384 号

策划编辑 张尕琳	责任编辑 张尕琳	班天允	封面设计 张文豪	责任印制 高忠富

出版发行 高等教育出版社	网 址 http://www.hep.edu.cn
社 址 北京市西城区德外大街4号	http://www.hep.com.cn
邮政编码 100120	网上订购 http://www.hepmall.com.cn
印 刷 上海新艺印刷有限公司	http://www.hepmall.com
开 本 787mm×1092mm 1/16	http://www.hepmall.cn
印 张 13	版 次 2016年2月第1版
字 数 290 千字	2023年2月第3版
购书热线 010-58581118	印 次 2025年1月第3次印刷
咨询电话 400-810-0598	定 价 34.00 元

本书如有缺页、倒页、脱页等质量问题,请到所购图书销售部门联系调换

版权所有 侵权必究

物 料 号 59810-A0

配套学习资源及教学服务指南

二维码链接资源

本书配套微视频、动画、图片等学习资源,在书中以二维码链接形式呈现。手机扫描书中的二维码进行查看,随时随地获取学习内容,享受学习新体验。

打开书中附有二维码的页面 → **扫描二维码** → **查看相应资源**

教师教学资源下载

本书配有课程相关的教学资源,例如,教学课件、习题及参考答案、仿真案例等。选用教材的教师,可扫描下方二维码,关注微信公众号"高职智能制造教学研究",点击"教学服务"中的"资源下载",或电脑端访问网址(101.35.126.6),注册认证后下载相关资源。

★ 如您有任何问题,可加入工科类教学研究中心QQ群:243777153。

本书二维码资源列表

页码	类型	说　　明	页码	类型	说　　明
005	微视频	模具在全世界各行业中的应用	104	图片	注塑机
006	微视频	五轴加工中心模具加工	104	动画	注塑机是如何工作的
017	图片	模具配件	106	微视频	注射模具工作过程
044	拓展提升	实践训练题一	107	图片	注射模
062	微视频	成形磨削	107	微视频	加工中心多轴加工模具
065	微视频	凹模板加工	110	微视频	动模板的加工
065	微视频	模具凸凹模加工	113	微视频	塑料模斜导柱孔的加工实例
071	微视频	拉伸凸模加工	121	微视频	数控钻孔、铣型腔加工仿真
074	拓展提升	实践训练题二	121	拓展提升	实践训练题五
076	微视频	劳模风采	122	微视频	工匠时代
077	图片	锻压机床（一）	122	微视频	电火花加工原理
077	图片	锻压机床（二）	123	图片	电火花成形机
077	图片	曲轴锻模	123	图片	电火花高速小孔机
080	图片	连杆锻模	123	图片	电火花工具机
089	拓展提升	实践训练题三	126	图片	石墨电极
090	微视频	榜样人物	129	微视频	线切割
091	图片	铝型材	130	微视频	慢走丝切割
091	图片	铝型材挤压机（一）	130	微视频	快走丝切割
091	图片	铝型材挤压机（二）	133	图片	模具抛光机
092	图片	铝型材挤压模（一）	155	拓展提升	实践训练题六
092	图片	铝型材挤压模（二）	156	图片	模具装配
102	拓展提升	实践训练题四	163	微视频	凸模的安装（铆接）
103	微视频	先进叠式模具	164	微视频	凸模的安装（台阶）

续 表

页码	类型	说　　明	页码	类型	说　　明
169	微视频	落料模装配	172	微视频	倒装式复合模装配
169	微视频	冲孔模装配	172	微视频	落料拉伸复合模装配
170	微视频	弯曲模装配	172	微视频	落料冲孔复合模装配
170	微视频	拉伸模装配	173	微视频	斜楔式水平冲孔模装配
170	微视频	翻边模装配	184	微视频	注塑模装配(一)
170	微视频	连续模装配(一)	185	微视频	注塑模装配(二)
171	微视频	连续模装配(二)	185	微视频	注塑模装配(三)
171	微视频	复合模装配	195	拓展提升	实践训练题七

前　　言

　　本书是"十四五"职业教育国家规划教材。本书坚持以习近平新时代中国特色社会主义思想为指导，贯彻落实党的二十大精神，是根据教育部最新发布的《高等职业学校专业教学标准》中对本课程的要求，并参照最新颁发的相关国家标准和职业技能等级考核标准修订而成的。

　　本书是新形态一体化教材，借助先进技术，丰富内容呈现形式，配套多媒体助学助教资源，助力提高教学质量和教学效率。

　　本书根据高等职业教育"基于工作过程"的课程开发思想，以模具制造工艺原理为主线，体现"加强基础研究，突出原创，鼓励自由探索"的指导思想。从工艺实施的生产实际出发，将模具常规制造工艺和特殊制造工艺有机结合，设计了七个工作项目，分别是模具零件机械加工工艺基础、冲裁模零件机械加工工艺、锻模零件机械加工工艺、铝合金挤压模零件机械加工工艺、塑料模零件机械加工工艺、模具零件的特种加工技术、模具的装配调试技术。

　　本书的主要特点如下：

　　1. 依据最新教学标准，融入国家职业技能标准和行业、企业职业工种鉴定规范，吸收教学改革和专业建设的成果，更新教材内容和结构。

　　2. 体现"教师主导、学生主体"的教学原则，实现"教、学、做"一体化的教学模式，重视学生实践能力的培养，提高学生的实际操作技能，有机融入思政元素，落实立德树人根本任务。

　　3. 内容实现了综合化、模块化，难度循序渐进，便于技能型、复合型、创新型等不同层次人才培养的衔接。

　　4. 加强教学资源建设。本书配套 PPT 教学课件、习题参考答案、动画、视频等资源，其中部分资源在教材中针对相关知识点以二维码的形式呈现，能够让学生随时随地使用移动设备进行学习。

　　本书由北京电子科技职业学院刘华刚教授担任主编，参加编写工作的有陕西工业职业技术学院董海东、潍坊职业学院贾秋霜、天津职业技术师范大学徐超辉和战忠秋、山东工业技师学院周明锋、承德应用技术职业学院李占超、湖南工业职业技术学院简忠武、天津机电职业技术学院张文健、河北科技工程职业技术大学马辉、九江职业技术学院吴俊超、成都航空职业技术学院岳太文，由北京奔驰汽车有限公司首席技师徐洪海、天津博盛睿创科技有限公司总工王海军担任技术支持。

　　由于编者水平有限，书中不妥和错误之处恳请使用者不吝赐教，以便得以修正，以臻完善。

编　者

目 录

项目一 模具零件机械加工工艺基础 ·· (001)
    任务1 模具制造的要求与特点 ·· (002)
    任务2 模具制造技术的现状及发展方向 ······································ (005)
    任务3 模具制造的基本概念和工艺分析 ······································ (007)
    任务4 模具零件的定位与基准选择 ·· (012)
    任务5 模具零件的毛坯设计 ·· (016)
    任务6 加工余量计算 ·· (018)
    任务7 工艺尺寸链的计算 ·· (022)
    任务8 模具零件的热处理 ·· (027)
    任务9 模具零件的工艺路线拟定和工艺规程的制订 ··························· (031)
    应用案例 ·· (040)
    复习与思考 ·· (044)

项目二 冲裁模零件机械加工工艺 ·· (045)
    任务1 冲裁模通用零件的机械加工工艺 ······································ (046)
    任务2 冲裁模工作零件的机械加工工艺 ······································ (059)
    应用案例 ·· (071)
    复习与思考 ·· (074)

项目三 锻模零件机械加工工艺 ·· (076)
    任务1 锻模零件机械加工的特点与要求 ······································ (077)
    任务2 锻模零件的机械加工工艺 ·· (079)
    应用案例 ·· (087)
    复习与思考 ·· (089)

项目四 铝合金挤压模零件机械加工工艺 ·· (090)
    任务1 铝合金挤压模零件的制造要求 ·· (091)
    任务2 铝合金挤压模零件的机械加工工艺 ···································· (093)
    应用案例 ·· (101)

001

复习与思考 ……………………………………………………………………………… (102)

项目五　塑料模零件机械加工工艺 …………………………………………………… (103)
任务1　塑料模通用零件的机械加工工艺 …………………………………………… (104)
任务2　塑料模成形零件的加工工艺 ………………………………………………… (112)
应用案例 ……………………………………………………………………………… (120)
复习与思考 …………………………………………………………………………… (121)

项目六　模具零件的特种加工技术 …………………………………………………… (122)
任务1　电火花加工 …………………………………………………………………… (122)
任务2　超声加工 ……………………………………………………………………… (132)
任务3　电化学及化学加工 …………………………………………………………… (140)
任务4　模具的快速成型技术 ………………………………………………………… (147)
任务5　模具的表面处理技术 ………………………………………………………… (151)
复习与思考 …………………………………………………………………………… (155)

项目七　模具的装配调试技术 ………………………………………………………… (156)
任务1　模具的装配方法及装配尺寸链计算 ………………………………………… (157)
任务2　冲裁模的装配与调试 ………………………………………………………… (162)
任务3　锻模的装配调试 ……………………………………………………………… (175)
任务4　铝合金挤压模的调试 ………………………………………………………… (180)
任务5　塑料模的装配与调试 ………………………………………………………… (184)
复习与思考 …………………………………………………………………………… (195)

参考文献 …………………………………………………………………………………… (196)

项目一
模具零件机械加工工艺基础

学习目标

1. 对模具制造的要求与特点有一定了解。
2. 能够正确分析模具常用零部件技术要求和加工工艺。
3. 能够合理选择零件毛坯并正确计算加工余量。
4. 能够合理安排模具零部件的加工工艺路线。
5. 具备编制模具零件制造工艺规程的能力。
6. 模具是工业之母,热爱模具行业。

能力要求

1. 能够独立分析常用模具零件的结构和工艺特点。
2. 能够对模具常用零部件进行基本工艺计算。
3. 能够编制模具零件的机械加工工艺规程。
4. 养成乐于奉献、忠于职守、实事求是的职业道德。

问题导入

图 1-1 为两个模具零件,图 1-1a 所示为冲裁模的模柄(材料为 Q235),图 1-1b 所示为塑料注射模的楔紧块(材料为 45 钢)。怎么能够正确地把它们加工出来呢?本项目就是以图 1-1 的

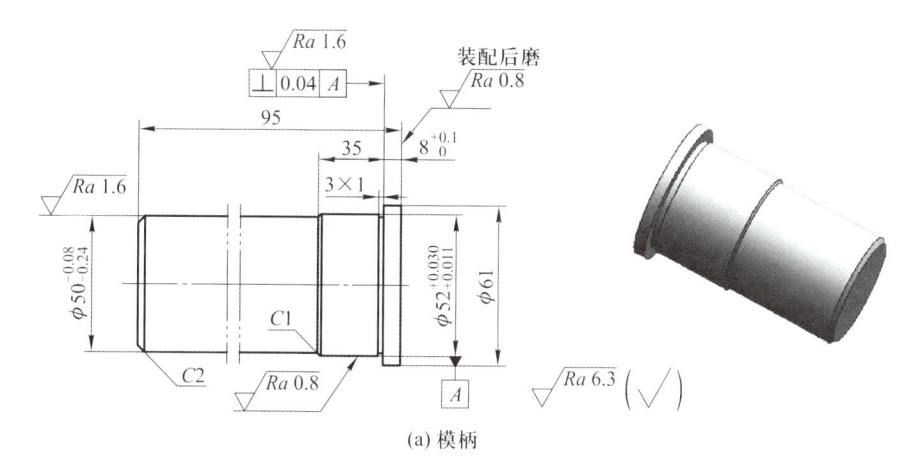

(a) 模柄

(b) 楔紧块

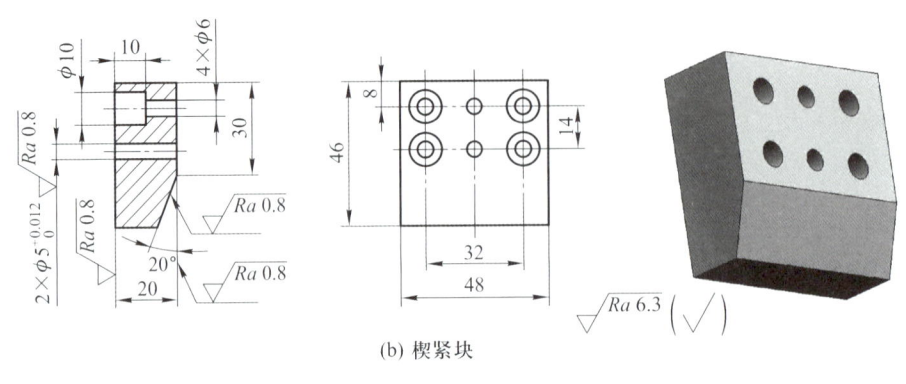

图 1-1　模具零件图

模具零件为例,学习如何正确分析零件图,如何选择合适的毛坯,拟定工艺路线,确定工艺尺寸,选择定位基准,填写工艺文件。

任务实施

任务 1　模具制造的要求与特点

在现代工业生产中,模具是重要的工艺装备之一,它在铸造、锻压、冲压加工及塑料、橡胶、玻璃、粉末冶金、陶瓷制品等生产行业中得到了广泛应用。

模具是由各种机械加工零部件(模架、标准零部件以及专用零部件)构成,与各种相应的成形设备(压力机、塑料注射机、压铸机等)配合使用,改变金属和非金属材料的形状、尺寸、相对位置及其性质,使之成为符合要求的制品或半成品的成形工具。

1.1　模具制造与模具制造技术条件

1. 模具制造与模具制造技术的概念

模具制造是指在相应的制造装备和制造工艺的条件下,对模具零件的毛坯(半成品)进行加工,以改变其形状、尺寸、相对位置和性质,使之成为符合要求的零件,再将这些零件经配合、定位、连接并固定装配成为模具的过程。这一过程是按照特定的工艺过程进行加工、装配的。

模具制造技术是运用各类生产工艺装备和加工技术,生产适应各种特定要求的模具,并使其应用于生产的一系列工程技术,包括产品零件的分析技术、模具设计与制造技术、模具的质量检测技术、模具的装配与调试技术和模具的使用与维护技术等。

2. 模具制造技术条件

模具制造的基本技术要求,即按工艺规程生产的模具应能完全达到模具设计图样所规定的全部精度要求、表面质量要求和功能要求。在实际加工中,各零件的加工制造的技术要求不同,其制造技术条件也有所不同。

1.2 模具制造的基本要求和过程

1. 模具制造的基本要求

(1) 保证模具的质量　保证模具的质量是指在正常生产条件下,按工艺进程所加工的模具零部件应能达到设计图样所规定的加工技术要求,根据模具装配图,装配后的模具应能与相应的成形设备配合使用,批量生产合格的产品。一般情况下,模具的制造质量是由制造工艺的科学性、加工的精确程度及操作者的技术水平所决定的。

(2) 保证模具的制造周期　模具的制造周期是指完成模具制造的全过程所需要的时间。模具制造周期取决于模具制造的技术和生产管理水平。要缩短模具的制造周期,必须要在保证质量的前提下,从模具的生产任务下达到模具的设计制造的全过程都做到科学调度、合理安排,正确选用模具标准件和采用模具CAD/CAM技术,优化模具制造工艺进程,以最合适的工艺过程、最短的加工路线、最合适的工艺装备、最低的管理成本加工出合格的产品。

(3) 保证模具精度　模具精度包括模具零件(主要是工作零件,如冲模的凸模、凸凹模、凹模,塑料成形模具型腔和型芯等)的精度、模具的装配精度。

(4) 保证模具的使用寿命　模具的使用寿命是指模具在正常使用过程中的耐用程度或模具生产的合格制品数量。要提高模具的寿命,除了正确选用模具材料以外,还应注意模具的结构设计、制造工艺、热处理工艺、使用和维修保养方法以及成形设备的精度等方面的问题。

(5) 保证模具的成本低廉　模具的成本是模具设计制造费用与模具维修保养费用之和。由于模具是单件生产,结构比较复杂,精度要求较高,因而模具的成本较高。为了降低成本,要合理选择材料,选择合适的制造工艺,尽可能多地选用标准模架与标准件。

(6) 保证模具零件的标准化　模具制造的"三化"(标准化、系列化、通用化)是简化模具设计,提高模具制造质量和劳动生产率,降低成本,缩短生产周期的有效方法。

(7) 保证模具生产具有良好的劳动条件。

2. 模具制造过程

模具制造过程包括生产技术准备、材料准备、零部件加工、装配调试和试模鉴定五个阶段,它们之间的关系如图 1-2 所示。

(1) 生产技术准备阶段　生产技术准备是整个生产的基础,对于模具制造的成本、进度和管理都有重大的影响。生产技术准备阶段的工作包括模具分析评估、模具图样的设计和工艺规程编制等。

(2) 材料准备阶段　材料准备阶段的工作是确定模具的零件毛坯种类、形式、尺寸及有关技术要求,加工模具零件的毛坯。

(3) 零部件加工阶段　利用各种加工设备及加工工艺完成模具零件及组件的加工,制造出符合设计图样要求的模具零部件。

(4) 装配调试阶段　按规定的技术要求,将合格的零件进行配合、连接以及补充加工,装配成符合要求的模具。装配后的模具,在试模中要检查模具在运行过程中是否正常,成形所得到的制

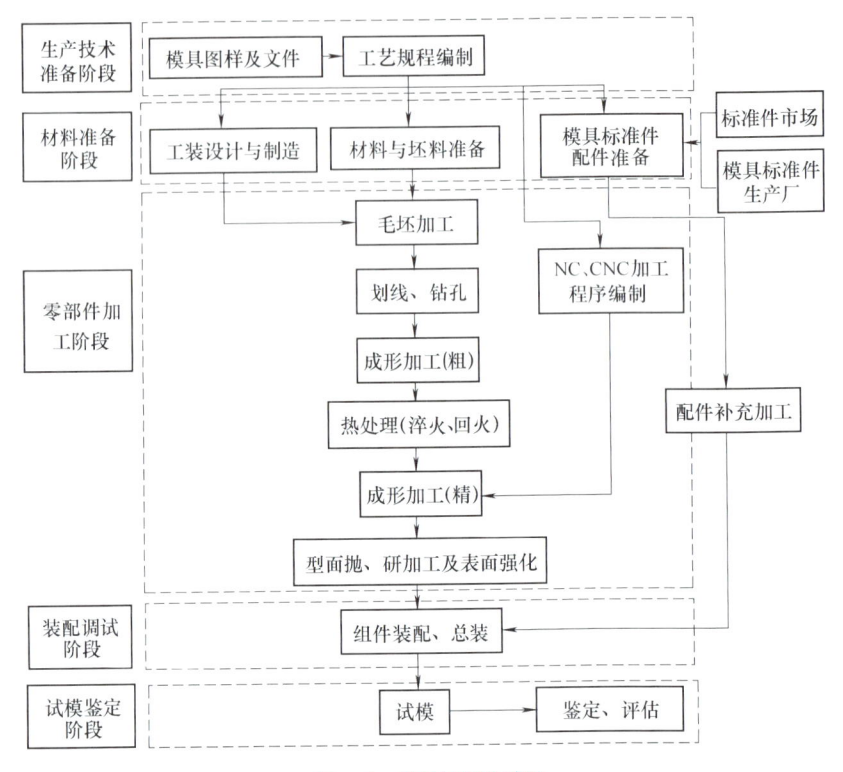

图 1-2 模具的制造过程

件是否符合要求。如不符合要求则必须对模具进行调整、维修。

(5) 试模鉴定阶段　对模具设计及制造质量进行测量、判断、评估。

1.3 模具制造工艺的特点

1. 制造难度大

(1) 模具形状复杂　模具成形零件的工作部分一般都是二维或三维的复杂曲面,并且加工精度要求很高(图 1-3)。为了改善加工工艺、减少热处理变形、便于维修,大、中型形状复杂模具的工作部分常采用镶嵌结构(图 1-4)和组合结构。

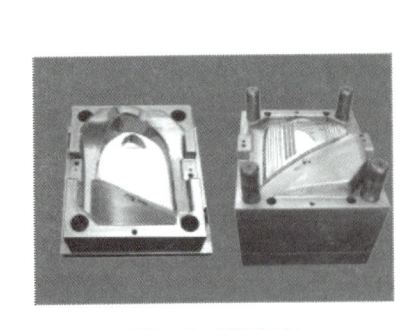

图 1-3　精密模具

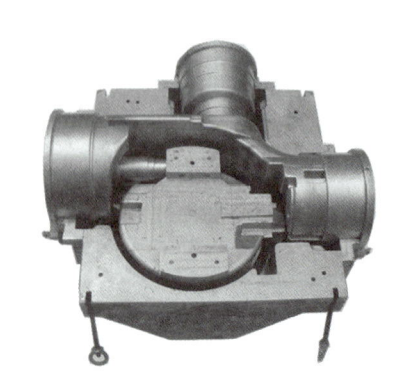

图 1-4　镶嵌模具

(2) 模具材料硬度高　模具的工作零件一般用淬火工具钢或硬质合金等材料制造。为了提高工作部分表面的耐磨性、耐蚀性以及使用寿命，必须对工作部分进行热处理，一般硬度为 58～62 HRC。

2. 制造质量高

模具的加工精度要求主要体现在模具零件的加工精度和相互关联零件的配合精度要求两个方面。模具零件的尺寸精度要求较高、公差小(一般模具工作部分的尺寸精度为 IT7～IT6，精密模具工作部分的尺寸精度为 IT6～IT5)，工作部分的表面粗糙度一般要求 Ra 为 1～0.5 μm，有镜面要求的工作部分零件的表面粗糙度要求达到 Ra 在 0.5 μm 以下。有的模具零件(如塑料模具型芯和型腔)，除了进行磨削加工外，一般都需要人工研磨、抛光。

3. 制造工艺独特

(1) 单件、多品种生产；

(2) 模具的装配工艺独特，装配后的模具均需试模调整；

(3) 不同种类模具的制造工艺不相同。

任务 2　模具制造技术的现状及发展方向

随着科学技术的发展，工业产品的品种和数量不断增加，产品的改型换代加快，对产品质量、外观不断提出新的要求，对模具质量的要求也越来越高。模具设计和制造部门肩负着为相关企业和部门提供商品(模具)的重任。显然，如果模具设计及制造水平落后，产品质量低劣，制造周期长，必将影响产品的更新换代，使产品失去竞争力，阻碍生产和经济的发展。因此，模具设计及制造技术在国民经济中的地位是显而易见的。

世界上一些工业发达国家的模具工业发展迅速。有些国家的模具总产值已超过了机床工业的总产值，其发展速度超过了机床、汽车、电子等工业。模具技术，特别是制造精密、复杂、大型、长寿命模具的技术，已成为衡量一个国家机械制造水平的重要标志之一。为了适应工业生产对模具的需求，在模具生产中采用了许多新工艺和先进加工设备，不仅改善了模具的加工质量，也提高了模具制造的机械化、自动化程度。计算机的应用给模具设计和制造开辟了新的道路，预计工业发达国家的模具工业还将有新的发展。

近年来，我国的模具工业有较大发展。全国已有模具生产企业数万个，拥有职工几百万人，每年能生产上百万套模具。我国模具工业的发展有以下特点：

(1) 模具向大型化、高精度方向发展。模具日趋大型化，模具的精度将越来越高。10 多年前，精密模具的精度一般为 5 μm，现已达到 2～3 μm，精度为 1 μm 的模具也已上市。

(2) 多工位级进模具和长寿命硬质合金模具的生产及应用进一步扩大，多功能复合模具进一步发展。新型多功能复合模具除了冲压成形零件外，还担负叠压、攻螺纹、铆接和锁紧等组装任务，对钢材的性能要求越来越高。

(3) 热流道模具在塑料模具中的比重逐渐提高。

(4) 随着塑料成形工艺的不断改进与发展,气辅模具及适应高压注射成形等工艺的模具将随之发展。

(5) 标准件的应用日益广泛。模具标准化及模具标准件的应用将极大地缩短模具制造周期,还能提高模具的质量和降低模具制造成本。

(6) 随着车辆和电动机等产品向轻量化发展,压铸模的比例不断提高。同时,对压铸模的寿命和复杂程度也提出越来越高的要求。

(7) 以塑代钢、以塑代木的进程进一步加快,塑料模具的比例不断增大。由于机械零件的复杂程度和精度的不断提高,对塑料模具的要求越来越高。

(8) 为满足新产品试制和小批生产的需要,我国模具行业制造了多种结构简单、生产周期短、成本低的简易冲模,如钢皮冲模、聚氨酯橡胶模、低熔点合金模具、低合金模具、三合冲模、通用可调冲孔模等。

(9) 先进的加工设备大量应用,使模具制造业的技术水平得到迅速提高。数控机床、数控电火花加工机床、加工中心等加工设备已在模具生产中被广泛应用,并成功研制了单层电镀金刚石成形磨轮和电火花成形磨削专用机床,加工效果良好。对型腔的加工根据模具的不同类型采用电火花加工、电解加工、电铸加工、陶瓷型精密铸造、冷挤压、超塑成形以及利用照相腐蚀技术加工型腔皮革纹表面等多种新型工艺。模具的计算机辅助设计和制造(CAD/CAM)已进行全面开发和应用。

尽管如此,与发达国家相比,我国的模具工业仍存在较大差距,主要表现为模具品种少、精度低、寿命短、生产周期长等。中、低档模具市场竞争加剧,产品价格降低过度,对产品质量造成不良影响,并降低了许多模具生产企业的效益。模具制造技术相对落后,造成了模具供不应求的状况,远不能适应国民经济发展的需要,严重影响了生产品种的发展和质量的提高。由于许多模具(尤其是精密、复杂、大型模具)国内还不能制造,不得不从国外高价引进。模具行业要进一步大力发展大型、精密、复杂、高寿命模具,而生产这些模具所需的大部分大型、精密设备国内尚不能满足要求,进口又要交高额增值税和关税,这也在一定程度上影响了模具企业的技术改造和高新技术的应用。我国企业技术装备还比较落后,劳动生产率也较低,模具生产专业化、商品化、标准化程度也不够高,模具产品主要还是以中、低档为主,技术含量较低,高、中档模具多数要依靠进口。产品结构调整的任务较重,人才紧缺,管理滞后的状况依然突出。与国际水平相比,模具企业的管理落后更甚于技术落后,整个行业人才缺乏,特别是中、高档技术人才和经营管理人才。为了尽快改变这种状况,国家已采取了许多措施促进模具业的发展,争取在较短的时间内使模具生产基本适应各行业产品发展的需要。

我国已经进入实施国民经济和社会发展的第十四个五年规划期,我国模具工业的发展将迎来一个快速发展的关键时期。

任务 3　模具制造的基本概念和工艺分析

3.1　生产过程和工艺过程

1. 生产过程

生产过程是指将原材料或半成品转变为成品的全过程,包括工艺过程和辅助过程。一般模具的生产过程包括原材料的运输和保管、生产的技术准备、毛坯的制造、模具零件的加工、模具的装配、模具的检验、模具的包装发运等。

在现代模具制造中,为了便于组织专业化生产和提高劳动生产率,一副模具的生产往往由许多工厂协作来完成。如模具零件毛坯由专业化的毛坯生产企业来承担,模具上的导柱、导套、顶杆等通用零件由专业化的模具标准件厂来完成。这样,一个工厂的模具生产过程往往只是整个模具产品生产过程的一部分。

一个工厂的模具生产过程又可划分为各个车间的生产过程。如铸锻车间的成品铸件就是机加工车间的毛坯,而机加工车间的成品又是模具装配车间的原材料。

2. 工艺过程

工艺过程是指直接改变加工对象的形状、尺寸、相对位置和性质,使之成为半成品或成品的过程。工艺过程是生产过程中的主要过程;生产的技术准备、检验、运输及保管等,则是生产过程中的辅助过程。

3.2　模具的机械加工工艺过程

用机械加工方法直接改变毛坯的形状、尺寸和表面质量,使之成为模具零件的工艺过程,称为模具的机械加工工艺过程。将模具零件装配成一副模具的生产过程,称为模具的装配工艺过程。

模具的机械加工工艺过程由若干个顺序排列的工序组成,毛坯依次通过这些工序而变为成品。

1. 工序

一个或一组工人,在一个工作地点,对一个或同时对几个工件加工所连续完成的工艺过程称为工序。

工序是组成工艺过程的基本单元,也是生产计划和成本核算的单元。

> **技能提示**
>
> 划分工序的主要依据是"三个不变,一个连续",即:
> (1) 加工零件的工人不变;　　(2) 加工的地点不变;
> (3) 被加工的零件不变;　　　(4) 加工必须连续进行。

2. 工步

在一个工序内，往往需要采用不同的刀具和切削用量对不同的表面进行加工。为便于分析和描述工序的内容，工序还可进一步划分为工步。当加工表面、切削工具和切削用量中的转速与进给量均不变时，所完成的这部分工序称为工步。

如图 1-5 所示的导套，加工工艺共有五道工序(表 1-1)。其中，车加工工序有两个工步，磨加工工序也有两个工步。

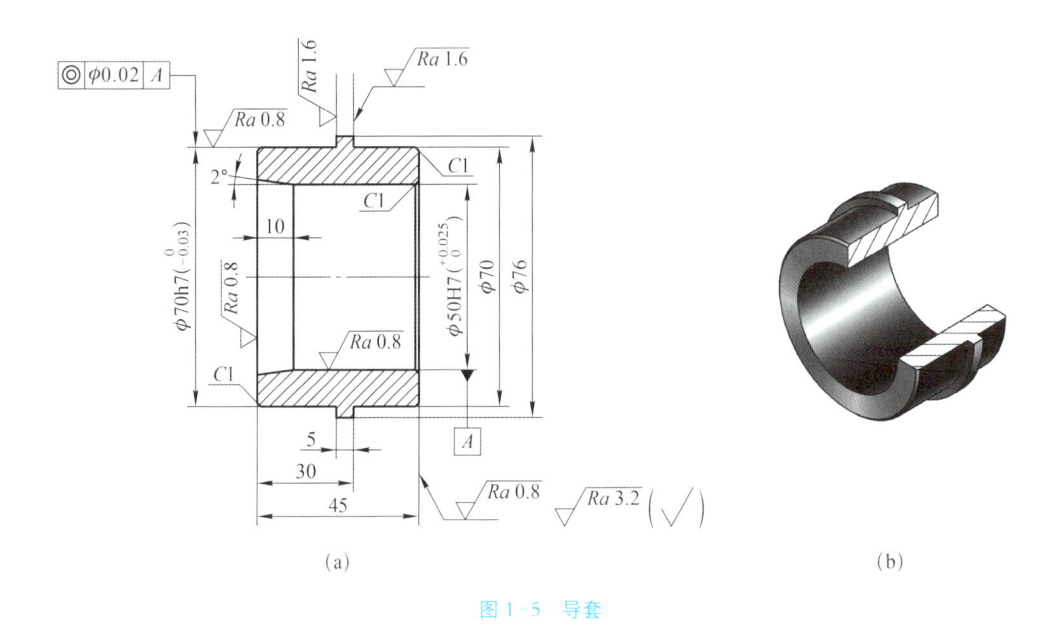

图 1-5 导套

表 1-1 导套的加工工艺过程

工序号	工序名称	工 序 内 容	加 工 设 备
1	备料		
2	车	1. 粗车外圆，粗车内圆，粗车端面； 2. 精车内圆，倒角，留磨削余量，以内孔定位；精车外圆，倒角，留磨削余量；精车端面	普通车床
3	热处理	淬火、回火，硬度达到 50~55 HRC	
4	磨	1. 磨内圆 ϕ50H7，磨 2° 内锥度； 2. 以内孔定位磨外圆 ϕ70h7	万能外圆磨床
5	检验		

3. 定位、安装与工位

为了在工件的某一部位加工出符合规定技术要求的表面，需在机械加工前让工件在机床或夹具中占据一个正确的位置，这个过程称为工件的定位。工件定位后，由于在加工过程中受到切削力、重力等的作用，因此还应采用一定的机构将工件夹紧，以使工件先前确定的位置保持不变。工件从定位到夹紧的整个过程统称为安装。在一个工序内,工件的加工可能只需一次安装,也可能需要几次安装。

为了减少工件的安装次数,常采用各种回转工作台、回转夹具或移位夹具,使工件安装后可在几个不同位置进行加工。此时,工件在机床上占据的每一个加工位置称为工位。图1-6所示为利用回转台的多工位冲裁的加工实例。

图1-6 多工位加工

> 技能提示

工件在加工过程中应尽量减少安装次数,因为多一次安装就多一份误差,而且还增加了安装工件的辅助时间。

4. 工步的合并

构成工步的任一因素(加工表面、刀具或切削用量)改变后,一般即变为另一个工步,但为简化工序内容的叙述,有时需将一些工步加以合并。

(1) 对性质相同、尺寸相差不大表面的加工,可合并为一个工步。如表1-1工序2中两个端面的车削(车两端面)及两个不同尺寸的外表面的车削(车全部外圆),习惯上各算作一个工步。

(2) 在一次安装中连续进行的多个(数量不限)相同表面的加工,可合并为一个工步。

(3) 为了提高生产率而对几个表面用几把刀具同时进行加工,或用复合刀具(图1-7)同时加工工件的几个表面,也算作一个工步,称为复合工步。

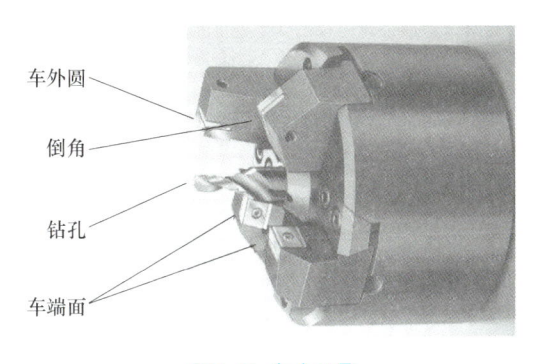

图1-7 复合刀具

5. 走刀(进给)

刀具从被加工表面上每一次切下一层金属的过程称为一次走刀。在一个工步内,由于被加工表面需切除的金属层比较厚,因此需要分几次切削,则每一次切削就是一次走刀。走刀是工步的一部分,一个工步包括一次或几次走刀。

3.3 生产纲领与生产类型

1. 生产纲领

工厂制造产品(或零件)的年产量称为生产纲领,并有

$$N = Qn(1 + \alpha + \beta)$$

式中，N——零件的生产纲领，件/年；

Q——产品的生产纲领，台/年；

n——每台产品中的零件数量，件/台；

α——零件的备品率，%；

β——零件的平均废品率，%。

2. 生产类型

零件的生产纲领确定以后，就要根据车间的具体情况按一定期限分批投产，每批投入的零件数量称为批量。模具制造业的生产类型主要分为单件生产和批量生产两种。

单件生产：每一个产品只做一个或数个，一个工作地点要进行多品种和多工序的作业。模具制造通常属于单件生产。

批量生产：产品周期性地成批投入生产，一个工作地点需分批完成不同工件的某些工序。例如，模具中常用的标准模板、模座、导柱、导套等都属于批量生产类型。根据产品的特征和批量的大小，批量生产又可分为小批生产、中批生产和大批生产。

模具生产类型的工艺特点见表1-2。

表1-2 模具生产类型的工艺特点

特　点	单　件　生　产	成　批　生　产
零件互换性	配对制造，无互换性，广泛用于钳工修配	普遍具有互换性，个别零件需要配合加工
毛坯制造与加工余量	木模手工造型或自由锻造，毛坯精度低，加工余量大	部分用金属模或模锻，毛坯精度高，加工余量较小
机床设备及布置	通用设备，按机床用途排列布置	通用机床及部分高效专用机床，按零件类别分工段排列
夹具	多用通用夹具，由划线法及试切法保证尺寸	专用夹具，部分靠划线保证
刀具与量具	采用通用刀具及万能量具	多采用专用刀具及量具
对工人的技术要求	熟练	中等熟练
工艺规程	只编制简单的工艺过程卡	有较详细的工艺规程，对关键零件有详细的工序卡片
生产率	低	高
制造成本	高	低

3.4 模具零件的工艺分析

对模具零件进行工艺分析，就是从加工生产的角度来研究模具零件图的各个方面是否存在不利于加工制造的因素,并将这些不利因素在制造开始前予以消除,以解决"对不对、能不能做、好不好做"这三个问题。这是确保后续制造过程顺利、高效及高质量实施的前提与基础,是极其关键的环节。

对模具零件进行工艺分析实质上是对模具设计的又一次全面审查。

1. 零件图样的完整性与正确性检查

(1) 检查相关零件的结构与尺寸是否吻合;

(2) 检查零件图的投影关系是否正确、表达是否清楚;

(3) 检查零件的形状尺寸和位置尺寸标注是否完整、正确;

(4) 检查零件表面结构要求标注是否完整、正确。

若发现错误或遗漏,应与设计者核对或提出修改意见。

2. 零件材料加工性能审查

需审查零件的材料及热处理标注是否完整、合理。此时,应注意以下事项:

(1) 需先淬硬再用电火花或线切割加工的型腔或凹模类零件,不宜用淬透性差的碳素工具钢,而应采用淬透性好的材料,如 Cr12、Cr4W2MoV 等。

(2) 形状复杂的小零件,因热处理后难以进行磨削加工,所以必须采用微变形钢,如 Cr12MoV、Cr2Mn2SiWMoV 等。

3. 零件结构工艺性审查

零件结构工艺性是指所设计的零件进行加工时的难易程度。若零件的形状结构能在现有生产条件下用较经济的方法方便地加工出来,该零件的结构工艺性就好;反之,则零件的结构工艺性差。如果属于模具结构本身需要,对应的零件即使形状结构很复杂,制造时难度较大,仍需采取特殊的工艺措施予以保证,则不属于零件结构工艺性问题。

模具零件结构工艺性差的主要情况有:

(1) 可能引起热处理开裂或影响装配关系的清角和锐角;

(2) 极窄槽和极小尺寸型孔或外表面;

(3) 极小尺寸孔边距或孔距;

(4) 尺寸相近的结构(如退刀槽、键槽、销孔等);

(5) 相邻的不等高平面;

(6) 无法在热加工以后配作的结构。

4. 零件技术要求检查

零件的技术要求包括:

(1) 加工表面的尺寸公差;

(2) 加工表面的形状公差和位置公差;

(3) 加工表面的粗糙度;

(4) 热处理要求和其他技术要求。

应分析图样上技术要求是否完整、合理,是否为实现模具功能所必需的,在现有生产条件下能否达到或还需采取什么工艺措施方能达到。

总之,良好的工艺性能保证模具零件以最少的加工成本、最短的加工时间保证质量地加工出来。若存在上述问题,应及时提出,并与设计人员协商,在不影响零件的功能和质量的前提下,力争找到比较合适的解决办法。

任务 4 模具零件的定位与基准选择

定位基准的选择是制订工艺规程的一项重要内容,它直接影响加工的顺序和加工的质量。

4.1 基准的概念

模具零件由若干个表面组成,要确定各个表面的位置则离不开基准,不指定基准就无法确定零件各个表面的位置。从机械制造与设计的角度来看,可将基准的概念表述为:用以确定零件上其他点、线、面的相对位置或方向所依据的点、线、面称为基准。

基准按其作用不同,可分为设计基准和工艺基准两大类。

1. 设计基准

设计零件图时用以确定其他点、线、面的基准称为设计基准。图 1-5 所示导套零件,其外圆和内孔的设计基准是零件的轴线,端面的设计基准是左端面,内孔的轴线则与外圆的设计基准相同,是零件的轴线。

2. 工艺基准

零件在加工和装配过程中使用的基准称为工艺基准。按其用途不同又可分为定位基准、测量基准和装配基准。

(1) 定位基准 工件在夹具或机床上定位时使用的基准即为定位基准。该基准使工件的被加工表面相对于机床、刀具获得确定的位置。图 1-5 所示的导套,使用芯棒在外圆磨床上磨削外圆表面时,内孔轴线即为定位基准。

(2) 测量基准 测量工件已加工表面位置及尺寸时所依据的基准称为测量基准。如图 1-5 所示的导套,当以内孔轴线为基准(套在检验芯棒上)检验外圆的径向跳动和端面圆跳动时,内孔轴线即为测量基准。

(3) 装配基准 装配时用来确定零件在模具中的位置所依据的基准称为装配基准。装配基准常常就是零件的主要设计基准。

4.2 工件的安装方式

在各种不同的机床上加工模具零件时,有各种不同的安装方式,可归纳为三种:直接找正法、划线找正法和采用夹具找正法。

1. 直接找正法

由工人利用百分表或划针盘上的划针,以目测法校正工件的正确位置的方法称为直接找正法。图 1-8 所示为在车床上用四爪单动卡盘装夹工件,为使加工表面的余量均匀,工人缓慢地转动夹持工件的卡盘,用百分表找正,其定位精度可达 0.02 mm(图 1-9)。直接找正法适用于大多数模具零件的加工。

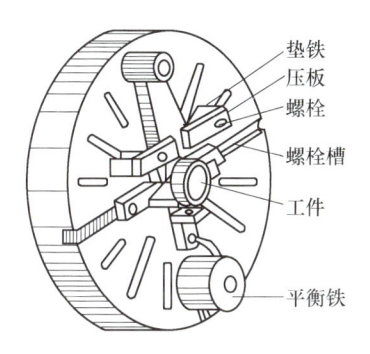

图 1-8 用四爪单动卡盘装夹工件

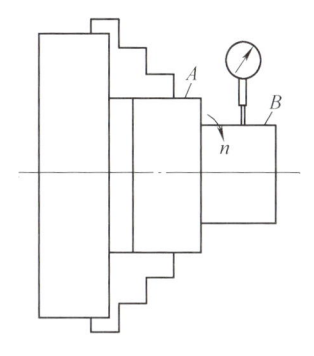

图 1-9 用百分表找正工件

2. 划线找正法

图 1-10 所示是一个划线平台。可先在工件上按设计要求划出中心线、对称线及各待加工表面的加工线(图 1-11),工件定位时再用划针按划线位置找正来确定其正确的加工位置。这种按划线找正确定工件加工位置的方法,称为划线找正法。其定位精度一般为 0.5 mm。

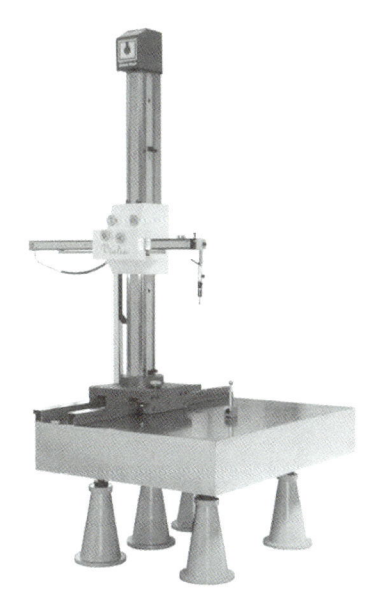

图 1-10 划线平台

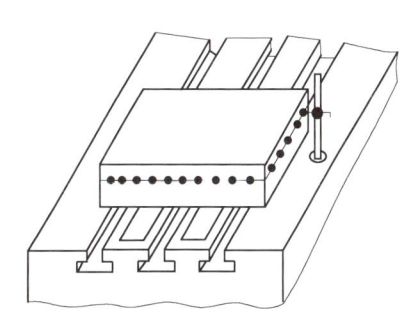

图 1-11 划线

3. 夹具找正法

夹具以它的定位面安装在机床上,工件按六点定位原则直接放置在夹具的定位元件上并夹紧,不需要另外进行找正操作的方法称为夹具找正法。这种方法装夹迅速,定位精度高,但需要设计和制造专用夹具。模具标准件(如导柱、导套、推杆、拉料杆等)进行成批生产时,可采用夹具安装工件。

4.3 定位基准的选择原则

模具零件机械加工的第一道工序只能用毛坯上未经加工的表面作为定位基准,这种基准称为粗基准。在以后的工序中,则应用经过较好加工的表面作为定位基准,该基准称为精基准。

图1-12所示的工艺夹头的外圆表面和中心孔与图1-13所示的加工时旋入圆锥定位柱2头部螺孔内的工艺夹头1,其外圆表面就是辅助基准。辅助基准在模具零件的工作中并无用途,完全是为了工艺上的需要而加工设置的。加工完毕后如有必要,可以去除辅助基准。在制订工艺规程时,总是先考虑选择什么样的精基准来保证零件各个表面的加工质量,然后再考虑选择什么样的粗基准将精基准加工出来。

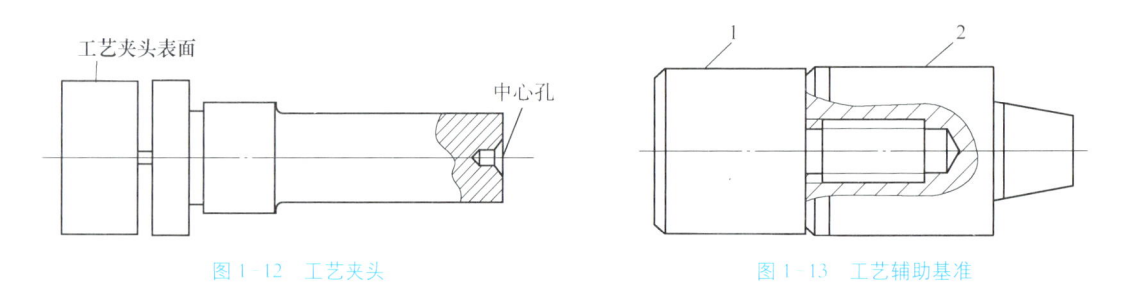

图1-12 工艺夹头　　　　　　图1-13 工艺辅助基准

> **技能提示**
>
> 有时可能会遇到这样的情况:工件上没有能作为基准的恰当的表面,这时必须在工件上专门设置或加工出定位基准,称为辅助基准(又称为工艺基准)。

1. 精基准的选择原则

选择精基准时,主要应考虑减少定位误差和保证加工质量两个方面。选择精基准时一般应遵循以下原则:

(1) 基准重合原则　尽量选择零件上的设计基准作为工艺定位的精基准,这样可以消除因基准不重合产生的误差,这就是基准重合原则。

(2) 基准统一原则　一个零件的各个工序间应尽可能选用统一的定位基准来加工各表面,以保证各表面间的位置精度,这就是基准统一原则。执行基准统一原则既有利于保证工件各加工表面的相互位置精度,又能减少夹具类型,从而节省夹具的设计制造费用,是比较经济合理的。例如,加工轴类模具零件常用两端中心孔作为精基准,工件支承在顶尖上始终被两顶尖限制了3个方向的移动和2个方向的转动,共5个自由度,这是生产实践中采用基准统一的典型实例。

(3) 自为基准原则　某些精加工工序要求加工余量小而均匀时,常选择加工表面本身作为定位基准,称为自为基准原则。例如,在模板上铰销孔、导柱安装孔或导套孔等时,加工余量都很小,为使余量分布均匀,都以被加工孔表面本身作为定位基准。采用自为基准时,加工表面与其他表面之间的位置公差应由前面的加工工序保证。

(4) 安装可靠原则　选择精基准时,应考虑能保证工件的装夹稳定可靠,并使夹具结构简单、操作方便。所以,精基准应选择面积较大、尺寸及形状公差较小、表面粗糙度值较小的表面。

2. 粗基准的选择原则

精基准选定之后,就应在最初的工序中把这些精基准加工出来,这时工件的各个表面均未加工过,究竟如何选择粗基准,一般应遵循以下原则:

(1) 若工件必须首先保证某重要表面余量均匀,则应选择该表面为粗基准。如冲压模座,其上表面是安装其他模板的基准面,要求其加工余量均匀。此时就需将上表面作为粗基准,先加工出模座的下表面,再以下表面作为精基准加工上表面,这时上表面的加工余量就比较均匀,且比较小。

(2) 若工件必须首先保证加工表面与不加工表面之间的位置要求,则应选择不加工表面作为粗基准。图 1-14 所示为模具的导套零件,其外圆柱表面 A 是不加工表面,但加工时需保证与加工表面 B、C 之间的位置要求,所以应选择不加工表面 A 作为粗基准。如果零件存在多个不加工表面都与相关的加工表面有位置精度要求,则选位置精度要求较高的不加工表面作为粗基准。

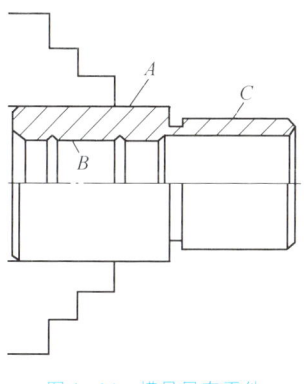

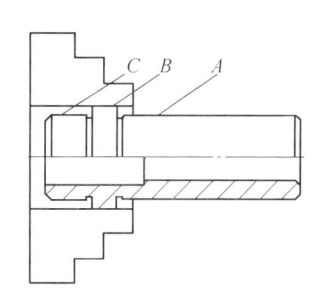

图 1-14　模具导套零件　　　　图 1-15　注射模导套零件

(3) 同一尺寸方向上的粗基准一般只能使用一次,避免重复使用。因为粗基准表面是毛坯表面,比较粗糙,如果在同一尺寸方向上重复采用这样的毛坯表面作为粗基准,则重复装夹时将会出现位置偏移,加大定位误差。

图 1-15 所示是注射模的导套零件,如果重复使用毛坯表面 B 定位分别加工表面 A 和 C,必将使 A、C 两表面产生较大的同轴度误差,因此该零件的粗基准应选择表面 A 或 C。只有零件的毛坯精度较高,相应的加工面位置精度要求不高,重复装夹产生的加工误差能控制在允许的范围

内时,粗基准才允许重复使用。

(4) 选作粗基准的表面应尽可能宽大、平整,没有飞边、浇口或其他缺陷,这样可使定位稳定、准确,夹紧方便、可靠。

任务 5　模具零件的毛坯设计

模具零件的毛坯设计是否合理,对于模具零件加工的工艺性以及模具质量和寿命都有很大的影响。在毛坯设计中,首先考虑的是毛坯形式。

1. 毛坯形式的确定

在确定毛坯形式时主要考虑以下几个方面:

(1) 模具材料的类别　在模具设计中规定的模具材料类别可以确定毛坯形式。例如,精密冲裁模的上、下模座多为铸钢材料,大型覆盖件拉深模的凸模、凹模和压边圈零件为合金铸铁时,这类零件的毛坯形式必然为铸造件。又如,非标准模架的上、下模座材料多为45钢,毛坯形式应该是厚钢板原型材。

(2) 模具零件的类别和作用　模具结构中的工作零件,例如精密冲裁模和重载冲裁模的工作零件,多为高碳高合金工具钢,毛坯形式应该为锻造件。高寿命冲裁模的工作零件,其材料多为硬质合金,毛坯形式为粉末冶金件。模具结构中的一般结构件多选择原型材毛坯形式。

(3) 模具零件的几何形状特征和尺寸关系　当模具零件的不同外形表面尺寸相差较大时,例如凸缘式模柄零件,为了节省原材料和减少机械加工工作量,应该选择锻件毛坯形式。

模具零件的毛坯形式主要分为原型材、锻造件、铸造件和半成品件四种。

2. 原型材

原型材是指利用冶金材料厂提供的各种截面的棒料、丝料、板料或其他形状截面的型材,经过下料以后直接送往加工车间进行表面加工的型材毛坯。

原型材的主要下料方式有:

(1) 剪切法　厚度 $t \leqslant 13$ mm 的钢板材可以在机械式剪板机上进行下料,厚度 $t = 13 \sim 32$ mm 的厚钢板材应该在液压式剪板机上进行下料。圆棒料应该在专用棒料剪切设备上进行下料,剪切棒料的直径为 25 mm。剪切法下圆棒料时,剪切断面质量较差,会出现剪切断面不平整、塌角、端面毛刺和裂纹。如果下料后需要进行锻造,则应该切除上述缺陷后再进行锻造。

(2) 锯切法　锯切法下料应用最广泛,下料断面质量好,下料长度尺寸精度高,是锻件毛坯原型材下料的主要方法。按照锯片形状不同,锯床分为卧式带锯床、立式带锯床、圆盘锯床和卧式弓锯床(图1-16)四类,可以对钢铁材料和非铁金属的圆棒料、方料、型材等进行下料。

(3) 薄片砂轮切割法　薄片砂轮切割法是在砂轮片锯床上利用高速旋转的薄片砂轮与坯料发生剧烈摩擦而产生高温,使坯料局部变软熔化,在薄片砂轮旋转力作用下形成切口而断裂。这种下料方式的优点是设备简单,下料长度尺寸准确,断口平齐,而且不受坯料硬度和形状的限制。

缺点是下料时噪声大,而且砂轮片的消耗较大。

(4) 火焰切割法　火焰切割法是利用普通焊枪和专用气割设备的可燃气体与氧气的混合燃烧形成的火焰,对金属坯料的切割部位集中加热到燃烧温度,然后喷射高速气流,使切割部位金属发生快速燃烧,形成液态金属氧化物,同时依靠高速切割气流的冲刷作用,吹除金属氧化物,形成切割缝。

火焰切割法的主要特点是设备简单,生产率高,成本低,主要用于碳的质量分数小于0.7%的非合金结构钢和低合金钢的切割下料,特别适用于切割厚度较大或形状较复杂的坯料,同时能切

图1-16　卧式弓锯床

割任意截面的型材。应注意,高碳钢、高合金钢、非铁金属材料不宜采用火焰切割法下料。火焰切割和某些光电跟踪或数控设备结合,可以高效率地切割任何复杂形状的坯料,是一种很有发展前途的下料方式。

技能提示

火焰切割后的坯料应及时进行退火处理,以防加工时产生裂纹而报废,或由于硬度不均匀而影响机械加工的正常进行。

3. 锻件

模具零件毛坯中,对原型材进行下料之后,通过锻造的方法获得合理的几何形状和尺寸的坯料,称为锻件毛坯,如图1-17所示。

模具零件毛坯的材质状态对模具的加工质量和寿命的影响较大,特别是模具的工作零件,大量使用高碳高铬工具钢,材料的冶金质量存在严重的缺陷,如大量共晶网状碳化物的存在,这种碳化物很硬也很脆,而且分布不均匀,降低了

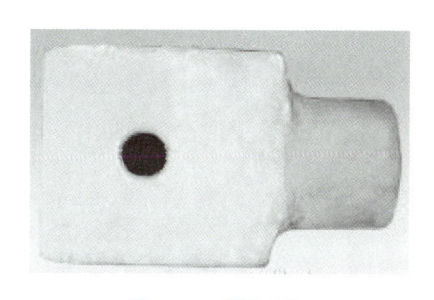

图1-17　锻件毛坯

材质的力学性能,恶化了热处理工艺性能,缩短了模具的使用寿命。通过锻造,可以打碎共晶网状碳化物,并使碳化物分布均匀,细化晶粒组织,充分发挥材料的力学性能,提高模具零件的加工工艺性和使用寿命。

由于模具生产属于单件或小批生产,因此模具零件锻件的锻造方式大多为自由锻造。模具零件锻件的几何形状多为圆柱形、圆板形、矩形,也有少数为T形、L形、⊓形等。锻件应保证合理的机械加工余量。如果锻件机械加工的加工余量较大,则不仅浪费材料,而且造成机械加工工作量过大;如果锻件机械加工的加工余量过小,使

锻造过程中产生的锻造夹层、表层裂纹、氧化层、脱碳层等锻造不平现象无法消除,则得不到合格的模具零件。

4. 铸件

在模具零件中常见的铸件有冲压模具的上模座和下模座、大型塑料模的框架等,材料为灰铸铁 HT200 和 HT250;精密冲裁模的上模座和下模座,材料为铸钢 ZG270～500;大、中型冲压成形模具的工作零件,材料为球墨铸铁和合金铸铁;吹塑模具和注射模具,材料为铸造铝合金,如铝硅合金 ZL102 等。铸件毛坯如图 1-18 所示。

对于铸件的质量要求主要有:

(1) 铸件的化学成分和力学性能应符合图样规定的材料牌号标准。

图 1-18 铸件毛坯

(2) 铸件的形状和尺寸应符合铸件图的规定。

(3) 铸件的表面应进行清砂处理,去除砂子和其他杂物、结疤、飞边、毛刺。

> **技能提示**
>
> 随着模具专业化,专门化以及标准化程度的提高,以商品形式出现了冲模模架、矩形凹模板,矩形垫板以及各类凸模等零件。塑料模标准模架、模板、顶杆也是如此。采购这些半成品件后,再进行少量的表面和相关部位加工,就可以使用,这对降低模具使用成本,缩短制造周期都是大有好处的。这种毛坯供应方式已成为一些地方模具毛坯供应的主要方法。

任务6 加工余量计算

6.1 加工余量的基本概念

1. 工序余量和加工总余量

加工总余量是指由毛坯变为成品的过程中,在某加工表面上切除的金属总厚度,它等于毛坯尺寸与成品尺寸之差。

工序余量是指某一加工表面在一道工序中所切除的金属层厚度,它等于上道工序所得到的加工尺寸(工序尺寸)与本工序得到的加工尺寸之差。

图 1-19 所示是对工件的上表面进行加工。加工余量的计算式为

$$Z_2 = A_1 - A_2 \quad (图 1-19a)$$

$$Z_2 = A_2 - A_1 \quad (图 1-19b)$$

式中,A_1——前道工序的工序尺寸;

A_2——本道工序的工序尺寸。

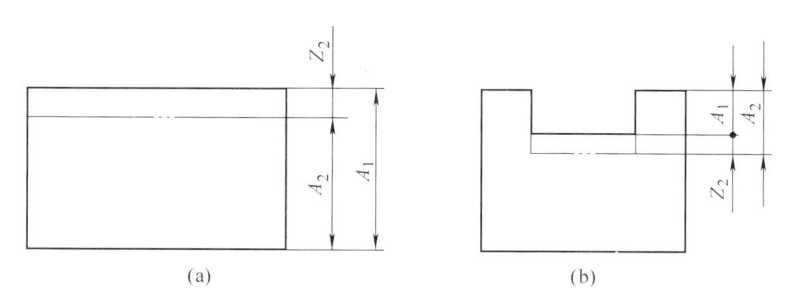

图 1-19 单边加工余量

图 1-20a 所示是对轴类零件的外表面进行加工,图 1-20b 所示是对孔类零件的内表面进行加工,其中 Z_2 为本道工序将要去除的工序余量。图 1-19 中的工序余量非对称地分布在单边,称为单边余量;图 1-20a 和图 1-20b 中的余量对称地分布在工件的两边,称为双边余量。一般轴、孔类零件的工序余量都按双边余量计算。

对于轴　　　　　　　　$2Z_2 = d_1 - d_2$　（图 1-20a）

对于孔　　　　　　　　$2Z_2 = D_2 - D_1$　（图 1-20b）

式中,$2Z_2$——直径上的加工余量;

d_1、D_1——前道工序的工序尺寸(直径);

d_2、D_2——本道工序的工序尺寸(直径)。

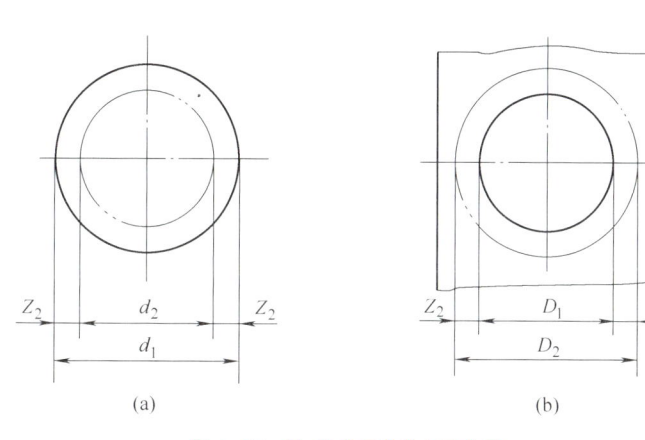

图 1-20 轴、孔类零件的加工余量

总余量是毛坯尺寸与零件图的设计尺寸之差,也称为毛坯余量。它等于同一加工表面各道工序的余量之和。即

$$Z_总 = \sum_{i=1}^{n} Z_i$$

式中,$Z_总$——总余量;

Z_i——第 i 道工序的余量;

n——工序数目。

图 1-21 所示为轴和孔的毛坯余量及各工序余量的分布情况。图中还给出了各工序尺寸及毛坯尺寸的制造公差。

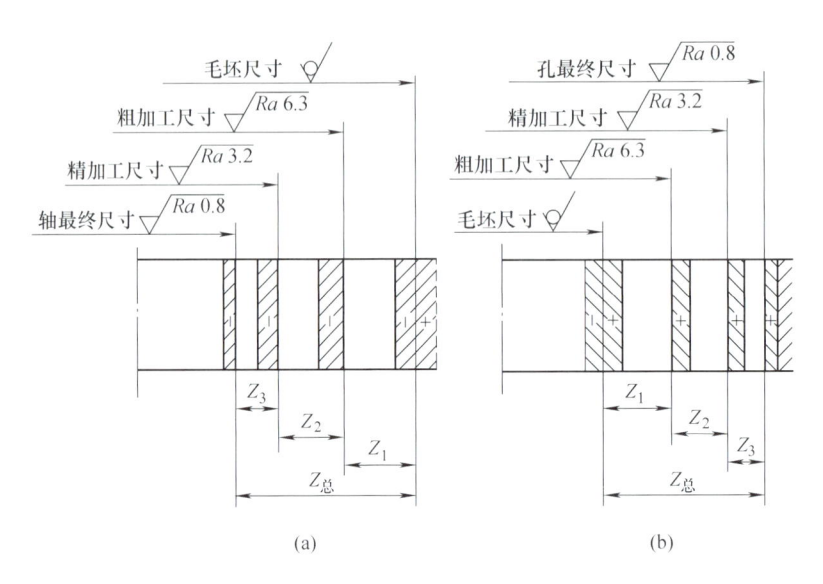

图 1-21 轴和孔的毛坯余量及各工序余量

> **技能提示**
>
> 工序尺寸的公差一般规定在零件的入体方向(即使工序尺寸的公差带方向处在减少被加工面的实体材料方向,工序尺寸公差的基本偏差为零)。对于轴类零件等被包容面的尺寸,工序尺寸偏差取单向负偏差,工序基本尺寸等于上极限尺寸;对于孔类等包容面的尺寸,工序尺寸偏差取单向正偏差,工序基本尺寸等于下极限尺寸。但对于毛坯表面,制造偏差一般取双向偏差,即正负值。

2. 公称余量、最大余量、最小余量

上述各公式中,当工序尺寸是公称尺寸时,算出的余量称为公称余量(也叫基本余量)。由于毛坯制造和各工序加工都不可避免地存在着误差,因而无论是工序余量还是总余量,都是变动值。于是,又出现了最大余量和最小余量(图 1-22)。

最大余量、最小余量、公称余量与工序尺寸及公差的关系如图 1-22 所示。这里仅表示了轴的加工过程,根据图 2-22 可得出轴类零件加工的最大余量、最小余量和公称余量的计算公式。孔的计算公式可按同理推导。

公称余量(Z_i)为

$$Z_i = A_{i-1} - A_i$$

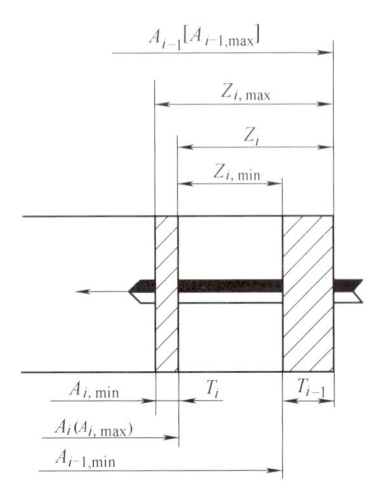

图 1-22 公称余量、最大余量、最小余量

最大余量($Z_{i,\max}$)为

$$Z_{i,\max} = A_{i-1,\max} - A_{i,\min} = Z_i + T_i$$

最小余量($Z_{i,\min}$)为

$$Z_{i,\min} = A_{i-1,\min} - A_{i,\max} = Z_i - T_{i-1}$$

式中，A_{i-1}、A_i——前道和本道工序的基本工序尺寸；

$A_{i-1,\max}$、$A_{i-1,\min}$——前道工序的最大、最小工序尺寸；

$A_{i,\max}$、$A_{i,\min}$——本道工序的最大、最小工序尺寸；

T_{i-1}、T_i——前道和本道工序的工序尺寸公差。

加工余量的变化范围称为余量公差，它等于前道工序和本道工序的工序尺寸公差之和。即

$$T_{Z,i} = Z_{i,\max} - Z_{i,\min} = (Z_i + T_i) - (Z_i - T_{i-1}) = T_i + T_{i-1}$$

6.2 加工余量的确定

确定加工余量的方法有经验估算法和查表修正法。

(1) 经验估算法　由工艺人员根据经验确定加工余量。模具零件多数属于单件或小批生产，为了确保余量足够，选定的加工余量一般偏大。

(2) 查表修正法　以生产实践和试验研究积累的有关加工余量的资料数据为基础，反复验证，列成表格，使用时按具体加工条件查表修正余量值。此法应用较广，查表时应注意表中数据的适用条件。

表 1-3 列出了中小尺寸模具零件的加工工序余量，可供参考使用。

表 1-3　中小尺寸模具零件的加工工序余量

本工序→下工序		本工序 Ra /μm	本工序单边余量 /mm
锻	车、刨、铣	32～125	锻圆柱形：2～4 锻六方：3～6
车、刨、铣	粗磨 精磨	8～1.6 0.4～0.8	0.2～0.3 0.12～0.18
刨、铣、粗磨	外形线切割	0.4～1.6	装夹处：大于 10 非装夹处：5～8
精磨、插、仿形铣	钳工锉修打光	1.6～32	0.05～0.15
铣、插	电火花	0.8～1.6	0.03～0.05
精铣、钳修、精车、精镗、磨、电火花、线切割	研抛	0.4～1.8	0.005～0.01

任务 7　工艺尺寸链的计算

某工序加工应达到的尺寸称为工序尺寸。在模具零件的实际加工中,时常需要间接保证设计尺寸或需要给后续工序留有足够的加工余量,这时的工序尺寸将与图样标注的设计尺寸有所不同,工序尺寸及其公差就需计算确定。在工序尺寸的计算中,工艺尺寸链的计算是一个十分重要的内容。

7.1　工艺尺寸链的基本概念

在零件加工过程中,为了对工艺尺寸进行分析计算,把互相关联的尺寸按一定顺序首尾相接形成的封闭尺寸组,称为工艺尺寸链。如图 1-23a 和图 1-23b 所示,根据尺寸 A_N 和 A_1 可以求得尺寸 A_2。当加工得到尺寸 A_1 和 A_2 后,尺寸 A_N 同时也被间接地确定了。显然,尺寸 A_N 的大小和精度将受尺寸 A_1 和 A_2 的大小和精度的影响。由尺寸 A_N、A_1 和 A_2 三者构成的这个封闭尺寸组,即为工艺尺寸链。在一个工艺尺寸链中,环的数量应不小于3。

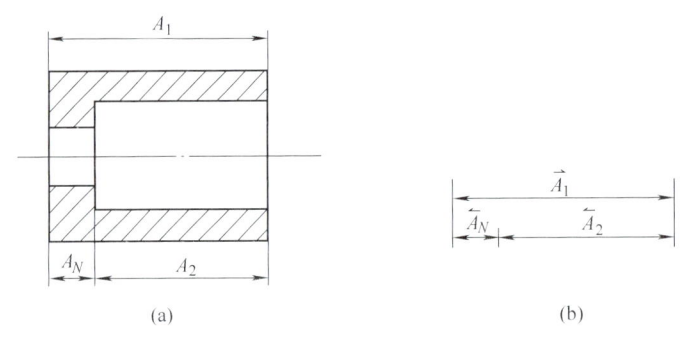

图 1-23　工艺尺寸链示例

1. 工艺尺寸链的特征

(1) 尺寸的封闭性　组成尺寸链的各尺寸是按一定顺序首尾衔接而成的封闭尺寸图形。

(2) 尺寸间的关联性　在尺寸链中被间接地获得的尺寸(如 A_N),其大小将受到其他尺寸的影响。

2. 尺寸链相关术语

组成尺寸链图的每一个尺寸简称为尺寸链的环,如图 1-23b 所示的 A_N、A_1 和 A_2 都叫尺寸链的环。在这些环中,根据尺寸链的封闭性,最终被间接保证尺寸大小和精度的那个环,称为封闭环,如图 1-23b 所示的尺寸 A_N。除了封闭环之外,其余所有的环都叫组成环。组成环中任一环尺寸的变动都会引起封闭环尺寸的变动。当组成环尺寸的增减使封闭环尺寸随之增减时,该组成环称为增环,如图 1-23b 所示的尺寸 A_1;当组成环尺寸的增减使封闭环尺寸反向变动时,该组成环称为减环,如图 1-23b 所示的尺寸 A_2。

3. 封闭环的确定

封闭环的确定是工艺尺寸链计算中最关键的一步。确定封闭环一般要遵循以下原则:

(1) 封闭环的尺寸应该是间接生成的、不易测量的尺寸；

(2) 封闭环应是尺寸公差最大的环；

(3) 封闭环的尺寸应该是需要保证的尺寸。

如图 1-23 所示,尺寸 A_N 符合以上条件,显然就是封闭环。在一个工艺尺寸链中,封闭环只能有一个。

4. 增环和减环的判别

分析尺寸链时,确定封闭环后,还应根据组成环对封闭环的影响情况判别增环与减环。为了迅速确定尺寸链组成环中哪些是增环、哪些是减环,可以利用尺寸链回路查找,即在尺寸链图中,首先对封闭环尺寸标一个单向箭头,方向任意选定,再在各组成环上各标一个单向箭头,各环的箭头需环绕尺寸链回路形成一个首尾衔接的箭头循环圈,按各组成环对封闭环的影响规律,凡与封闭环箭头方向相反的环为增环,与封闭环箭头方向一致的环则为减环。如图 1-23b 所示,A_1 与 A_N 的箭头方向相反,为增环,A_2 与 A_N 的箭头方向一致,为减环(简述为"反增同减")。为了便于区别,把它们分别记作"$\vec{A}$"和"$\overleftarrow{A}$"。

5. 工艺尺寸链的计算方法

工艺尺寸链的计算方法有极值法(或称极大、极小法)和概率法两种。常用的是极值法。工艺尺寸链的基本计算公式如下:

$$A_{\Sigma} = \sum_{i=1}^{m} \vec{A}_i - \sum_{j=1}^{n} \overleftarrow{A}_j \tag{1-1}$$

$$A_{\Sigma\max} = \sum_{i=1}^{m} \vec{A}_{i,\max} - \sum_{j=1}^{n} \overleftarrow{A}_{j,\min} \tag{1-2}$$

$$\mathrm{ES}_{A_{\Sigma}} = \sum_{i=1}^{m} \mathrm{ES}_{\vec{A}_i} - \sum_{j=1}^{n} \mathrm{EI}_{\overleftarrow{A}_j} \tag{1-3}$$

$$\mathrm{EI}_{A_{\Sigma}} = \sum_{i=1}^{m} \mathrm{EI}_{\vec{A}_i} - \sum_{j=1}^{n} \mathrm{ES}_{\overleftarrow{A}_j} \tag{1-4}$$

$$T_{\Sigma} = \sum_{i=1}^{m+n} T_i \tag{1-5}$$

$$A_{\Sigma m} = \sum_{i=1}^{m} \vec{A}_{m,i} - \sum_{j=1}^{n} \overleftarrow{A}_{m,j} \tag{1-6}$$

式中,m——尺寸链中增环的数目;

n——尺寸链中减环的数目;

A——尺寸链中的尺寸;

T——环的公差;

A_m——环的平均尺寸。

可把"口诀"转换为表格的形式,见表 1-4。

表 1-4　工艺尺寸链竖式计算表

环	公称尺寸	上极限偏差	下极限偏差	公差
增　环	增环公称尺寸	增环上极限偏差	增环下极限偏差	增环公差
减　环	-减环公称尺寸	-减环下极限偏差	-减环上极限偏差	减环公差
封闭环	封闭环公称尺寸	封闭环上极限偏差	封闭环下极限偏差	封闭环公差

> **技能提示**
>
> 实际中，比较简便的是竖式计算方法。工艺尺寸链竖式计算的"口诀"如下：
>
> 增环上下偏差要照抄；
>
> 减环上下偏差对调还变号；
>
> 封闭环求代数和；
>
> 计算公差验算很重要。

7.2　尺寸链解算

尺寸链解算有正计算和反计算两种。已知各组成环的公称尺寸及极限偏差，求封闭环的公称尺寸及极限偏差为正计算；已知封闭环的公称尺寸、公差及极限偏差，计算某一组成环的公称尺寸及极限偏差为反计算。

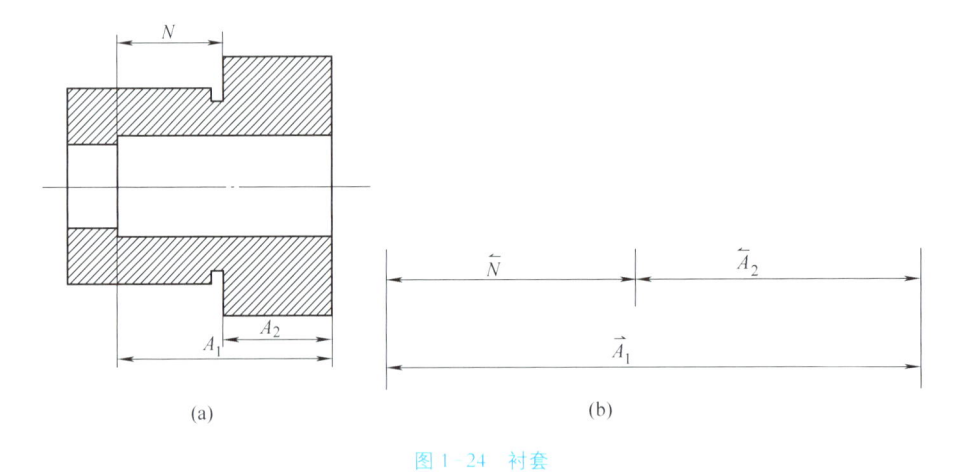

(a)　　　　　(b)

图 1-24　衬套

例 1-1　图 1-24a 所示为衬套，$A_1 = 16^{+0.1}_{\ 0}$ mm，$A_2 = 10^{\ 0}_{-0.05}$ mm，加工三个端面，试计算尺寸 N 及其偏差。

解　这是一个正计算的例子。

(1) 画尺寸链图，如图 1-24b 所示，根据加工过程可知 N 为间接生成的保证尺寸，为封闭环，A_1 为增环，A_2 为减环。

(2) 将各尺寸填入表 1-5 中。

表 1-5 例 1-1 各尺寸表 单位：mm

环	公称尺寸	上极限偏差	下极限偏差	公　差
$\vec{A}_1$	16	+0.1	0	0.1
$\overleftarrow{A}_2$	-10	-(-0.05)	0	0.05
$\overset{\frown}{N}$	[6]	[+0.15]	[0]	[0.15]

(3) 进行竖式相加计算。

(4) 按公差要求验算,结果正确。

即 $N = 6_{0}^{+0.15}$ mm。

🔒 **例 1-2** 图 1-25 所示为轴套,在加工内孔端面 B 时,设计尺寸 $3_{-0.1}^{0}$ mm 不便测量,因此在加工时以 A 端面为测量基准,直接控制尺寸 A_2 及 $16_{-0.11}^{0}$ mm。端面 B 的设计基准为 C,使得测量基准与设计基准不重合。试计算尺寸 A_2。

解　这是一个反计算的例子。

(1) 画尺寸链图,如图 1-25b 所示,$3_{-0.1}^{0}$ mm 为间接生成的保证尺寸,为尺寸链的封闭环,尺寸 $16_{-0.11}^{0}$ mm 为增环,A_2 为减环。

但在计算前就可以发现,这里封闭环的公差(0.1 mm)小于组成环的公差(0.11 mm),不能满足式 $T_\Sigma = \sum_{i=1}^{m+n} T_i$,因此不能直接用以上方法求解。在这里,应根据工艺实施的可行性,考虑适当压缩组成环的公差,来使式 $T_\Sigma = \sum_{i=1}^{m+n} T_i$ 得到满足,以便用极值法来解尺寸链,或者用改变工艺方案的方法来解这种问题。

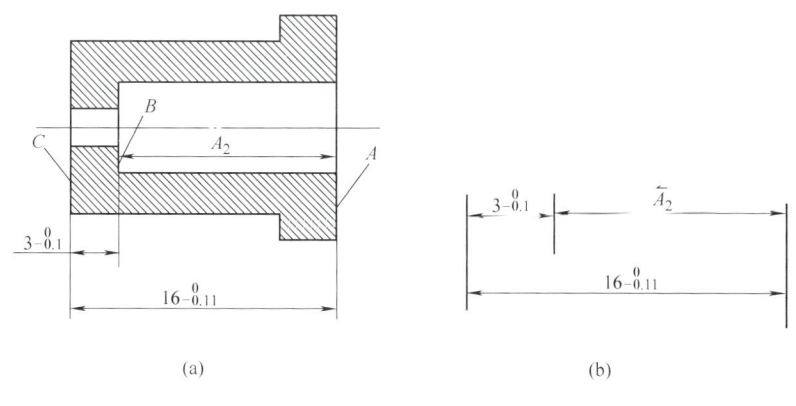

图 1-25　轴套

现采用压缩组成环公差的办法来解决这个问题。由于尺寸 $16_{-0.11}^{0}$ mm 为外形尺寸,比内端

面 B 容易控制和测量,可以将它的公差缩小,即由 $16_{-0.11}^{0}$ mm 变为 $16_{-0.043}^{0}$ mm(IT9),公差减小了 0.067 mm。

(2) 将调整后的尺寸填入表 1-6 中。

表 1-6 例 1-2 调整后的尺寸表　　　　　　　　　　　　　　　　　　单位:mm

环	公称尺寸	上极限偏差	下极限偏差	公　差
$16_{-0.043}^{0}$	16	0	-0.043	0.043
$\hat{A}_2$	[-13]	[0]	[-0.057]	[0.057]
$3_{-0.1}^{0}$	3	0	-0.10	0.10

(3) 进行竖式计算。

(4) 按公差要求验算,结果正确。

即内孔端面的测量尺寸及极限偏差为 $13_{0}^{+0.057}$ mm。

例 1-3　图 1-26 所示为齿轮内孔的局部简图。设计要求:孔径为 $\phi 40_{0}^{+0.05}$ mm,键槽深度为 $43.6_{0}^{+0.34}$ mm。其加工顺序为:

(1) 镗内孔至 $\phi 39.6_{0}^{+0.1}$ mm;

(2) 插键槽至尺寸 A;

(3) 热处理(淬火);

(4) 磨内孔至 $\phi 40_{0}^{+0.05}$ mm。

试确定插键槽的工序尺寸 A。

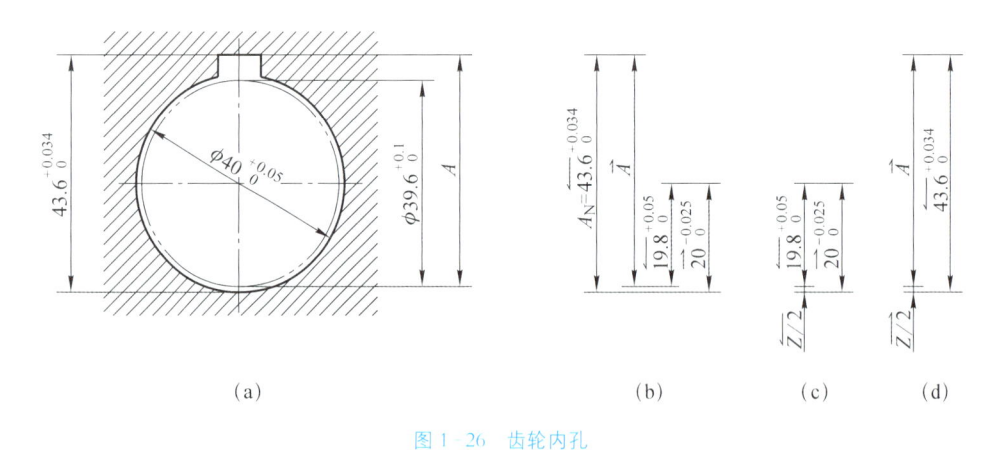

图 1-26　齿轮内孔

解　先画出尺寸链图,如图 1-26b 所示。要注意的是,当有直径尺寸时,一般应考虑用半径尺寸来画尺寸链图。因最后工序需要直接保证 $\phi 40_{0}^{+0.05}$ mm,间接保证 $\phi 43.6_{0}^{+0.34}$ mm,故 $\phi 43.6_{0}^{+0.34}$ mm 为封闭环,尺寸 $A = 43.4_{0}^{+0.265}$ mm 和 $20_{0}^{+0.025}$ mm 为增环,$19.8_{0}^{+0.05}$ mm 为减环。

利用竖式计算得到的结果见表 1-7。

表 1-7 例 1-3 计算结果表　　　　　　　　　　　　　　　　　　　单位：mm

环	公称尺寸	上极限偏差	下极限偏差	公　差
$20^{+0.025}_{\ 0}$	20	+0.025	0	0.025
A	[43.4]	[+0.315]	[+0.050]	[0.265]
$19.8^{+0.05}_{\ 0}$	-19.8	0	-0.05	0.05
$\phi 43.6^{+0.34}_{\ 0}$	43.6	+0.34	0	0.34

即 $A = 43.4^{+0.315}_{+0.050}$ mm。

按入体原则标注为

$$A = 43.45^{+0.265}_{\ 0} \text{ mm}$$

另外，尺寸链还可以列成图 1-26c、d 两图所示的形式，引进了半径余量 Z/2，就变成了两个尺寸链，其中，c 图中 Z/2 是封闭环，d 图中 Z/2 则视为已获得的尺寸，而 $43.6^{+0.34}_{\ 0}$ mm 为封闭环。分别计算，其计算结果与尺寸链图 1-26b 的计算结果相同。

任务 8　　模具零件的热处理

8.1　模具零件的热处理要求

选择模具材料时，首先应考虑所选材料制作模具的寿命，同时兼顾材料的工艺性和经济性；其次要综合考虑模具的结构，工作条件，制品的形状、尺寸、材质性质，加工精度，生产批量等方面对模具的影响。在模具材料选定之后，还必须配以正确的热处理，才能保证模具的使用性能和寿命。

模具零件的热处理要求是：

（1）一定的工作硬度和足够的韧性　根据模具零件的工作条件，模具零件经过热处理应获得一定的工作硬度和足够的韧性，见表 1-8 和表 1-9。

表 1-8 冲裁模的硬度要求（HRC）

名称	单式、复式硅钢片冲模	级进式硅钢片冲模	薄钢板冲模	厚钢板冲模	修边模	剪刀	ϕ5 mm 以下的小冲头
凸模	58~62	56~60	56~60	56~58	50~55	52~56	54~58
凹模	58~62	57~61	56~60	56~58	55~55	—	—

表 1-9 塑料模的硬度要求

模具类型	工作硬度	说明
形状简单的加工无机填料的塑料模	56~60 HRC	在高的压力下要求耐磨的模具
形状简单的小型高寿命塑料模	54~58 HRC	在保证较高的耐磨性的同时,具有好的强韧性
形状复杂、精度高、要求微小淬火变形的塑料模	45~50 HRC	用于易折断的部件(如型芯)
软质塑料注射模	280~320 HBW	无填充剂的软质塑料
一般压铸模、高强度热塑性塑料模	52~56 HRC	包括尼龙、聚甲醛、聚碳酸酯等硬性塑料和光学塑料

(2) 确保淬火变形微小 为使模具达到精度要求,要确保热处理变形极小。淬火时,要特别注意防止模具型腔发生翘曲变形。

(3) 表面无缺陷,易于抛光 要求模具工作表面的表面粗糙度值低,在热处理过程中,应特别注意保护型腔表面,严格防止表面产生各种缺陷,否则将给下一步抛光工序造成困难,甚至无法抛光。

(4) 确保强度要求 厚板冲裁模,尤其是热固性塑料模,受载较重,并长时间受热,周期性受压,因此,要求模具在热处理后,保证有足够高的抗压塌和抗起皱的能力,要保证强度要求。

8.2 模具零件的热处理特点

冲裁模零件的工作条件、失效形式、性能要求不同,其热处理特点也不同。

(1) 薄板冲裁模零件的热处理特点 薄板冲裁模受载较重,常产生崩刃。主要要求尺寸精度和耐磨性,热处理工艺性应保证变形小、不开裂和高精度,通常采用双液淬火、碱浴淬火、低温淬火和分级淬火等方法。

(2) 厚板冲裁模零件的热处理特点 厚板冲裁模主要要求尺寸精度和耐磨性,热处理工艺性应保证变形小、不开裂和高精度,通常采用双液淬火、碱浴淬火、低温淬火和分级淬火等方法。

(3) 冲裁模的表面处理 大多数冲裁模具使用的状态为淬火加回火,模具硬度通常为60 HRC。这样的硬度使模具具有高硬度而不磨损是不可能的。为了提高冲裁模的耐磨性和使用寿命,常进行表面强化处理,主要的工艺方法有氮碳共渗、渗硼、TD 法渗钒渗铌、化学气相沉积(CVD)、化学镀磷镍、电火花强化等。

塑料模零件的热处理特点:

(1) 渗碳钢塑料模的热处理 为使塑料模成形件或其他摩擦件有高硬度、高耐磨性和高韧性,在工作中不致脆断,要选渗碳钢制造,并进行渗碳淬火和低温回火作为最终热处理。

(2) 淬硬钢塑料模的热处理 淬硬钢塑料模的热处理要注意两点:① 形状比较复杂的模具,在粗加工以后就进行热处理时必须保证热处理变形最小,对于精密模具,变形应小于 0.05%;

② 注意保护型腔工作表面,力求通过热处理使金属内部组织均匀。

(3) 预硬钢塑料模的热处理　预硬钢是以预硬状态供货的,一般不需热处理就可直接加工使用,但有时需对供材进行改锻,改锻后的模坯则必须进行热处理。预硬钢的预先热处理通常采用球化退火,目的是消除锻造应力,获得均匀的球状珠光体组织,降低硬度,提高塑性,改善模具的切削加工性能或冷挤压成形性能。

模具零件的常用热处理方法见表 1-10。

表 1-10　模具零件的常用热处理方法

热处理方法	定　义	目的及应用
退火	将钢件加热到临界温度以上,保温一定时间后随炉温或在土灰、石英砂中缓慢冷却的操作过程	消除模具零件毛坯或冲压件的内应力,改善组织,降低硬度,提高塑性
正火	将钢件加热到临界温度以上,保温一定时间后放在空气中自然冷却的操作过程	目的与退火基本相同
淬火	将钢件加热到临界温度以上,保温一定时间,随后放在淬火介质(水或油等)中快速冷却的操作过程	改变钢的力学性能,提高钢的硬度和耐磨性,增加模具的使用寿命
回火	将钢件加工到临界温度以上,保温一段时间后随炉温或在土灰、石英砂中缓慢冷却的操作过程	它是在淬火后立即进行的一道热处理工序,其目的是消除淬火后的内应力和脆性,提高塑性和韧性,稳定零件的尺寸
调质	将淬火钢重新加热到临界温度以下的一定温度(回火温度),保温一定时间,然后在空气或油中冷却到室温的操作过程	使钢件获得比退火、正火更好的综合力学性能,可以作为最终热处理,也可以作为模具零件淬火及软氮化前的预先热处理
渗碳	将钢件放在含碳的介质即渗碳剂中,加热到一定温度(850~900 ℃),使碳原子渗入到钢件表面层内的操作过程	使模具零件表面具有高的耐磨性,而心部仍保留原有良好的韧性和强度,属于表面强化处理
渗氮	将钢件放在含氮的气氛中,加热到一定温度(500~600 ℃),使氮渗入到钢件表面层内的操作过程	使模具零件表面具有高的耐磨性,用于工作载荷不大,但耐磨性要求高及要求耐腐蚀的模具零件

8.3　热处理工序的安排

模具零件热处理是模具零件加工工艺过程中的十分重要的环节。在模具结构、材料和使用条件不变的情况下,采用最佳的热处理工艺和表面强化处理技术是充分发挥模具材料潜力、提高模具使用寿命的关键。

按照热处理的目的,热处理工艺可大致分为预备热处理和最终热处理两大类。

1. 预备热处理

预备热处理的目的主要是改善材料的可加工性,消除毛坯制造时的内应力和为最终热处理做准备。

(1) 退火　对于碳的质量分数超过 0.7% 的非合金钢和合金钢一般采用退火降低硬度,便于切削。

(2) 正火　对于碳的质量分数低于 0.3% 的非合金钢和低合金钢一般采用正火提高硬度,使切削时切屑不黏刀,有利于获得较小的表面粗糙度值。退火和正火一般安排在毛坯制造后、机械加工前进行。

(3) 调质　调质处理能获得均匀细致的回火索氏体,为表面淬火和渗氮时减小变形奠定金相组织基础,因此有时作为预备热处理。同时,由于调质处理后的零件综合力学性能较好,对某些硬度和耐磨性要求不高而综合力学性能要求较高的零件,也常作为最终热处理。调质处理一般安排在粗加工后、半精加工前进行。

(4) 时效处理　用于消除毛坯制造和机械加工过程中产生的内应力,对于精度要求不高的零件,一般在粗加工之前安排一次时效处理;对于精度要求较高、形状复杂的零件,则应在粗加工之后再安排一次时效处理;而对于一些精度要求特别高的零件,则需在粗加工、半精加工和精加工之间安排多次时效处理。

2. 最终热处理

最终热处理的目的主要是提高零件的表面硬度和耐磨性,一般应安排在精加工阶段前后。

(1) 淬火与回火　淬火后由于材料的塑性和韧性下降,存在较大的内应力,组织不稳定,表面可能产生微裂纹,工件尺寸有明显变化等,所以淬火后必须进行回火处理。

(2) 渗碳淬火　渗碳淬火适用于低碳钢零件,主要目的是使零件的表面获得很高的硬度和耐磨性,而心部则仍保持较高的强度、韧性及塑性。由于渗碳淬火变形较大,而渗碳层深度一般仅为 $0.5 \sim 2$ mm,因此渗碳淬火应在半精加工和精加工之间进行,以便通过精加工修正其热变形并保持足够的渗碳层深度。

(3) 氮化处理　其主要目的是通过氮原子的渗入使零件表层获得含氮化合物,从而提高零件表面的硬度、耐磨性、抗疲劳和耐蚀性。由于渗氮温度低,工件变形小,渗氮层较薄,因此渗氮工序应尽量靠后安排。为减少渗氮时的变形,渗氮前常需安排一道消除应力工序,以消除内应力产生的影响。

模具零件热处理工艺安排通常要注意以下问题:

(1) 模具零件的毛坯是锻件、铸件、焊接件的,通常在机加工之前进行退火或正火处理,以消除内应力。

(2) 模具型腔由机械加工成形的,应在机械加工完毕之后、表面抛光之前进行淬火硬化处理,部分零件还需接着有一次回火处理。

(3) 模具型腔由电火花加工成形的,应在机械粗加工之后、电火花成形加工之前进行淬火硬化处理。

(4) 弯曲模和部分拉伸模,由于在试模时还要进行模具型腔的修整,应在试模完毕后进行淬火硬化处理。

任务 9　模具零件的工艺路线拟定和工艺规程的制订

9.1　工艺路线拟定的任务

工艺路线的拟定就是对工艺规程进行总体安排,其主要任务是:
(1) 选择表面加工方法;
(2) 确定表面的加工顺序;
(3) 划分工序并确定工序内容;
(4) 选择定位基准和进行必要的尺寸换算等。

9.2　表面加工方法的选择

模具零件上既有简单的基本表面,如外圆、内孔和平面,又有一些较为复杂的成形表面。这些表面有着不同的加工质量要求,因此必须选择不同的表面加工方法。下面介绍选择表面加工方法时应考虑的因素。

1. 经济精度和经济表面粗糙度

要根据被加工表面的形状、特点、加工的质量要求和各种加工方法所能达到的经济精度和经济表面粗糙度来确定加工方法以及分几次加工。经济精度和经济表面粗糙度是指在正常条件下一种加工方法所能达到的精度和表面粗糙度。表 1-11～表 1-14 分别列出了外圆、内孔、平面和成形表面的各种加工方法所能达到的经济精度和经济表面粗糙度,可供选择加工方法时参考。

表 1-11　外圆柱面加工的经济精度和经济表面粗糙度

加工方法	经济精度	经济表面粗糙度 Ra /μm	加工方法	经济精度	经济表面粗糙度 Ra /μm
粗车	IT13～IT11	50～12.5	精磨	IT7～IT6	0.8～0.4
半精车	IT10～IT9	12.5～2.5	研磨	IT7～IT6	0.2～0.025
精车	IT8～IT7	3.2～0.8	抛光	IT7～IT6	0.2～0.025
粗磨	IT9～IT8	3.2～0.8	精细车	IT6	1.6～0.2

表 1-12　圆柱孔面加工的经济精度和经济表面粗糙度

加工方法	经济精度	经济表面粗糙度 Ra /μm	加工方法	经济精度	经济表面粗糙度 Ra /μm
钻孔	IT13～IT11	50～12.5	粗铰	IT9～IT8	6.3～1.6
粗扩(镗)	IT11～IT10	12.5～3.2	精铰	IT7～IT6	3.2～0.4
锪孔	IT11～IT10	12.5～3.2	半精镗	IT9～IT8	6.3～0.8

续 表

加工方法	经济精度	经济表面粗糙度 Ra /μm	加工方法	经济精度	经济表面粗糙度 Ra /μm
精镗	IT7～IT6	1.6～0.2	粗磨	IT9～IT8	3.2～0.8
细镗	IT6～IT5	0.4～0.1	研磨	IT7～IT6	0.2～0.012

表 1-13　平面加工的经济精度和经济表面粗糙度

加工方法	经济精度	经济表面粗糙度 Ra /μm	加工方法	经济精度	经济表面粗糙度 Ra /μm
粗刨(铣)	IT13～IT11	50～12.5	端面精车	IT8～IT7	3.2～0.8
半精刨或铣	IT11～IT8	12.5～3.2	端面精磨	IT7～IT6	1.6～0.2
精刨(铣)	IT8～IT7	3.2～0.8	粗磨	IT8～IT7	1.6～0.2
粗磨	IT8～IT7	1.6～0.8	精磨	IT7～IT6	0.8～0.4
端面粗车	IT12～IT11	50～12.5	研磨	IT7～IT6	0.2～0.012
端面半精车	IT10～IT8	12.5～3.2	刮研	IT7～IT6	0.8～0.1

表 1-14　成形表面加工的经济精度和经济表面粗糙度

加工方法	经济精度	经济表面粗糙度 Ra /μm	加工方法	经济精度	经济表面粗糙度 Ra /μm
仿形铣	0.5～0.2 mm	3.2～1.6	线切割(快)	±0.01 mm	1.6～0.4
成形磨削	IT6	1.6～0.4	线切割(慢)	±0.005 mm	0.8～0.2
光曲磨	±0.01 mm	0.4～0.2	冷挤压	IT10～IT8	0.4～0.1
坐标磨	0.005 mm	0.2～0.1	陶瓷型铸造	IT16～IT13	6.3～1.6
电火花	0.05～0.01 mm	1.6～0.8	电铸	0.05～0.02 mm	0.4～0.2

2. 零件材料及力学性能

决定加工方法时要考虑加工零件的材料及其力学性能。如对淬硬钢应采用磨削或电加工方法，而对于有色金属，为避免磨削时堵塞砂轮，一般采用高速精细车或金刚镗削的方法进行精加工。

3. 零件生产类型

选择加工方法时还要考虑生产类型。由于模具零件大都属于单件或小批生产，因此以采用通用设备、通用工装以及一般加工方法为主。

4. 现有设备及技术条件

选择加工方法时还要充分利用现有设备，挖掘企业的潜力，发挥工人及技术人员的积极性和创造性。在尽量减少外协工作量的同时，也应考虑不断改进现有的工艺方法和设备，推广新技术,不断提高本企业的工艺技术水平。

此外,选择加工方法时还应考虑一些其他因素的影响,如工件的重量、加工方法所能达到的表面物理性能及力学性能等。

9.3 加工阶段的划分

对于加工质量要求较高的零件,工艺过程应分阶段施工。模具加工工艺过程一般可分为以下几个阶段:

1. 粗加工阶段

粗加工阶段的主要任务是切除大部分的加工余量,提高加工效率。此阶段的加工精度低,表面粗糙度值较大(IT12级以下,$Ra = 50 \sim 125 \ \mu m$)。

2. 半精加工阶段

半精加工阶段使主要表面消除粗加工留下的误差,达到一定的精度及精加工余量,为精加工做好准备,并完成一些次要表面(如钻孔、铣槽等)的加工(IT12~IT10级,$Ra = 6.3 \sim 3.2 \ \mu m$)。

> **技能提示**
>
> 一般我们先根据模具零件要求较高的表面的表面精度和粗糙度的技术要求,选定该面的最终加工方法,即该加工方法的经济加工精度和表面质量能达到该表面的要求,再反推前面各步的加工方法,这样就确定了该零件的加工路线。

3. 精加工阶段

精加工阶段使各主要表面达到图样要求(IT10~IT7级,$Ra = 1.6 \sim 0.4 \ \mu m$)。

4. 光整加工阶段

对于精度和表面结构要求很高(IT6级及IT6级以上精度)、加工表面的 Ra 在 $0.2 \ \mu m$ 以下的零件,需采用光整加工。但光整加工一般不能纠正几何误差。

有的毛坯余量特别大,表面极其粗糙,在粗加工前还设有去皮加工,称为荒加工。荒加工常常在毛坯准备车间进行。

划分加工阶段的实质是为了贯彻机械加工"粗精分开"的原则。划分加工阶段具有以下优点:

(1) 保证零件加工质量 由于粗加工阶段切除的余量较多,产生的切削力较大、切削热较多,所需的夹紧力也较大,因此引起工件的加工误差大,不能达到高的加工精度和小表面粗糙度值的要求。将加工过程划分阶段后,可以使工件粗加工留下的误差,在半精加工和精加工中逐步得到修正和缩小,从而提高加工精度和获得更小的表面粗糙度值,最终达到零件的加工质量要求。同时,各加工阶段之间的时间间隔,相当于一个自然时效处理过程,有利于加工应力的平衡和释放,为进一步精加工奠定良好基础。

(2) 合理使用加工设备 粗加工应采用功率大、刚性好、精度较低的高效率机床,以提高生产率,精加工则应采用高精度机床,以确保工件的精度要求。这样,既能合理使用设备,使各类机床的性能特点得到充分发挥,又能获得较高的生产率和加工精度,同时还有利于保持高精度机床的精度稳定性。

(3) 便于安排热处理工序　为了充分发挥热处理的作用和满足零件的热处理要求,在机械加工过程中需插入必要的热处理工序,使机械加工工艺过程自然划分为几个阶段。

例如,在注射模矩形斜导柱零件的加工中,粗加工后需要有消除应力的时效处理,以减少内应力引起的变形对加工精度的影响。半精加工后进行淬火,既能满足零件的性能要求,又可以使淬火中产生的变形在精加工中得到纠正。

(4) 粗加工后可及早发现毛坯中的缺陷,这样可及时报废或修补,以免继续精加工而造成浪费。

(5) 表面精加工安排在最后,目的是防止或减少损伤,提高表面加工的精度和质量。

应当指出,上述加工阶段的划分并不是绝对的。当零件精度要求不高、结构刚性足够、毛坯质量较高、加工余量较小时,可以不划分加工阶段。

9.4　工序集中与分散

安排零件表面加工顺序时,除了合理划分加工阶段外,还应正确确定工序数目和工序内容。在一个零件的加工过程中,若组成的工序数目较少,则在每一道工序中的加工内容就比较多;若组成的工序数目较多,则每一道工序中的加工内容就比较少。根据组成工序的这一特点,把前者称为工序集中,后者称为工序分散。

1. 工序集中的特点

(1) 工件装夹次数减少,可在一次装夹中加工多个表面,有利于保证这些表面间的位置精度,其相互位置精度只与机床和夹具的精度有关。同时还可减少装夹工件的辅助时间,有利于提高生产率。

(2) 需要的机床数目减少,便于采用高生产率的机床,并可相应地减少操作工人和生产面积,简化生产计划和组织工作。

(3) 专用机床和工艺装备比例增加,调整和维护难度大,因工件刚性不足和热变形等原因而影响加工精度的可能性加大。

2. 工序分散的特点

与工序集中相反,工序分散所用机床和工艺装备比较简单,调整方便,操作容易,产品更换时生产准备工作较快,技术准备周期较短;设备数量和操作维护人员多,工件加工周期长,设备占地面积也较大。

制订工艺路线时,应针对具体加工对象认真分析比较,合理安排工序集中与工序分散的程度。例如,对于外形结构较为复杂的模座类零件,因各表面上有尺寸精度和位置精度要求较高的孔系,其加工工序就应相对集中一些,以便保证各个孔之间、孔与装配基面之间的相互位置精度;对于批量较大、结构形状简单的模板类零件及导柱、导套类零件,一般宜采用工序分散方式加工。

此外，由于大多数模具零件属于单件生产的类型，因此模具零件加工一般宜实行工序集中。

9.5　工序的安排

1. 机械加工工序的安排

模具零件的机械加工顺序安排，通常应遵循以下原则：

(1) 先粗后精　当零件需要分阶段进行加工时，先安排各表面的粗加工，中间安排半精加工，最后安排主要表面的精加工和光整加工。由于次要表面精度要求不高，一般在粗、半精加工后即可完成。那些与主要表面相对位置关系密切的表面，通常置于主要表面精加工之后进行加工。

(2) 先主后次　先安排加工零件上的装配基面和主要工作表面等。如紧固用的光孔和螺纹孔等，由于加工面小，又和主要表面有相互位置的要求，一般都应安排在主要表面达到一定精度之后(例如半精加工之后)、最后精加工之前进行加工。先主后次原则在一个工序内安排各工步的加工顺序时更应很好地贯彻。

(3) 基面先行　每一加工阶段总是先安排基面加工，例如，轴类零件加工中常采用双中心孔作为统一基准，粗加工结束、半精加工或精加工开始前总是先打两中心孔。作为精基准，应使之具有足够的精度和表面质量，并常常高于图样上的要求。如果精基面不止一个，则应按照基面转换的次序和逐步提高精度的原则安排。例如，精密滚珠保持套，其外圆和内孔就要互为基准，反复进行加工。

(4) 先面后孔　对于模座、凸凹模固定板、型腔固定板、推板等一般模具零件，平面所占轮廓尺寸较大，用平面定位比较可靠。因此，其工艺过程总是选择平面作为定位精基面，先加工平面，再加工孔。

2. 辅助工序的安排

辅助工序包括工件检验、去毛刺、清洗和涂防锈漆等，其中检验是辅助工序的主要内容，它对于保证产品质量有着重要作用。除了每道工序结束时必须由操作者按图样和工艺要求自行检验外，在下列情况下还应安排专门的检验工序：

(1) 粗加工阶段结束之后、精加工之前，一般应对工序尺寸和加工余量进行检验。

(2) 工件从一个车间转入另一个车间之前，应进行交接责任检验。

(3) 容易产生废品或花费工时较多的工序以及重要工序前后，应安排中间检验，以便及时发现废品，防止继续加工造成浪费，同时也有利于确保产品质量。

(4) 工件全部加工结束后，应进行最终检验。由于多数模具零件按"工序集中"原则拟定工艺路线，通常检验工序安排在工件加工结束之后。各加工阶段之间则由操作者自检验。

除了检验工序之外，一个加工阶段或重要工序结束后还应安排去毛刺、倒棱边、清洗、涂防锈油等辅助工序或工步。应该充分认识辅助工序和辅助工步的必要性。如果缺少必要的辅助工序或辅助工步，将给后续工序的加工带来困难。例如零件上未去净的毛刺和锐边，淬火后硬度很高，难以除去，将给模具的装配造成困难甚至无法装配。导套润滑油道中未去净的铁屑，将影响模具的正常操作,甚至损坏模具,必须清洗除净。

9.6　工艺规程的作用

将零件加工的全部工艺过程及加工方法按一定的格式写成的书面文件称为工艺规程。它是企业十分重要的技术文件之一。

工艺规程的作用:

(1) 工艺规程是指导生产的主要技术文件。工艺规程中记载了零件加工的工艺路线及各工序、工步的具体内容,记载了切削用量的数值、选用的工艺装备和时间定额等,是操作人员进行实际操作的法定技术文件和主要依据。操作人员只有按照该文件的具体要求进行调整、生产,才能保证产品质量合格,符合生产的节拍,确保生产正常、有序、稳定进行。

(2) 工艺规程是组织生产和计划管理的重要资料。生产安排和调度,人员的调配,原材料、半成品或外购件的供应等生产准备工作,以及技术准备(包括工艺装备的准备,刀、夹、量具的设计制造或采购)、成本核算等都以工艺规程为依据进行。

(3) 工艺规程是新建和扩建工厂的基本依据。新建和扩建工厂或车间时必须有产品的全套工艺规程作为决定设备、人员、车间面积和投资预算等的原始资料。

(4) 工艺规程有利于交流和推广先进经验。行之有效的先进工艺规程还起着交流和推广先进经验的作用,有利于其他工厂缩短试制过程,提高工艺水平。

9.7　模具零件工艺规程的基本要求

制订模具工艺规程的基本原则是保证以最低的成本和最高的效率来达到设计图上的全部技术要求。所以,对模具工艺规程的要求主要包括以下四个方面:

1. 工艺方面

工艺规程应全面、可靠和稳定地保证达到设计图上所要求的尺寸精度、形状精度、位置精度、表面质量和其他技术要求。

2. 经济方面

工艺规程要在保证技术要求和完成生产任务的条件下,使生产成本最低。

3. 生产率方面

工艺规程要在保证技术要求的前提下,以较少的工时来完成加工制造。

4. 劳动条件方面

工艺规程还必须保证工人具有良好而安全的劳动条件。

9.8　制订模具工艺规程的步骤

制订工艺规程时必须认真研究原始资料,包括:

(1) 产品的整套装配图和零件图;

(2) 生产纲领和生产类型;

(3) 毛坯的情况以及本厂(车间)的生产条件,如机床设备、工艺装备的状况;

(4) 研究和学习必要的标准手册和相似产品的工艺规程。

编制工艺规程一般可按以下步骤进行:

(1) 研究模具装配图和零件图,进行工艺分析;

(2) 确定毛坯种类、尺寸及其制造方法;

(3) 拟定零件加工工艺路线,包括选择定位基准、确定加工方法、划分加工阶段、安排加工顺序和决定工序内容等;

(4) 确定各工序的加工余量,计算工序尺寸及其公差;

(5) 选择机床、工艺装备、切削用量及工时定额;

(6) 填写工艺文件。

9.9 模具制造工艺规程的制订原则及内容

1. 工艺规程的制订原则

模具制造工艺规程是加工模具的主要技术依据。工艺规程的先进性、合理性直接影响企业的经济效益与产品的竞争力。工艺规程的制订原则是:符合一定的生产条件,以最少的劳动量、最快的速度、最低的费用可靠地加工出符合图样要求的零件,确保产品加工的高效率、高质量、低成本,以获得最好的经济效益。工艺规程的制订应注意技术上的先进性,尽可能采用新工艺、新材料、新设备,以提高生产率;要使产品的材料消耗和能源消耗降到最低;要注意改善劳动条件,尽可能采用自动化、机械化的生产方式,减轻劳动强度,为劳动者创造一个良好的工作环境。

2. 机械加工工艺过程卡片

机械加工工艺过程卡片是以工序为基本单元,说明整个加工过程的工艺文件。在机械加工工艺过程卡片中主要列出零件加工的整个工艺路线,粗略地介绍各工序的加工内容、加工车间、采用设备、使用工装等。该卡片不能直接指导工人操作,可以用于生产管理、生产调度及作为制订其他工艺文件的基础。单件、小批生产中一般只编制此卡片,并应编得较详细一些,用它来指导生产。机械加工工艺过程卡片具体内容见表 1-15。表 1-15 中"每坯质量"的单位为 kg;"工时定额"中的"准终"是指这一工序的准备和终了所需的时间,"单件"是指这一工序所需的机器开动时间,单位都为 min。

表 1-15 机械加工工艺过程卡片

(厂名)		机械加工工艺过程卡片		产品型号		零(部)件图号		共 页	
				产品名称		零(部)件名称		第 页	
材料牌号		毛坯种类		毛坯外形尺寸		每件毛坯数		每台件数	每坯质量

续 表

工序号	工序名称	工序内容			车间	工段	设备	工艺装备	工时定额	
									准终	单件
									准终	单件
						编制（日期）	审核（日期）	会签（日期）	底图号	装订号
标记	处数	更改文件号	签字	日期						

3. 机械加工工序卡片

机械加工工序卡片是以工序的工步为基本单元，说明加工过程中的某一工序的每一工步的加工要求的工艺文件。在机械加工工序卡片中主要列出该工序加工的定位基准、安装方法、工序尺寸及偏差、切削用量、工时定额和工艺装备的选择等，并配有工序简图。它是指导工人操作的工艺文件，适用于大批量生产的零件及成批生产中的重要零件。机械加工工序卡片具体内容见表 1-16。

表 1-16 机械加工工序卡片

(厂名)	机械加工工序卡片	产品型号		零(部)件图号		共 页
		产品名称		零(部)件名称		第 页

	工序号		工序名称	
	车间	工段		材料牌号
	毛坯种类	毛坯外形尺寸	每件毛坯数	每台件数
	设备名称	设备型号	设备编号	同时加工件数
	夹具编号	夹具名称	切削液	工时定额
				准终 / 单件

工步号	工步名称	工步内容	工艺装备	主轴转速/(r/min)	切削速度/(m/min)	进给量/(mm/min)	背吃刀量/mm	进给次数	工时定额 机动 / 辅助

			编制(日期)	审核(日期)	会签(日期)	底图号	装订号
标记	处数	更改文件号	签字	日期			

9.10 模具零件的标准化

工业较为发达的国家都十分重视模具标准化工作，因为它能给制造业带来质量、效率和效益。模具是专用成形工具产品，虽然个性化强，但也是工业产品，所以标准化工作十分重要。模具标准化工作主要包括模具技术标准的制定和执行、模具标准件的生产和应用以及有关标准的宣传、贯彻和推广等。

中国模具标准化体系包括四大类标准，即模具基础标准、模具工艺质量标准、模具零部件标准及与模具生产相关的技术标准。模具标准又可按模具主要分类分为冲压模具标准、塑料注射模具标准、压铸模具标准、锻造模具标准、紧固件冷镦模具标准、拉丝模具标准、冷挤压模具标准、橡胶模具标准、玻璃制品模具和汽车冲模标准十大类。目前，我国已有50多项模具标准共300多个标准号，以及汽车冲模零部件方面的14种通用装置和244个品种共363个标准。这些标准的制定和宣传贯彻，提高了中国模具标准化程度和水平。

模具标准化的作用十分明显。采用标准件可使模具加工工时减少25%～45%，生产周期缩短30%～40%，这可以使企业在激烈的竞争中进一步提高快速应变能力和竞争能力。

中国模具行业发展规划提出：模具标准件要扩大品种、提高精度，达到互换。其中主要品种，如模架、导向件、推杆、弹性元件等，要实现按经济规模大批量生产。模架、导向件、推杆、推管、弹性元件、标准组件、小型标准件(如标准凸凹模、浇口套、定位圈、拉钩等)和热流道元件是发展重点。模具标准化工作的指导思想是：标准化是基础，专业化是方向，商品化是关键。

应用案例

1. 压入式模柄的工艺文件的编制

压入式模柄零件如图1-1a所示，材料为Q235，加工数量为5件。

(1) 零件的工艺分析　这个零件是冲裁模与压力机的连接件，尺寸精度标注合理、完整，材料选择恰当，结构工艺性较好。加工的关键是要保证 $\phi 52_{+0.011}^{+0.030}$ mm 的尺寸公差、表面粗糙度及几何公差。

(2) 毛坯的选择　由于该零件各处直径相差不大，对材料的组织结构没有特别的要求，所以毛坯选择圆钢棒，材料为Q235。参考有关手册，查得毛坯余量要求，确定毛坯尺寸为 $\phi 65$ mm×103 mm。

(3) 工艺路线的拟定　该零件主要是外圆柱面的加工，精度最高的 $\phi 52_{+0.011}^{+0.030}$ mm 外圆柱面精度为IT6级，参考有关资料，确定该零件的加工工艺路线为：下料→车端面、打中心孔→半精车→磨外圆→检验。

由于是小批生产，工件尺寸又比较小，所以采用工序集中原则。因为工序尺寸简单，工序数量不多，故只在最后安排一道检验工序。又因为零件图上对材料的硬度等没有提出要求，所以没有安排热处理工序。

(4) 各工序内容的设计

工序1：下料

采用锯床，按尺寸 $\phi 65$ mm×103 mm 下料。

工序 2：车端面、打中心孔

夹外圆车端面，打中心孔(根据零件的尺寸，选择 B3 的中心钻)，车靠近端面的一段外圆(仅去黑皮)作为夹位。调头，夹已经加工过的外圆，车另一端面，保证长度尺寸为 95 mm，打中心孔。加工设备为普通卧式车床 C6132，量具采用精度为 0.02 mm 的 125 mm 游标卡尺。

工序 3：半精车

夹外圆，半精车外圆、切槽、倒角等。外圆 $\phi 52^{+0.030}_{+0.011}$ 留 0.3 mm 加工余量，$\phi 52^{+0.030}_{+0.011}$ mm 外圆的右端面留 0.1 mm 磨削余量，其余尺寸按图加工。加工设备为普通卧式车床 C6132，量具采用精度为 0.02 mm 的 125 mm 游标卡尺。

工序 4：磨外圆

两端顶中心孔装夹，磨 $\phi 52^{+0.030}_{+0.011}$ mm 外圆以及右端面，保证尺寸精度、位置精度和表面粗糙度。加工设备为万能外圆磨床 M1432，量具采用 50～75 mm 外径千分尺。

工序 5：检验

按图样检验各尺寸。主要量具是精度为 0.02 mm 的 125 mm 游标卡尺和 50～75 mm 外径千分尺。

(5) 填写机械加工工艺过程卡片　由于是小批生产，应该填写机械加工工艺过程卡片，用于指导组织生产和指导工人加工。压入式模柄的机械加工工艺过程卡片见表 1-17。

表 1-17　压入式模柄机械加工工艺过程卡片

×××公司		机械加工工艺过程卡片		产品型号		零(部)件图号		×-××	共1页
				产品名称	××冲裁模	零(部)件名称	模柄		第1页
材料牌号	Q235	毛坯种类	圆钢	毛坯外形尺寸	ϕ65 mm×103 mm	每毛坯件数	1	每台件数	1	备注
工序号	工序名称	工序内容		车间	工段	设备	工艺装备	工时	
								准终	单件
1	下料	按尺寸 ϕ65 mm×103 mm 下料		模具	下料				
2	车	车端面、打中心孔(中心孔尺寸 B3)，光外圆，在另一端面，保证总长 95 mm，打中心孔		模具	车	C6132	游标卡尺(0.02 mm×125 mm) 中心钻 B3		
3	半精车	半精车各外圆，外圆 $\phi 52^{+0.030}_{+0.011}$ mm 留 0.3 mm 余量，其右端面留 0.1 mm 磨削余量；其余车到尺寸		模具	车	C6132	游标卡尺(0.02 mm×125 mm)		
4	磨	磨 $\phi 52^{+0.030}_{+0.011}$ mm 外圆和右端面达图要求		模具	磨	M1432	外径千分尺 50～75 mm		
5	检验	按图样检验		检验					

续 表

描图											
描校											
底图号											
装订号											
							设计 （日期）	审核 （日期）	标准化 （日期）	会签 （日期）
标记	处数	更改文件号	签字	日期	标记	处数	更改文件号	签字	日期		

2. 楔紧块的工艺文件的编制

楔紧块零件如图 1-1b 所示，材料为 45 钢，加工数量为 2 件。

(1) 零件的工艺分析　该零件是塑料模的定位零件，尺寸精度标注合理、完整，材料选择合理，结构工艺性较好。主要加工平面和孔，加工的关键是保证 20°斜面与滑块的配合。

(2) 毛坯的选择　由于该零件尺寸不大，对材料组织结构无特别要求，所以选择钢板切割下料，材料为 45 钢。根据钢板尺寸系列和零件尺寸要求，确定毛坯尺寸为 25 mm × 54 mm × 56 mm。

(3) 工艺路线的拟定　该零件主要是平面和孔的加工，孔的尺寸精度要求不高，是单件生产，采用划线加工。根据使用要求，20°斜面是定位面，它与滑块的配合精度要求很高，由钳工修配保证。定位销在装配时配钻、铰。该零件的加工工艺路线为：下料→平面铣削→平面磨削→划线→钻、锪沉孔→铣斜面→配钻、铰定位销孔、修 20°斜面→检验。

因为零件图上对材料的硬度等没有提出要求，所以没有安排热处理工序。

(4) 各工序内容的设计

工序 1：下料

按尺寸 25 mm×54 mm×56 mm 下料。

工序 2：平面铣削

铣六个平面，尺寸 20 mm 两端留 0.3 mm 加工余量，其余尺寸按图样加工。加工设备为普通立式铣床 X52K，量具采用精度为 0.02 mm 的 125 mm 游标卡尺。

工序 3：平面磨削

磨尺寸 20 mm 两端到图样要求,设备为平面磨床 M7130,量具采用 0～25 mm 外径千分尺。

工序 4：划线

钳工划 4×ϕ6 mm 孔的位置线和轮廓线,打样冲孔。

工序 5：钻、锪沉孔

按线钻 4×ϕ6 mm 孔,锪沉孔。刀具为 ϕ6 mm 麻花钻头、锪孔钻头,机床为台钻 Z3025。

工序 6：铣斜面

铣 20°斜面,选用普通立式铣床 X52K。

工序 7：配钻、铰定位销孔、修 20°斜面

配钻、铰定位销孔、修 20°斜面。

工序 8：检验

按图样检验各尺寸。主要量具是精度为 0.02 mm 的 125 mm 游标卡尺和游标万能角度尺。

(5) 填写机械加工工艺过程卡片 由于是小批生产,应该填写机械加工工艺过程卡片,用于指导组织生产和指导工人加工。楔紧块的机械加工工艺过程卡片见表 1-18。

表 1-18 楔紧块机械加工工艺过程卡片

×××公司		机械加工工艺过程卡片			产品型号		零(部)件图号		×-××	共1页
					产品名称	××注射模	零(部)件名称	楔紧块		第1页
材料牌号		毛坯种类	圆钢	毛坯外形尺寸	25 mm×54 mm×56 mm	每毛坯件数	1	每台件数	1	备注
工序号	工序名称	工序内容			车间	工段	设备	工艺装备	工时准终	工时单件
1	下料	按 25 mm×54 mm×56 mm 尺寸下料			模具	下料				
2	铣	铣六面,尺寸 20 mm,留 0.3 mm 余量,其余尺寸按图样加工			模具	铣	X52K	游标卡尺(0.02 mm×125 mm)		
3	磨	磨尺寸 20 mm 达图样要求			模具	磨	M7130	游标卡尺(0.02 mm×125 mm)		
4	钳工	钳工划 4×ϕ6 mm 孔的位置和线轮廓线并打样冲眼			模具	钳工				
5	钻	钻 4×ϕ6 mm 孔,锪沉孔			模具	钳工	Z3025	游标卡尺(0.02 mm×125 mm)		
6	铣	按线铣 20°斜面			模具	铣	X52K	游标万能角度尺		
7	钳工	配修 20°斜面			模具	钳工				
8	检验	按图样检验各尺寸			检验					

续 表

描校												
底图号												
装订号									设计 (日期)	审核 (日期)	标准化 (日期)	会签 (日期)
	标记	处数	更改文件号	签字	日期	标记	处数	更改文件号	签字	日期		

复习与思考

1. 什么是模具制造？什么是模具制造技术？什么是模具制造技术条件？
2. 模具制造一般有哪些基本要求？
3. 模具制造过程包括哪些阶段？它们之间有什么联系？
4. 模具制造有哪些工艺特点？
5. 我国模具工业的发展有哪些特点？
6. 什么是工序、安装、工步、工位和走刀？划分工序的依据是什么？
7. 模具制造的生产类型一般有哪几类？各有什么工艺特征？
8. 模具零件的毛坯主要有哪些类型？哪些模具零件必须进行锻造，为什么？
9. 模具零件的工艺分析主要有哪些方面的内容？
10. 什么是加工余量、工序余量和总余量？
11. 什么是基准？基准一般分成哪几类？
12. 粗、精定位基准的选择原则有哪些？
13. 工艺尺寸链有哪些特征？如何确定尺寸链中的封闭环？
14. 编制工艺规程时，为什么要划分加工阶段？在什么情况下可以不划分加工阶段？
15. 工序集中和工序分散各有什么特点？
16. 机械加工工序的安排原则是什么？
17. 模具零件的热处理工艺的安排主要考虑哪些方面的问题？
18. 机械加工工艺过程卡片和机械加工工序卡片各有什么内容？各用在哪些场合？

项目二
冲裁模零件机械加工工艺

学习目标

1. 掌握冲裁模零件机械加工要求与特点。
2. 了解冲裁模常用零部件分类。
3. 能够合理安排冲裁模零部件的加工工艺路线。
4. 培养自主学习习惯和思维严谨的作风。

能力要求

1. 能够独立分析冲裁模常用零部件的结构和工艺特点。
2. 能够对冲裁模常用零部件进行一般的工艺计算。
3. 能够编制冲裁模常用零部件机械制造工艺规程。
4. 通过专业技能的学习,确立职业目标。

问题导入

图 2-1 是一副冲裁模的凸模和凹模,模具材料为 CrWMn,淬火硬度为 58~62 HRC。凹模的刃口尺寸有比较严格的公差,凸模刃口尺寸必须按凹模刃口尺寸配作。怎么加工这两个零件呢？应该如何编制它们的机械加工工艺文件？

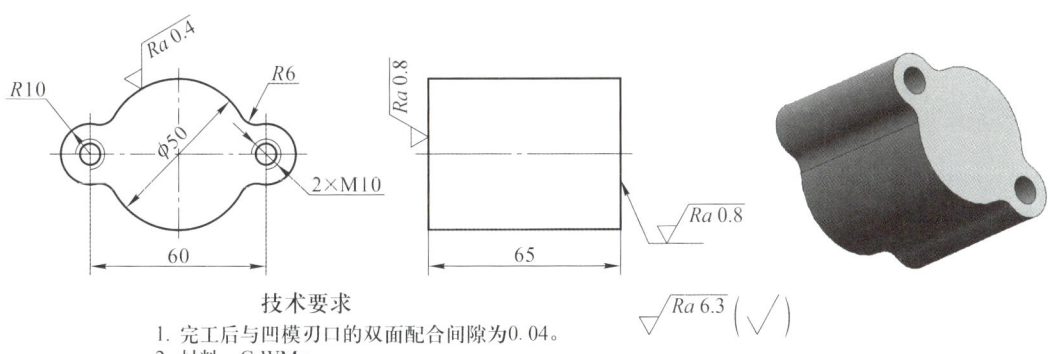

技术要求
1. 完工后与凹模刃口的双面配合间隙为0.04。
2. 材料：CrWMn。
3. 热处理硬度58~62HRC。

(a) 凸模

(b) 凹模

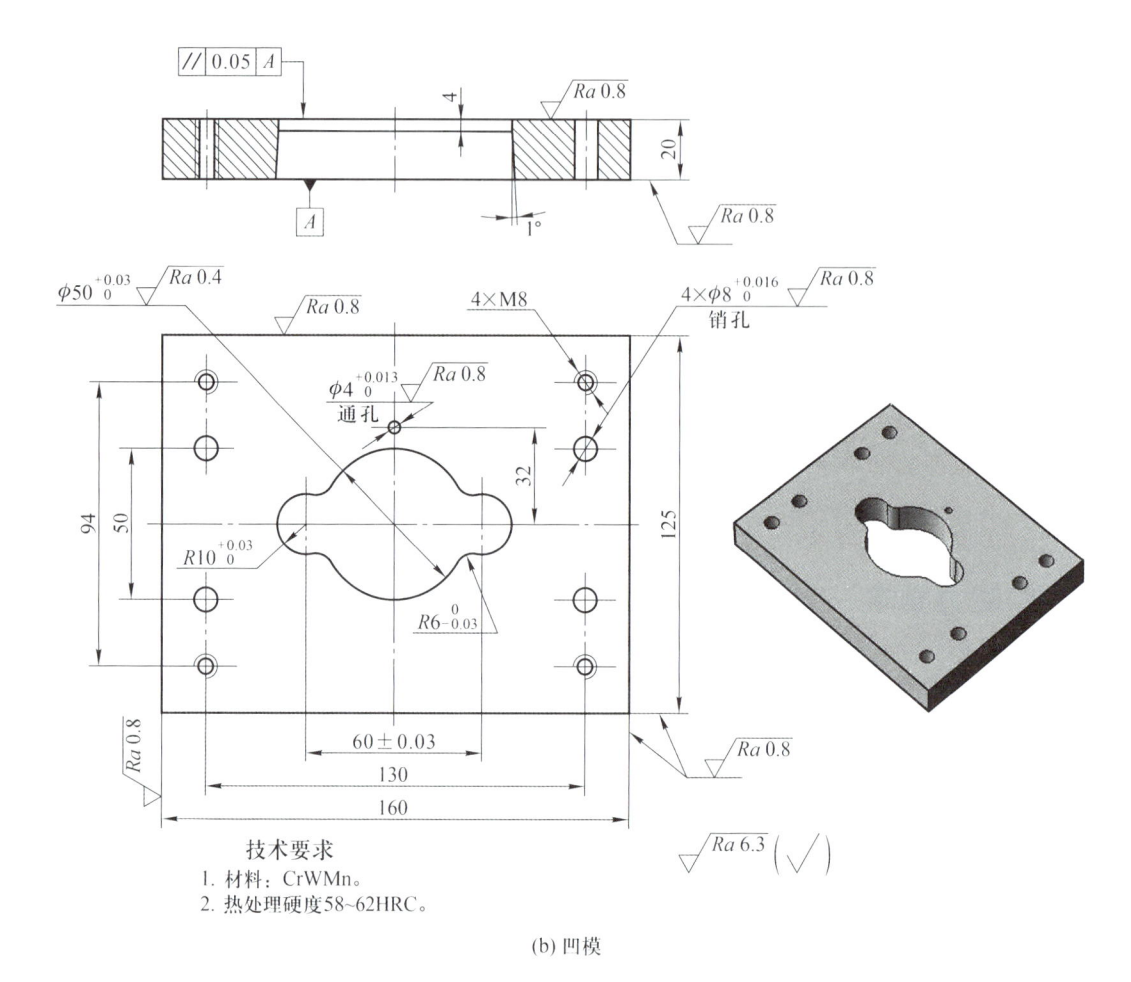

图 2-1 冲裁模工作零件图

任务实施

任务 1　冲裁模通用零件的机械加工工艺

1.1　冲裁模的标准模架

模架主要用于安装模具的其他零件,并保证模具的工作部分在工作时具有正确的相对位置,其结构尺寸已标准化(GB/T 2851—2008、GB/T 2852—2008)。图 2-2 所示为常见的冲裁模模架,尽管结构各不相同,但它们的主要组成零件上模座、下模座都是平板形状的(故又称上模板、下模板),模架模座的加工主要是进行平面及孔系加工。模架的导套和导柱是机械加工中常见的套类和轴类零件,主要是进行内、外圆柱表面的加工。

(a) 对角导柱模架

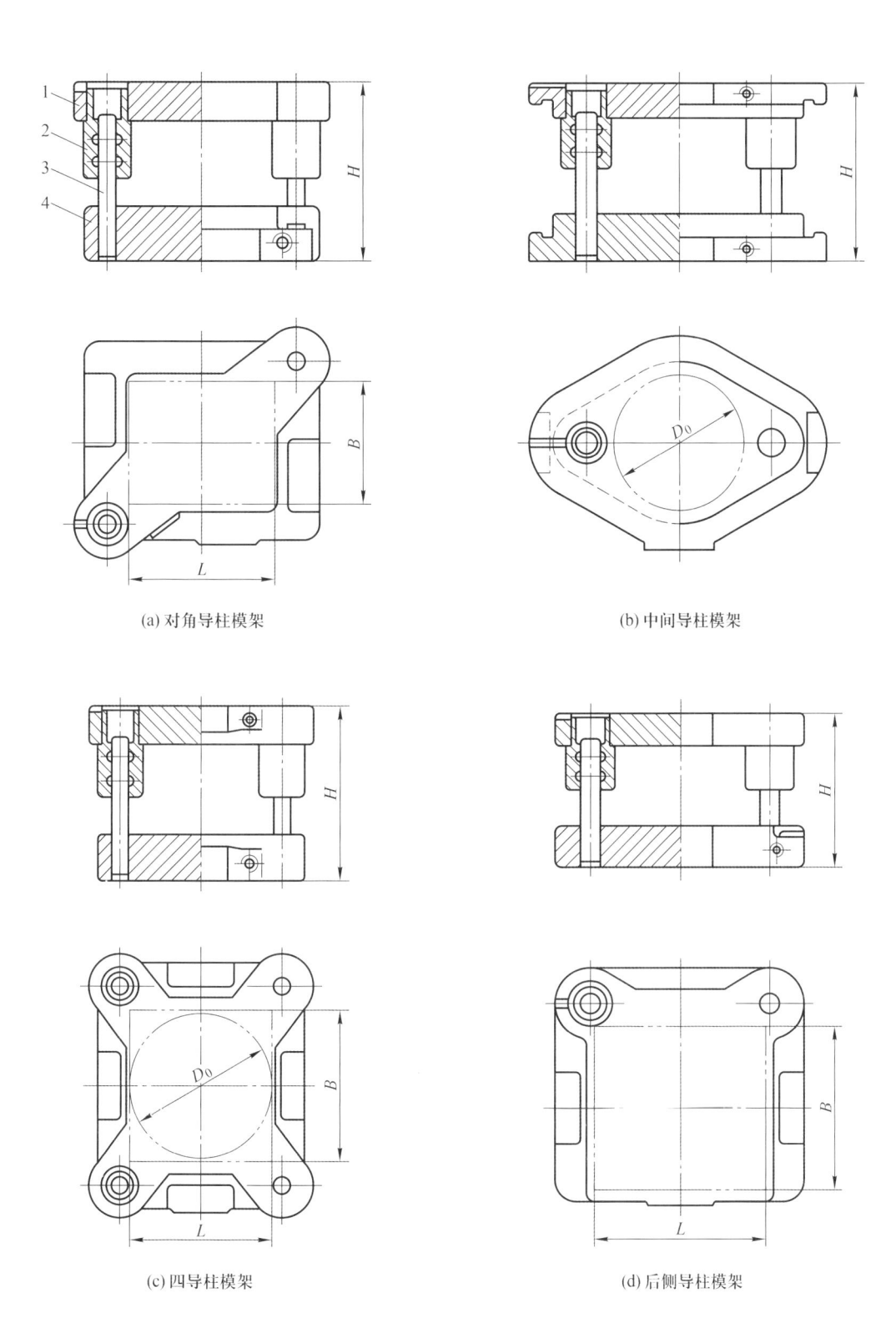

(b) 中间导柱模架

(c) 四导柱模架

(d) 后侧导柱模架

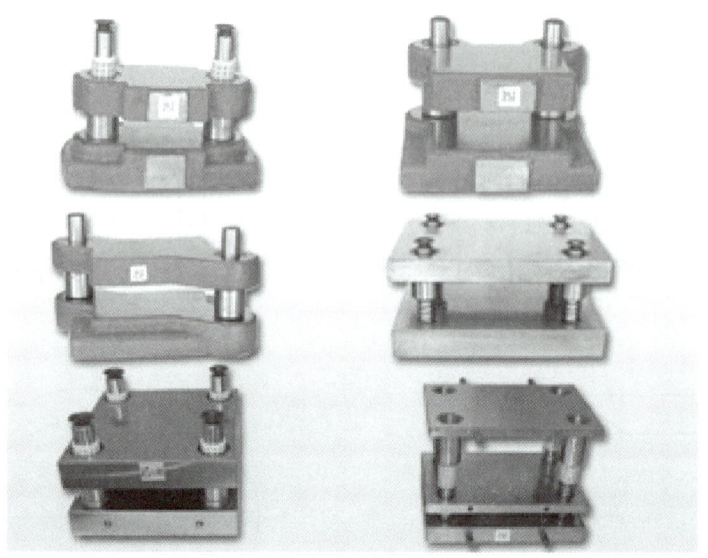

(e) 一些模架实体图

1—上模座;2—导套;3—导柱;4—下模座。
图2-2 冲裁模模架

对角导柱模架、中间导柱模架、四角导柱模架的共同特点是,导向装置都安装在模具的对称线上,滑动平稳,导向准确可靠,所以要求导向精确可靠的都采用这三种结构形式。对角导柱模架上模座、下模座工作平面的横向尺寸一般大于纵向尺寸,常用于横向送料的级进模、纵向送料的单工序模或复合模。中间导柱模架只能纵向送料,一般用于单工序模或复合模。四角导柱模架常用于精度要求较高或尺寸较大的冲件的生产及大批量生产用的自动模。

后侧导柱模架的特点是导向装置在后侧,横向和纵向送料比较方便,但如果有偏心载荷,压力机导向又不精确,就会造成上模歪斜,导向装置和凸模、凹模都容易磨损,从而影响模具寿命。此模架一般用于较小的冲裁模。

1.2 导柱的加工

导柱零件的主要构成表面是不同直径的外圆柱表面。因其配合表面需较高硬度(58~62 HRC)以免磨损,所以导柱零件均需进行热处理。当选用20钢时,一般进行渗碳淬火,其表面渗碳深度为0.8~1.2 mm。导柱零件的材料还有45、T8A及T10A等,这些材料经过淬火均可达到规定的硬度要求。

通过不同的加工途径使一定形状的表面达到一定的精度和表面结构要求,这些不同的途径为加工路线。导柱各表面的加工路线依各表面的加工精度和表面结构要求而确定。导柱零件的生产批量不大或单件制作时,可将不同阶段的一些加工内容按工序集中原则合并在一个工序内完成。导柱上与导套相接触的表面称为外圆柱配合表面,其余则为非配合外圆柱表面。为获得所要求的精度和表面粗糙度,外圆柱面加工方案和加工精度见表2-1。

关于导柱的制造，下面以冲裁模标准导柱为例(图2-3)进行介绍。

表 2-1 外圆柱面的加工方案和加工精度

序号	加 工 方 案	经济精度	经济表面粗糙度 Ra /μm	适 用 范 围
1	粗车	IT13～IT11	50～12.5	适用于淬火钢以外的各种金属
2	粗车—半精车	IT10～IT8	6.3～3.2	
3	粗车—半精车—精车	IT8～IT7	1.6～0.8	
4	粗车—半精车—精车—滚压(或抛光)	IT8～IT7	0.2～0.025	
5	粗车—半精车—磨削	IT8～IT7	0.8～0.4	主要适用于淬火钢，也可用于未淬火钢，但不宜加工有色金属
6	粗车—半精车—粗磨—精磨	IT7～IT6	0.4～0.1	
7	粗车—半精车—粗磨—精磨—超精加工(或轮式超精磨)	IT5	0.1～0.012	
8	粗车—半精车—精车—精细车(金刚车)	IT7～IT6	0.4～0.025	主要用于要求较高的有色金属加工
9	粗车—半精车—粗磨—精磨—超精磨(或镜面磨)	IT5 以上	0.025～0.006	极高精度的外圆加工
10	粗车—半精车—粗磨—精磨—研磨	IT5 以下	0.1～0.006	

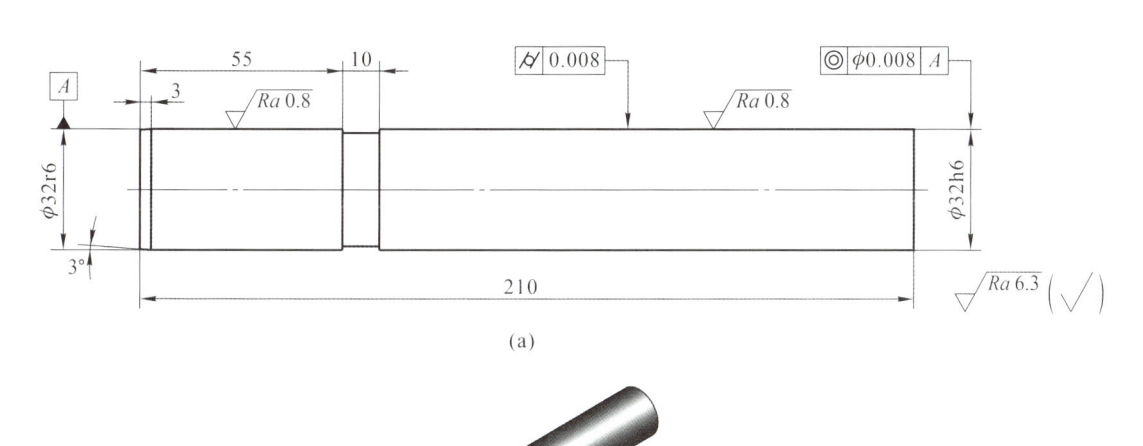

(a)

(b)

材料：20钢
热处理：渗碳深度 0.8～1.2 mm，硬度 58～62 HRC
图 2-3 冲裁模标准导柱

1. 导柱加工工艺方案的选择

导柱加工工艺方案是根据生产类型,零件的形状、尺寸、结构及工厂设备技术状况等条件决定的。不同的生产条件采用的设备及工序划分也不尽相同。

2. 导柱的制造工艺过程

导柱的加工表面主要是外圆柱面,外圆柱面的机械加工方法很多,图 2-3 所示导柱的制造过程为:备料—粗车、半精车内外圆柱表面—热处理—研磨导柱中心孔—粗磨、精磨配合表面—研磨导柱重要配合表面。导柱的加工工艺路线见表 2-2。

表 2-2 导柱的加工工艺路线

工序号	工序名称	工 序 内 容	设备	工 序 简 图
1	备料	按尺寸 φ35 mm×215 mm 切断	锯床	φ35, 215
2	车端面,钻中心孔	车端面保证长度 212.5 mm,钻中心孔; 调头车端面保证长度 210 mm,钻中心孔	卧式车床	210
3	车外圆	车外圆至 φ32.4 mm; 切 10 mm×0.5 mm 槽到尺寸,车端部; 调头车外圆至 φ32.4 mm,车端部	卧式车床	φ32.4
4	检验			
5	热处理	按热处理工艺进行,保证渗碳层深度 0.8~1.2 mm,表面硬度 58~62 HRC		
6	研磨中心孔	研磨中心孔; 调头研磨另一端中心孔	卧式车床	
7	磨外圆	磨 φ32h6 外圆,留研磨量 0.01 mm; 调头磨 φ32r6 外圆到尺寸	外圆磨床	φ32.16, φ32.01

续表

工序号	工序名称	工序内容	设备	工序简图
8	研磨	研磨外圆 $\phi 32h6$ 达要求,抛光圆角	卧式车床	
9	检验			

注：表中的工序简图是为直观地表示零件的加工部位绘制的,除专业模具厂外,一般模架生产属单件、小批生产,工艺文件多采用工艺过程卡片,不绘制工序简图。

3. 导柱加工过程中的定位

导柱加工过程中为了保证各外圆柱面之间的位置精度和均匀的磨削余量,对外圆柱面的车削和磨削一般采用设计基准和工艺基准重合的两端中心孔定位。因此,在车削和磨削之前需先加工中心孔,为后续工序提供可靠的定位基准。中心孔加工的形状精度对导柱的加工质量有着直接影响,特别是加工精度要求高的轴类零件,另外,保证中心孔与顶尖之间的良好配合也是非常重要的。导柱中心孔在热处理后需修正,以消除热处理变形和其他缺陷,使磨削外圆柱面时能获得精确定位,保证外圆柱面的形状和位置精度。

中心孔是在车床、钻床或专用机床上按图样要求的中心定位孔的形式进行钻削和修整的。图 2-4 所示为在车床上修整中心孔示意图。用三爪自定心卡盘夹持锥形砂轮,在被修整中心孔处加入少许煤油或机油,手持工件,由车床尾座顶尖支承,利用车床主轴的转动进行磨削。此方法效率高,质量较好,但砂轮易磨损,需经常修整。

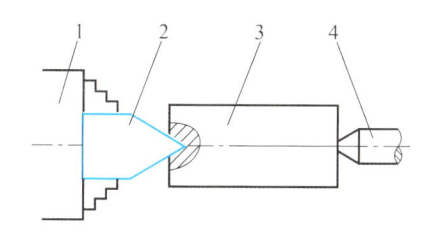

1—三爪自定心卡盘；2—锥形砂轮；3—工件；4—尾座顶尖。
图 2-4 锥形砂轮修整中心定位孔　　　　图 2-5 硬质梅花棱顶尖

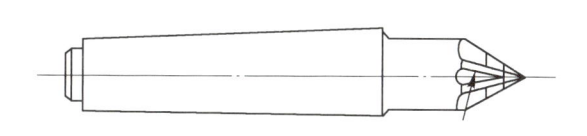

研磨法修整中心孔,是用锥形的铸铁研磨头代替锥形砂轮,在中心孔表面加研磨剂进行研磨。如果用铸铁顶尖作为研磨工具,将铸铁顶尖和磨床顶尖一道磨出 60°锥角后研磨中心孔,则可保证中心孔和磨床顶尖达到良好配合,能磨削出圆度和同轴度误差不超过 0.002 mm 的外圆柱面。

采用图 2-5 所示的硬质梅花棱顶尖修整中心孔的方法,效率高,但质量稍差,一般用于大批量生产,且要求不高的中心孔的修整。它是将梅花棱顶尖装入车床或钻床的主轴孔内,利用车床尾座顶尖将工件压向梅花棱顶尖,通过硬质合金梅花棱顶尖的挤压作用,修整中心孔的几何误差。

051

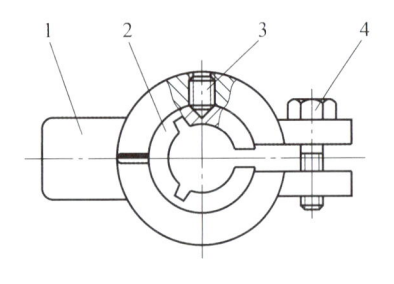

4. 导柱的研磨

研磨导柱是为了进一步提高其表面质量,即降低表面粗糙度值,以达到设计的要求。大批量生产(如专门从事模架生产),可以在专用的研磨机床上研磨;单件小批生产,可以采用简单的研磨工具(图 2-6)在普通机床上进行研磨。研磨时将导柱安装在机床上,由主轴带动旋转,在导柱表面均匀涂上一层研磨剂,然后套上研磨工具并用手将其握住,作轴线方向的往复直线运动。

1—研磨架;2—研磨套;
3—限动螺钉;4—调整螺钉。
图 2-6 导柱研磨工具

1.3 导套的加工

导套和导柱一样,是模具中应用最广泛的导向零件。尽管其结构形式因应用部位不同而不同,但构成导套的主要表面是内、外圆柱表面,可根据其结构形状、尺寸和材料的要求,直接选用适当尺寸的热轧圆钢为毛坯。

在机械加工过程中,除保证导套配合表面的尺寸和形状精度外,还要保证内、外圆柱配合表面的同轴度要求。导套的内表面和导柱的外圆柱面为配合面,使用过程中运动频繁,为保证其耐磨性,需有一定的硬度要求。因此,在精加工之前要安排热处理,以提高其硬度。

在不同的生产条件下,导套的制造所采用的加工方法和设备不同,制造工艺也不相同。现以图 2-7 所示的冲压模滑动式导套为例,介绍导套的制造过程。

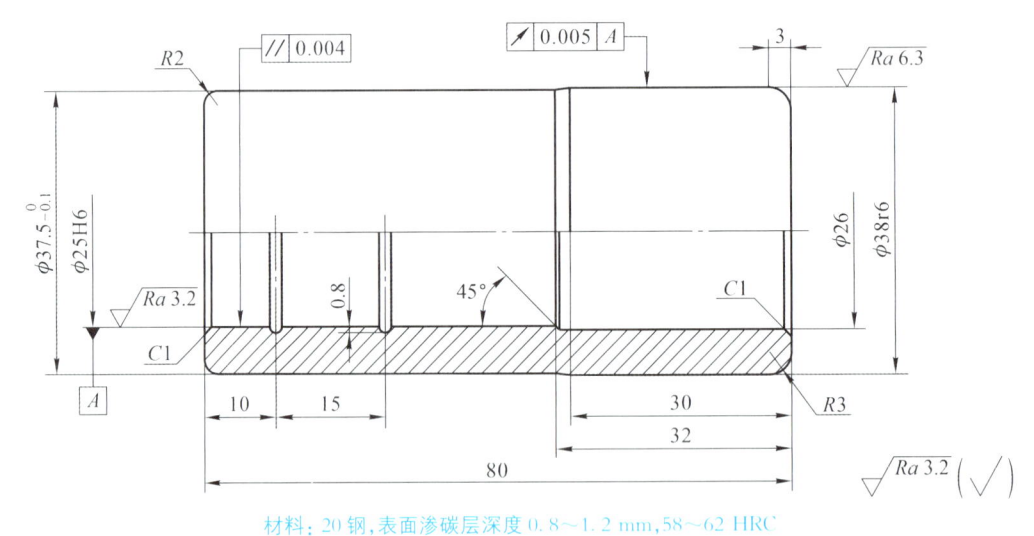

材料:20 钢,表面渗碳层深度 0.8～1.2 mm,58～62 HRC
图 2-7 冲压模滑动式导套

1. 导套加工工艺方案的选择

根据图 2-7 所示导套的精度和表面结构要求,其加工方案可选择为:备料—粗加工—半精加工—热处理—精加工—光整加工。

2. 导套的加工工艺过程

图 2-7 所示冲压模导套的加工工艺路线见表 2-3。

表 2-3　冲压模导套的加工工艺路线

工序号	工序名称	工序内容	设备	工序简图
1	备料	按尺寸 φ42 mm×85 mm 切断	锯床	
2	车外圆及内孔	车端面保证长度 82.5 mm；钻 φ25 mm 内孔至 23 mm；车 φ38 mm 外圆至 φ38.4 mm 并倒角；镗 φ25 mm 内孔至 φ24.6 mm 和油槽至尺寸；镗 φ26 mm 内孔至尺寸并倒角	车床	
3	车外圆倒角	车 φ37.5 mm 外圆至尺寸，车端面至尺寸	车床	
4	检验			
5	热处理	按热处理工艺进行，保证渗碳层深度为 0.8~1.2 mm，硬度为 58~62 HRC		
6	磨削内、外圆	磨 φ38 mm 外圆达图样要求；磨 φ25 mm 内孔留研磨余量 0.01 mm	万能磨床	
7	研磨内孔	研磨 φ25 mm 内孔达图样要求；研磨 R2 圆弧	车床	
8	检验			

在磨削导套时正确选择定位基准，对保证内、外圆柱面的同轴度要求是非常重要的。对单件或小批生产，工件热处理后在万能外圆磨床利用三爪自定心卡盘夹持 φ37.5 mm 外圆柱面，一次装夹后磨出 φ38 mm 外圆和 φ25 mm 内孔，这样可以避免多次装夹而造成的误差，能保证内、外圆柱配合表面的同轴度要求。对于大批量生产同一尺寸的导套，可先磨好内孔，再将导套套装在专

用小锥度磨削心轴上。以心轴两端中心孔定位,使定位基准和设计基准重合。借助心轴和导套内表面之间的摩擦力带动工件旋转,磨削导套的外圆柱面,能获得较高的同轴度。这种方法操作简便,生产率高,但需制造专用高精度心轴。

研磨导套与导柱相类似,由主轴带动研磨工具旋转,手握套在研具上的导套,作轴线上的往复直线运动。调节研具上的调整螺钉和螺母,可以调整研磨导套的直径,以控制研磨量。

磨削和研磨导套孔时常见的缺陷是"喇叭口"(孔的尺寸两端大、中间小)。造成这种缺陷的原因有以下两个方面:

(1) 磨削内孔时,若砂轮完全处在孔内(如图2-8中粗实线所示),则砂轮与孔壁的轴向接触长度最大,磨杆所受的径向推力也最大,由于刚度原因,它所产生的径向弯曲位移使磨削深度减小,孔径相应变小。当砂轮沿轴向往复运动到两端孔口部位时,砂轮必将超越两端口,径向推力减小,磨杆产生回弹,使孔径增大。要减小"喇叭口",就要合理控制砂轮相对孔口端面的超越距离,以便使孔的加工精度达到规定的技术要求。

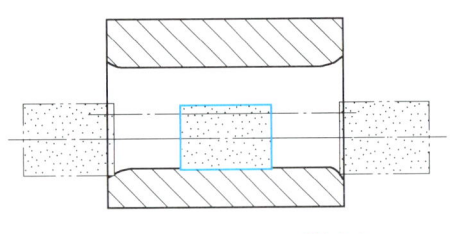

图2-8 磨孔时"喇叭口"的产生

(2) 研磨时工件的往复运动使磨料在孔口处堆积,在孔口处切削作用增强。所以,在研磨过程中应及时清除堆积在孔口处的研磨剂,以防止和减轻这种缺陷的产生。

1.4 模柄的加工

常用的模柄有压入式模柄、旋入式模柄、凸缘模柄、槽型模柄、浮动模柄等,其主要结构为阶梯轴形状。

模柄的设计已经标准化,其最高尺寸精度为IT6,在形状精度方面,如端面跳动为8级,则表面粗糙度$Ra=0.8~\mu m$。此类零件一般采用中心孔作为半精加工的定位基准,精加工采用精磨工艺,并靠磨端面保证端面跳动要求。

1.5 上、下模座的加工

1. 冲压模座加工的基本要求

为了保证模座工作时沿导柱上下移动平稳,无阻滞现象,模座上、下平面应保持平行,不同尺寸模座的平行度公差见表2-4。上下模座的导柱、导套安装孔的孔间距应保持一致,孔的轴心线与模座的上下平面要垂直(对安装滑动导柱的模座其垂直度为4级精度)。

2. 冲压模座加工的原则

模座的加工主要是平面加工和孔系加工,在加工过程中为了保证技术要求和加工方便,一般遵循"先面后孔"的原则。模座的毛坯经过刨削或铣削加工后再对平面进行磨削,可以提高模座平面的平面度和上、下平面的平行度,同时容易保证孔的垂直度要求。

表 2-4 模座上、下平面的平行度公差

公称尺寸/mm	公差等级 4	公差等级 5	公称尺寸/mm	公差等级 4	公差等级 5
	公差值/mm			公差值/mm	
>40~63	0.008	0.012	>250~400	0.020	0.030
>63~100	0.010	0.015	>400~630	0.025	0.040
>100~160	0.012	0.020	>630~1 000	0.030	0.050
>160~250	0.015	0.025	>1 000~1 600	0.040	0.060

注：(1) 公称尺寸是指被测表面的最大长度尺寸或最大宽度尺寸。
(2) 公差等级按 GB/T 1184—1996《形状和位置公差 未注公差值》。
(3) 公差等级 4 级，适用于 0Ⅰ、Ⅰ级模架。
(4) 公差等级 5 级，适用于 0Ⅱ、Ⅱ级模架。

上、下模座孔的镗削加工，可根据加工要求和工厂的生产条件，在铣床或摇臂钻床等机床上采用坐标法或利用引导元件进行加工。批量较大时可以在专用镗床、坐标镗床上进行加工。为保证导柱、导套的孔间距离一致，在镗孔时经常将上、下模座重叠在一起，一次装夹同时镗出导柱和导套的安装孔。

3. 获得不同精度平面的加工工艺方案

模座平面的加工可采用不同的机械加工方法，其加工工艺方案不同，获得加工平面的精度也不同。具体方案要根据模座的精度要求，结合工厂的生产条件等具体情况进行选择。

4. 加工上、下模座的工艺方案

上、下模座的结构形式较多，现以图 2-9 所示的中间导柱的冲裁模座为例说明其加工工艺过

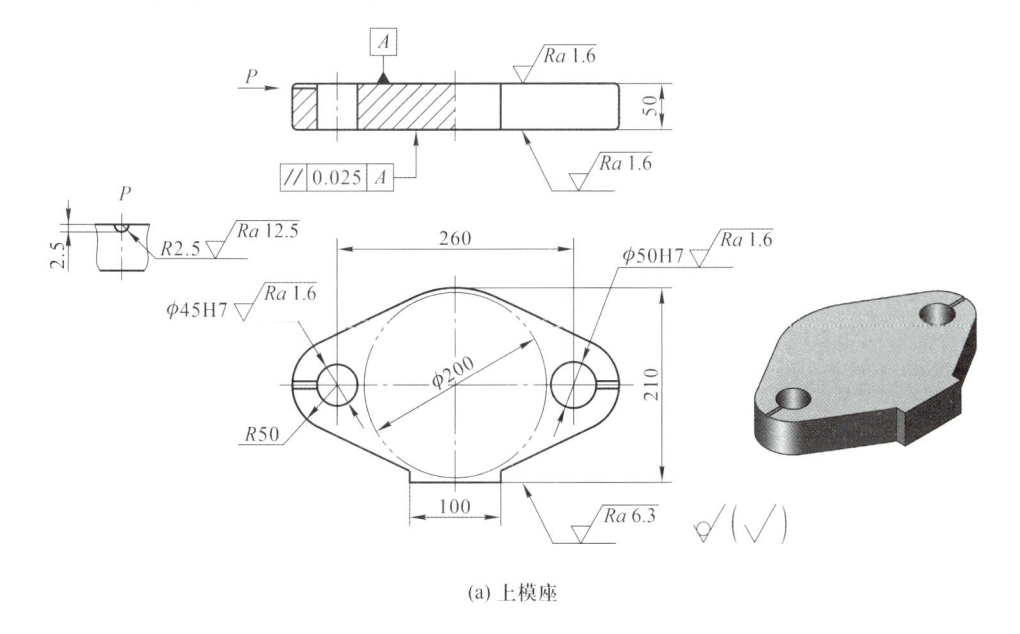

(a) 上模座

(b) 下模座

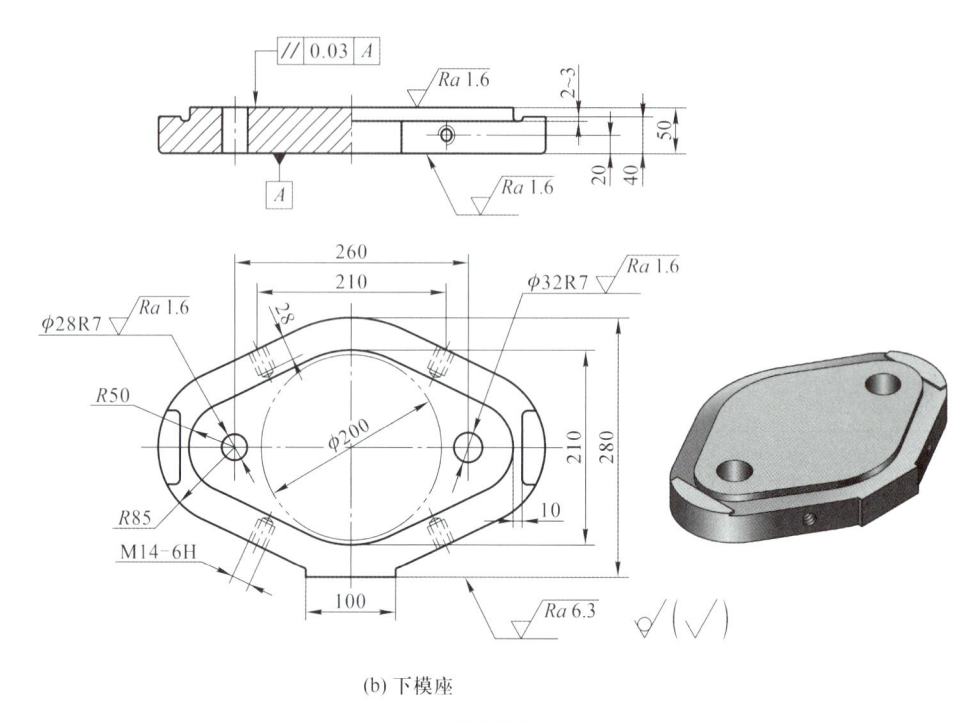

图 2-9 冲裁模座

程。模座加工主要是平面加工和孔系加工。为了加工方便和易于保证加工技术要求,在各工艺阶段应先加工平面,再以平面定位加工孔系(先面后孔)。平面的加工方案及加工精度见表 2-5。加工上、下模座的工艺过程见表 2-6 和表 2-7。

表 2-5 平面的加工方案及加工精度

工序号	加 工 方 案	经济精度	经济表面粗糙度 /μm	适 用 范 围
1	粗车	IT13～IT11	50～12.5	端面
2	粗车—半精车	IT10～IT8	6.3～3.2	
3	粗车—半精车—精车	IT8～IT7	1.6～0.8	
4	粗车—半精车—磨削	IT8～IT6	0.8～0.2	
5	粗刨(或粗铣)	IT13～IT11	25～6.3	一般不淬硬平面(端铣表面粗糙度 Ra 值较小)
6	粗刨(或粗铣)—精刨(或精铣)	IT10～IT8	6.3～1.6	
7	粗刨(或粗铣)—精刨(或精铣)—刮研	IT7～IT6	0.8～0.1	精度要求较高的不淬硬平面,批量较大时宜采用宽刃精刨方案
8	以宽刃精刨代替上述刮研	IT7	0.8～0.2	
9	粗刨(或粗铣)—精刨(或精铣)—磨削	IT7	0.8～0.2	精度要求高的淬硬平面或不淬硬平面
10	粗刨(或粗铣)—精刨(或精铣)—粗磨—精磨	IT7～IT6	0.4～0.025	

续表

工序号	加 工 方 案	经济精度	经济表面粗糙度/μm	适 用 范 围
11	粗铣—拉削	IT9～IT7	0.8～0.2	大量生产,较小平面(精度视拉刀精度而定)
12	粗铣—精铣—磨削—研磨	IT5 以上	0.1～0.006	高精度平面

表 2-6 加工上模座的工艺路线

工序号	工序名称	工序内容	设备	工序简图
1	备料	铸造毛坯		
2	刨平面	刨上、下平面,保证尺寸 50.8 mm	牛头刨床	
3	磨平面	磨上、下平面,保证尺寸 50 mm	平面磨床	
4	划线	划前部和导套孔位置线		
5	铣前部	按线铣前部	立式铣床	
6	钻孔	按线钻 $\phi 43$ mm、$\phi 48$ mm 导套孔	立式钻床	
7	镗孔	和下模座重叠,一起镗孔至 $\phi 45H7$、$\phi 50H7$	镗床或铣床	

工序号	工序名称	工序内容	设备	工序简图
8	铣槽	按线铣 $R2.5$ mm 的圆弧槽	卧式铣床	
9	检验			

表 2-7　加工下模座的工艺路线

工序号	工序名称	工序内容	设备	工序简图
1	备料	铸造毛坯		
2	刨平面	刨上、下平面保证尺寸 50.8 mm	牛头刨床	
3	磨平面	磨上、下平面保证尺寸 50 mm	平面磨床	
4	划线	划中心线,划导柱孔和螺纹孔		
5	铣前部	按线铣前部肩台至尺寸	立式铣床	

续表

工序号	工序名称	工序内容	设备	工序简图
6	钻床加工	按线钻导套孔至 φ30 mm、φ26 mm，钻螺纹底孔并攻螺纹	立式钻床	
7	镗孔	和上模座重叠，一起镗孔至 φ32R7、φ28R7	镗床或铣床	
8	检验			

模座毛坯经过铣(或刨)削加工后，可以提高磨削平面的平面度和上、下平面的平行度，再以平面做主定位基准加工孔，容易保证孔的垂直度要求。

任务 2　冲裁模工作零件的机械加工工艺

2.1　凸模的加工工艺

凸模、型芯类模具零件是用来成形制件内表面的，它和型孔、型腔类零件一样，是模具的重要成形零件。它们的质量直接影响着成形制件的质量和模具的使用寿命。因此，该类模具零件的质量要求较高。

由于成形制件的形状各异、尺寸差别较大，所以凸模和型芯类模具零件的品种也是多种多样的。按断面形状，凸模和型芯大致可以分为圆形和非圆形两类。

圆形凸模、型芯加工比较容易，一般可采用车削、铣削、磨削等进行粗加工和半精加工。经热处理后在外圆磨床上精加工，再经研磨、抛光即可达到设计要求。非圆形凸模和型芯在制造上较圆形凸模和型芯要复杂得多。

1. 圆形凸模的加工

图 2-10 所示为圆形凸模的典型结构。这种凸模加工比较简单，热处理前毛坯经车削加工，

表面粗糙度在 $Ra=0.8~\mu m$ 及其以上的表面留适当磨削余量;热处理后,经磨削加工即可获得较理想的工作型面及配合表面。

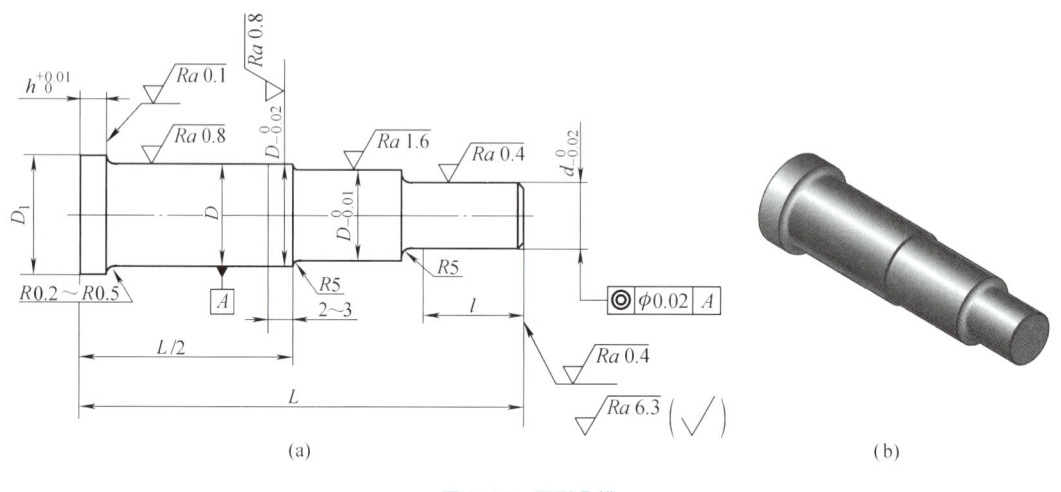

图 2-10 圆形凸模

2. 非圆形凸模的加工

凸模的非圆形工作型面大致分为平面结构和非平面结构两种。加工以平面构成的凸模型面(或主要是平面)比较容易,可采用铣削或刨削方法对各表面逐次进行加工,如图 2-11 所示。

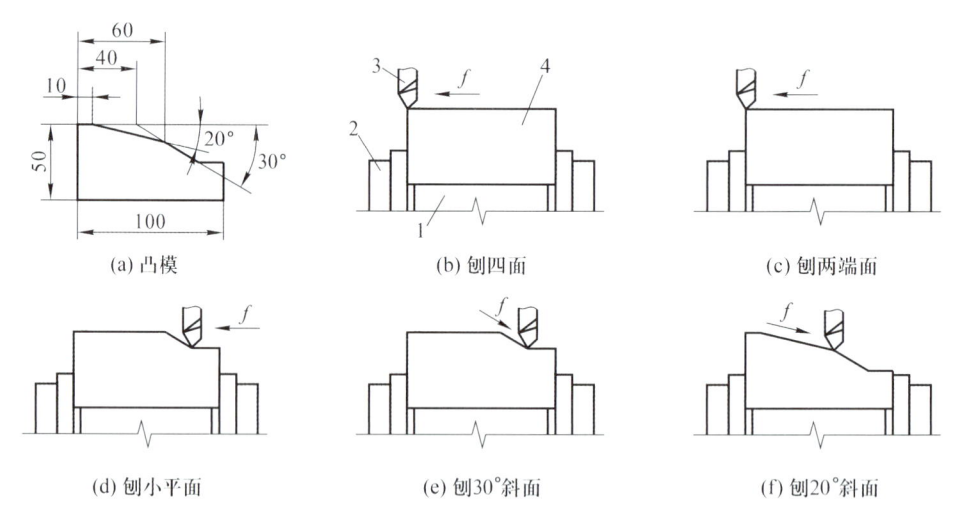

1—垫块;2—平口虎钳;3—刨刀;4—凸模。
图 2-11 平面结构凸模的刨削加工

采用铣削方法加工平面结构的凸模时,多采用立式铣床和万能工具铣床。对于这类模具中某些倾斜平面的加工方法有:

(1) 工件斜置　装夹工件时使被加工斜面处于水平位置进行加工,如图 2-12 所示。

(2) 刀具斜置　使刀具相对于工件倾斜一定的角度对被加工表面进行加工,如图 2-13 所示。

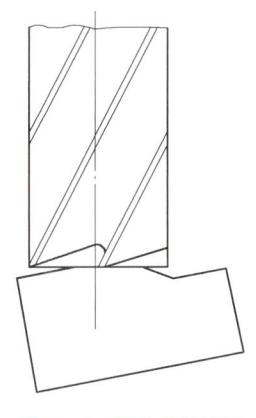

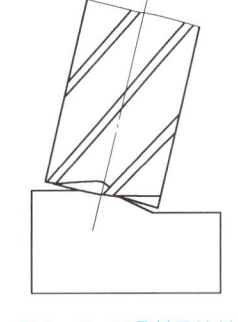

图 2-12　工件斜置铣削　　　　图 2-13　刀具斜置铣削

(3) 将刀具做成一定的锥度对斜面进行加工,这种方法一般少用。

加工非平面结构的凸模(图 2-14),可根据凸模形状、结构特点和尺寸大小采用车床、仿形铣床、数控铣床或通用铣(刨)床等机床。

图 2-14　非平面结构的凸模

采用仿形铣床或数控铣床加工,对操作工人的技能要求不高,可以减轻劳动强度,容易获得所要求的形状尺寸。数控铣削的加工精度比仿形铣削高。仿形铣削是靠仿形销和靠模的接触来控制铣刀的运动的,因此仿形销和靠模的尺寸形状误差、仿形运动的灵敏度等会直接影响零件的加工精度。无论仿形铣削还是数控铣削,都应采用螺旋齿铣刀进行加工,这样可使切削过程平稳,容易获得较小的表面粗糙度值。

在普通铣床上加工凸模是采用划线法进行加工的。加工时按凸模上划出的刃口轮廓线,手动操作机床工作台(或机床附件)进行切削加工。这种加工方法对操作工人的技术水平要求高,劳动强度大,生产率低,加工质量取决于工人的操作技能,而且会增加钳工的工作量。

当采用铣、刨削方法加工凸模的工作型面时,由于结构原因,有时不可能用一种方法加工出全部型面(如凹入的尖角和小圆弧)时,应考虑采用其他加工方法对这些部位进行补充加工。在某些情况下为便于机械加工而将凸模做成组合结构。

3. 成形磨削

成形磨削用来对模具的工作零件进行精加工,不仅用于加工凸模,也可以加工镶拼式凹模的工作型面。采用成形磨削加工模具零件可获得高精度的尺寸、形状,可以加工淬硬钢和硬质合金,获得良好的表面质量。根据工厂的设备条件,成形磨削可在通用平面磨床上采用专用夹具或

成形砂轮进行,也可在专用的成形磨床上进行。成形磨削的方法有以下几种:

(1) 成形砂轮磨削法

这种方法是将砂轮修整成与工件被磨削表面完全吻合的形状进行磨削加工,以获得所需要的成形表面,如图 2-15 所示。此法一次所能磨削的表面宽度不能太大。为获得一定形状的成形砂轮,可将金刚石固定在专门设计的修整夹具上对砂轮进行修整。

(微视频 成形磨削)

(2) 夹具磨削法

夹具磨削法是借助于夹具,使工件的被加工表面处在所要求的空间位置上(图 2-16),或使工件在磨削过程中获得所需要的进给运动,磨削出成形表面。图 2-16 所示为用夹具磨削圆弧面的加工示意图。工件除作纵向进给(由机床提供)外,还可借助夹具使工件作断续的圆周进给,这种磨削圆弧的方法称为回转法。常见的磨削夹具有:

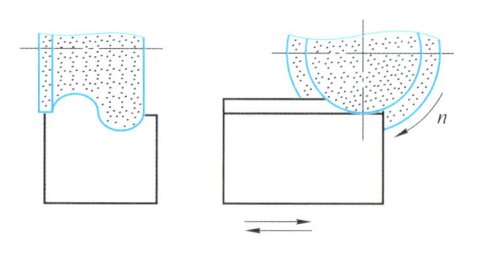

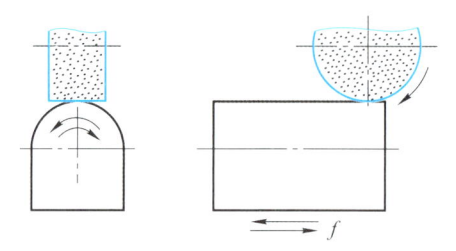

图 2-15 成形砂轮磨削法　　　　　图 2-16 用夹具磨削圆弧面

① 正弦精密平口虎钳　如图 2-17a 所示,夹具由带正弦规的平口虎钳和底座 6 组成,正弦圆柱 4 被固定在虎钳体 3 的底面,用压板 5 使其紧贴在底座 6 的定位面上。在正弦圆柱和底座间垫入适当尺寸的量块,可使平口虎钳倾斜成所需要的角度,以磨削工件上的倾斜表面,如图 2-17b 所示,量块尺寸按下式计算:

$$h_1 = L \sin \alpha$$

式中,h_1——垫入的量块尺寸,mm;

　　L——正弦圆柱的中心距,mm;

　　α——工件需要倾斜的角度,(°)。

正弦精密平口虎钳的最大倾斜角为 45°。为了保证磨削精度,应使工件在夹具内正确定位,工件的定位基面应预先磨平并保证垂直。

② 正弦磁力夹具　正弦磁力夹具的结构和应用情况与正弦精密平口虎钳相似,两者的区别在于正弦磁力夹具是用磁力夹具代替平口虎钳夹紧工件,如图 2-18 所示。电磁吸盘能倾斜的最大角度也是 45°。

以上介绍的磨削夹具,若配合成形砂轮也能磨削平面与圆弧面组成的形状复杂的成形表面。进行成形磨削时,被磨削表面尺寸常采用测量调整器、量块和百分表进行比较测量。测量调整器

(a) 正弦精密平口虎钳结构示意图

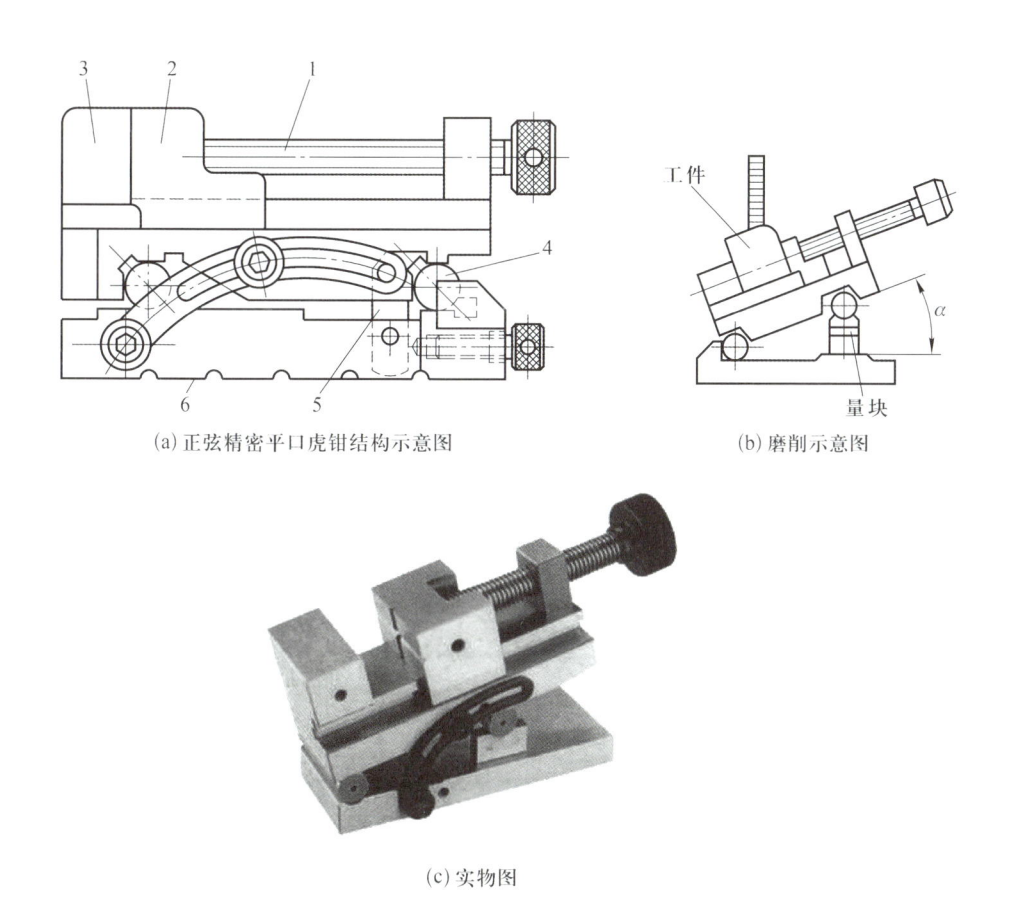

(b) 磨削示意图

(c) 实物图

1—螺柱；2—活动钳口；3—虎钳体；4—正弦圆柱；5—压板；6—底座。
图 2-17　正弦精密平口虎钳

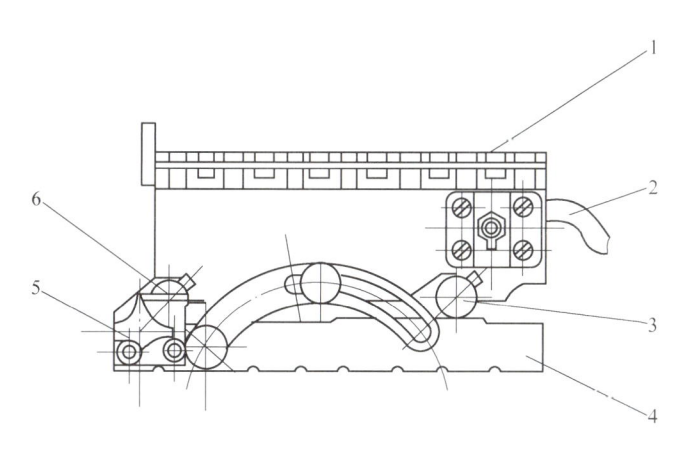

1—电磁吸盘；2—电源线；3、6—正弦圆柱；4—底座；5—锁紧手轮。
图 2-18　正弦磁力夹具

的结构如图 2-19 所示，量块座 2 能在三脚架 1 的斜面上沿 V 形槽上下移动，当移动到适当位置后，用滚花螺母 3 和螺钉 4 固定。为了保证测量精度，要求量块座沿斜面移至任何位置时，量块支承面 A、B 应分别与测量调整器的安装基面 D、C 保持平行，其误差不大于 0.005 mm。

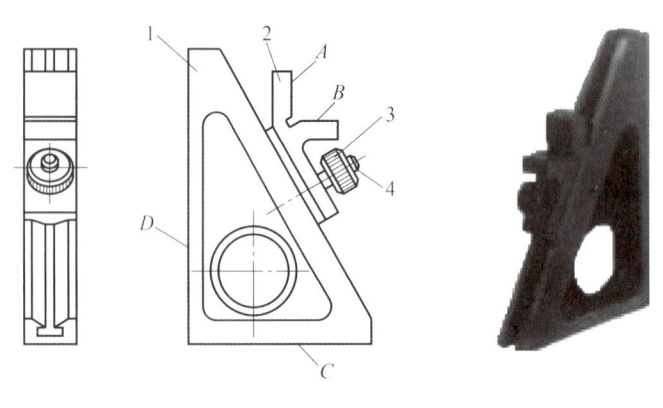

1—三脚架；2—量块座；3—滚花螺母；4—螺钉。
图 2-19　测量调整器

(3) 仿形磨削

仿形磨削是在具有放缩尺的曲线磨床或光学曲线磨床上，按放大样板或放大图对成形表面进行磨削加工，主要用于磨削尺寸较小的凸模和凹模拼块，其加工精度可达 ±0.01 mm，表面粗糙度 Ra 为 0.63～0.32 μm。

坐标工作台用于固定工件，可作纵向、横向移动和作垂直方向的升降。

砂轮架用来安装砂轮，它能作纵向和横向送进（手动），可绕垂直轴旋转一定角度以便将砂轮斜置进行磨削，如图 2-20 所示。砂轮除作旋转运动外，还可沿砂轮架上的垂直导轨作往复运动，其行程可在一定范围内调整。为了对非垂直表面进行磨削，垂直导轨可沿砂轮架上的弧形导轨进行调整，使砂轮的往复运动与垂直方向成一定角度。

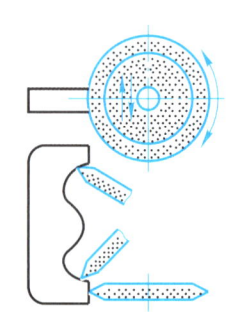

图 2-20　磨削曲线轮廓侧面

在光学曲线磨床、成形磨床、平面磨床等机床上进行成形磨削，一般都是采用手动操作，其加工精度在一定程度上依赖于工人的操作技巧，劳动强度大，生产率低。为了提高模具的加工精度和便于采用计算机辅助设计与制造（即模具的 CAD/CAM），使模具制造朝着高效率和自动化的方向发展。目前，国内外已研制出数控成形磨床，而且在实际应用中收到良好的效果。

在数控成形磨床上进行成形磨削的方式主要有三种：第一种是利用数控装置控制安装在工作台上的砂轮修整装置，修整出需要的成形砂轮，用此砂轮磨削工件，磨削过程和一般的成形砂轮磨削相同；第二种是利用数控装置把砂轮修整成圆弧形或双斜边圆弧形，如图 2-21a 所示，然后由数控装置控制机床的垂直和横向进给运动，完成磨削加工，如图 2-21b 所示；第三种方式是前两种方法的组合，即磨削前用数控装置将砂轮修整成工件形状的一部分，如图 2-22a 所示，控制砂轮依次磨削工件的不同部位，如图 2-22b 所示。这种方法适合于磨削具有多处相同型面的工件。三种磨削方式加工的成形面都是直母线成形面。

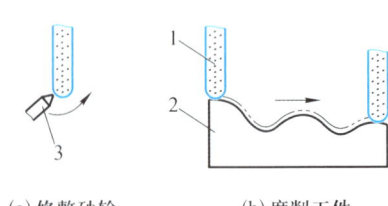

(a) 修整砂轮　　(b) 磨削工件

1—砂轮；2—工件；3—金刚石。
图 2-21　仿形法磨削

(a) 修整成形砂轮　　(b) 磨削工件

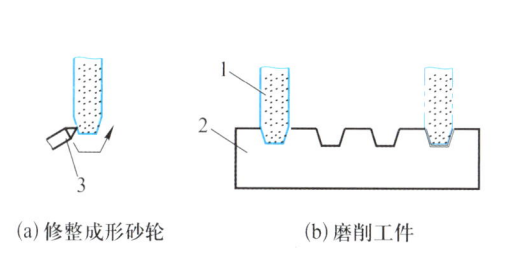

1—砂轮；2—工件；3—金刚石。
图 2-22　复合磨削

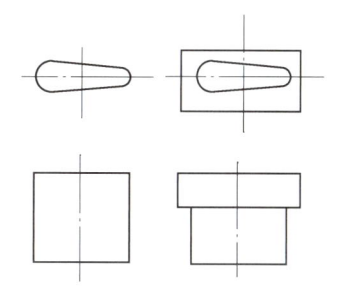

(a) 无凸肩的凸模　(b) 带凸肩的凸模

图 2-23　凸模结构

技能提示

为便于成形磨削，凸模不能带凸肩，如图 2-23a 所示。当凸模形状复杂，某些表面因砂轮不能进入无法直接磨削时，可考虑将凸模改成镶拼结构。

2.2　凹模的加工工艺

凹模型孔按其形状特点可分为圆形和非圆形两种，加工方法随其形状而定。

1. 圆形型孔

具有圆形型孔的凹模有以下两种情况：

（1）单型孔凹模　这类凹模制造工艺比较简单，毛坯经锻造、退火后进行车削（或铣削）及钻、镗型孔，并在上、下平面和型孔处留适当磨削余量。再由钳工划线、钻所有固定用孔、攻螺纹、铰削孔，然后进行淬火、回火，热处理后磨削上、下平面及型孔即成。

（2）多型孔凹模　冲裁模中的连续模和复合模，凹模有时会出现一系列圆孔，各孔尺寸及相互位置有较高的精度要求，这些孔称为孔系，为保持各孔的相互位置精度要求，常采用坐标法进行加工。

对于镶入结构的凹模，如图 2-24 所示，固定板 1 不进行淬火处理，凹模镶块 2 经淬火、回火和磨削后分别压入固定板 1 的相应孔内。固定板上的镶件孔可在坐标镗床上加工，图 2-25 所示为立式双柱坐标镗床。机床的工作台能在纵向、横向上作精确调整，大多数工作台移

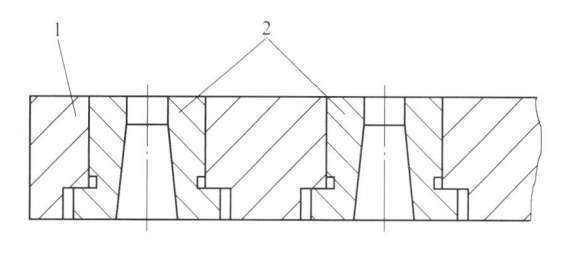

1—固定板；2—凹模镶块。
图 2-24　镶入式凹模

动量的读数值最小单位为 0.001 mm,机床定位精度一般可达 ±0.002～±0.002 5 mm。工作台移动值的读取方法可采用光学式或数字显示式。

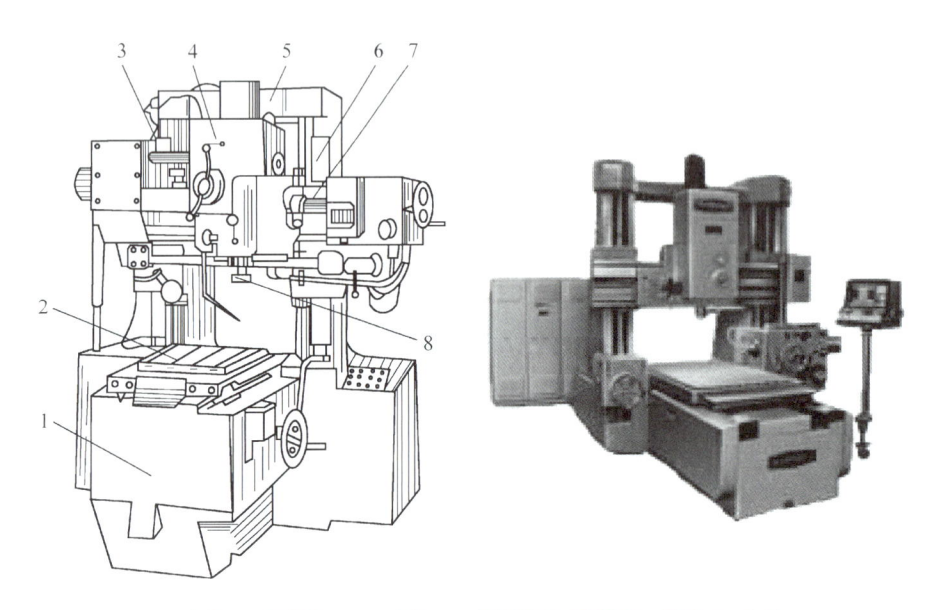

1—床身;2—工作台;3,6—立柱;4—主轴箱;5—顶梁;7—横梁;8—主轴。
图 2-25 立式双柱坐标镗床

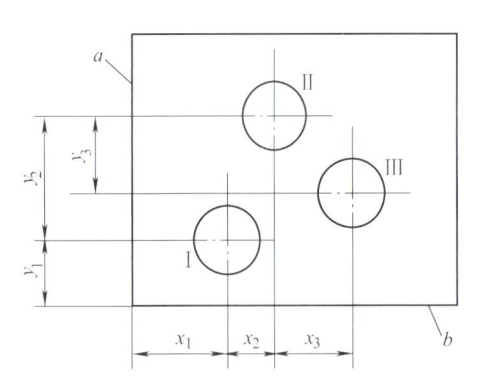

图 2-26 孔系的直角坐标尺寸

在坐标镗床上按坐标法镗孔,是将各孔间的尺寸转化为直角坐标尺寸,如图 2-26 所示。加工时将工件置于机床的工作台上,用百分表找正相互垂直的基准面 a、b,使其分别和工作台的纵向、横向平行后夹紧。然后使基准 a 与机床主轴的轴线对准,将工作台纵向移动 x_1,再使基准 b 与主轴的轴线对准,将工作台横向移动 y_1。此时,主轴的轴线与孔 I 的轴线重合,可将孔加工到所要求的尺寸。加工完孔 I 后按坐标尺寸 (x_2,y_2) 及 $(x_3,-y_3)$ 调整工作台,使孔 II 及孔 III 的轴线依次和机床主轴的轴线重合,镗出孔 II 及孔 III。

在工件的安装调整过程中,为了使工件上的基准 a 和 b 对准主轴的轴线,可以采用多种方法,如图 2-27 所示,用定位角铁和光学中心测定器进行找正。光学中心测定器 2 以其锥柄定位,安装在镗床主轴的镗孔内,在目镜 3 的视场内有两对十字线。定位角铁的两个工作表面互成 90°,在它的上平面上固定着一个直径约为 7 mm 的镀铬钮,钮上有一条与角铁垂直工作面重合的刻线。使用时将角铁的垂直工作面紧靠工件 4 的基准面(a 面或 b 面),移动工作台从目镜观察,使镀铬钮上的刻线恰好落在目镜视场内的两对十字线之间,如图 2-28 所示,此时工件的基准面已对准机床主轴的轴线。

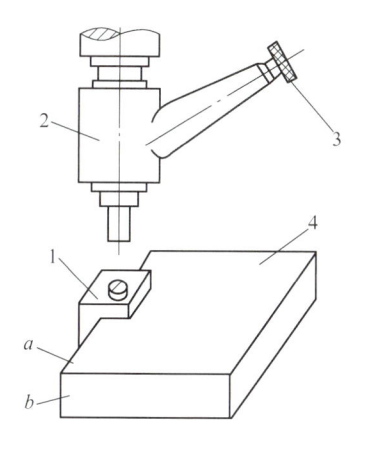

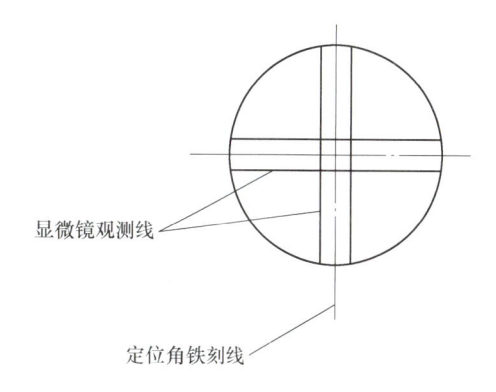

1—定位角铁;2—光学中心测定器;3—目镜;4—工件。
图 2-27 用定位角铁和光学中心测定器找正

图 2-28 定位角铁刻线在目镜中的位置

对具有镶件结构的多型孔凹模加工,在缺少坐标镗床的情况下,也可在立式铣床上用坐标法加工孔系。为此,可在铣床工作台的纵向、横向上附加量块、百分表测量装置来调整工作台的移动距离,以控制孔间的坐标尺寸,其距离精度一般可达 0.02 mm。

整体结构的多型孔凹模一般以碳素工具钢或合金工具钢为原材料,热处理后其硬度常在 60 HRC 以上。制造时毛坯经锻造退火,对各平面进行粗加工和半精加工,钻、镗型孔。在上、下平面及型孔处留适当磨削余量,然后进行淬火、回火。热处理后,磨削上、下平面,以平面定位在坐标磨床上对型孔进行精加工。型孔的单边磨削余量通常不超过 0.2 mm。

在对型孔进行镗孔加工时,必须使孔系的位置尺寸达到一定的精度要求,否则会给坐标磨床加工造成困难。最理想的方法是用加工中心进行加工,它不仅能保证各型孔相互间的位置尺寸精度要求,而且凹模上所有螺纹孔、定位销孔的加工都可在一次装夹中全部完成,极大地简化了操作,有利于提高劳动生产率。

2. 非圆形型孔

具有非圆形型孔的凹模,如图 2-29 所示,机械加工比较困难,由于数控线切割加工技术的发展和在模具制造中的广泛应用,许多传统的型孔加工方法都为其所取代。机械加工主要用于线切割加工受到尺寸大小限制或缺少线切割加工设备的场合。

具有非圆形型孔的凹模,通常将毛坯锻造成矩形,加工各平面后进行划线,再将型孔中心的余料去除。图 2-30 所示为沿型孔轮廓线内侧顺次钻孔后,将孔两边的连接部凿断,去除余料。如果工厂有带锯机,可在型孔的转折处钻孔后,用带锯机沿型孔轮廓线将余料切除,并按后续工序要求沿型孔轮廓线留适当加工余量。

当凹模尺寸较大时,也可用气(氧-乙炔)割方法去除型孔内部的余料。切割时型孔应留有足够的加工余量。切割后的模坯应进行退火处理,以便进行后续加工。

切除余料后,可采用以下方法对型孔进行进一步加工:

仿形铣削:在仿形铣床上采用平面轮廓仿形,对型孔进行半精加工或精加工,其加工精度

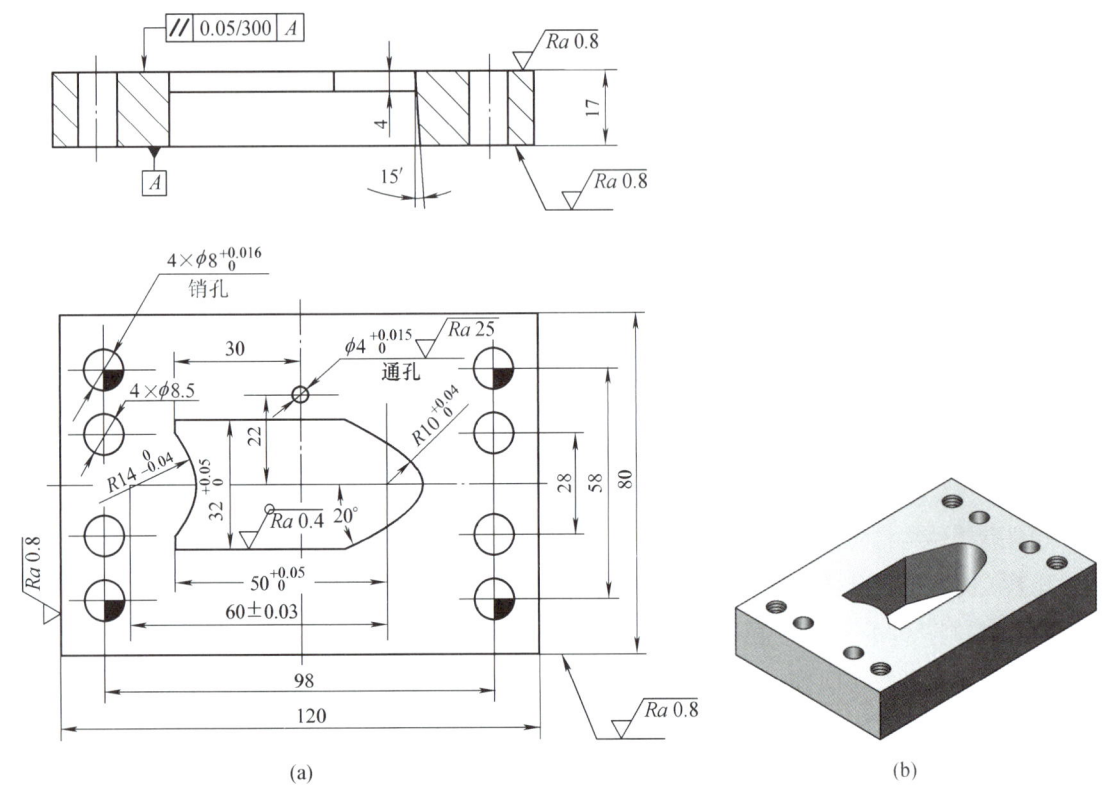

图 2-29 非圆形型孔凹模

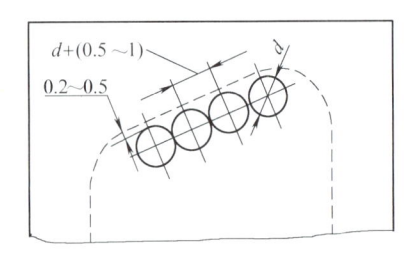

图 2-30 沿型孔轮廓线钻孔

可达 0.05 mm，表面粗糙度 Ra 为 2.5~1.5 μm。仿形铣削加工容易获得形状复杂的型孔，可减轻操作者的劳动强度。但需要制造靠模，使生产周期增长。靠模通常都用容易加工的木材制造，因受温度、湿度的影响极易变形，影响加工精度。

数控加工：用数控铣床加工型孔，容易获得比仿形铣削更高的加工精度。不需要制造靠模，通过数控指令沿型孔轮廓线铣削，使加工过程实现自动化，可降低对操作工人的技能要求，而且使生产率提高。此外，还可采用加工中心对凹模进行加工。在加工中心上经一次装夹不仅能加工非圆形型孔，还能同时加工固定螺纹孔和销孔。

在无仿形铣床和数控铣床时，也可在立式铣床或万能工具铣床上加工型孔。铣削时按型孔轮廓线，手动操作铣床工作台纵向、横向运动进行加工。对操作者的技术水平要求高，劳动强度大，加工精度低，生产率低，加工后钳工修正工作量大。

用铣削方法加工型孔时，铣刀半径小于型孔转角处的圆弧半径才能将型孔加工出来，对于转角半径特别小的部位或尖角部位，只能用其他加工方法(如插削)或钳工进行修整来获得型孔，加工完毕后再加工落料斜度。

2.3 坐标磨床加工

坐标磨床主要用于淬火后的模具零件精加工,不仅能加工圆孔,也能对非圆形型孔进行加工,不仅能加工内成形表面,也能加工外成形表面。它是在淬火后进行孔加工的机床中精度最高的一种。

坐标磨床和坐标镗床相类似,也是用坐标法对孔系进行加工,其坐标精度可达 ±0.002～±0.003 mm,只是坐标磨床用砂轮作切削工具。机床的磨削机构能完成三种运动,即砂轮的高速自转(主运动)、行星运动(砂轮回转轴线的圆周运动)及砂轮沿机床主轴轴线方向的直线往复运动,如图 2-31 所示。

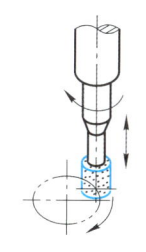

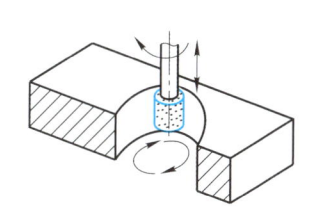

图 2-31 砂轮的三种运动　　图 2-32 内孔磨削　　图 2-33 外圆磨削

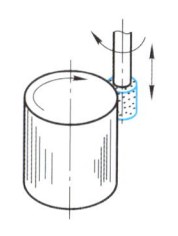

在坐标磨床上进行磨削加工的基本方法有以下几种:

(1) 内孔磨削　利用砂轮的高速自转、行星运动和轴向的直线往复运动,即可进行内孔磨削,如图 2-32 所示。利用行星运动直径的增大实现径向进给。

进行内孔磨削时,由于砂轮直径受孔径限制,同时为降低磨头的转速,应使砂轮直径尽可能接近磨削的孔径,一般可取砂轮直径为孔径的 0.8～0.9。但当磨孔直径大于 50 mm 时,则砂轮直径要受到磨头允许安装砂轮最大直径(ϕ40 mm)的限制。砂轮高速回转(主运动)的线速度一般比普通磨削的线速度低。行星运动(圆周进给)的速度大约是主运动线速度的 0.15。过慢的行星运动速度会使磨削效率降低,而且容易出现烧伤。砂轮的轴向往复运动(轴向进给)的速度与磨削的精度有关,粗磨时往复运动速度可在 0.5～0.8 m/min 范围内选取,精磨时往复运动的速度可在 0.05～0.25 m/min 范围内选取。在精加工结束时,则要用很低的行程速度。

(2) 外圆磨削　外圆磨削也是利用砂轮的高速自转、行星运动和轴向往复运动实现的,如图 2-33 所示。利用行星运动直径的缩小,实现径向进给。

(3) 锥孔磨削　磨削锥孔是由机床上的专门机构使砂轮在轴向进给的同时,连续改变行星运动的半径实现的。锥孔的锥顶角大小取决于两者变化的比值,所磨锥孔的最大锥顶角为 12°。

磨削锥孔的砂轮,应修出相应的锥角,如图 2-34 所示。

(4) 平面磨削　平面磨削时,砂轮仅自转,不作行星运动,工作台送进,如图 2-35 所示。平面磨削适合于平面轮廓的精密加工。

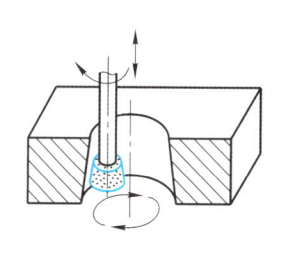

图 2-34 锥孔磨削

模具制造工艺

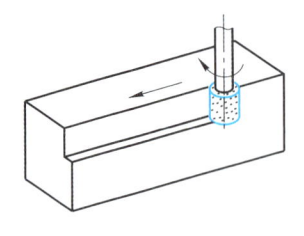

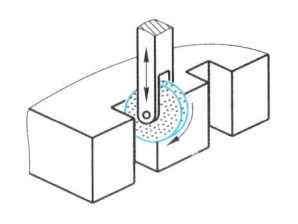

图 2-35 平面磨削　　　　图 2-36 侧磨

(5) 侧磨　这种加工方法是使用专门的磨槽附件进行的,砂轮在磨槽附件上的装夹和运动情况如图 2-36 所示。它可以对槽及带清角的内表面进行加工。

将基本磨削方法综合运用,可以对一些形状复杂的型孔进行磨削加工,如图 2-37a 所示的凹模型孔(异型孔),可先将圆形工作台固定在机床工作台上,用圆形工作台装夹工件,经找正使工件的对称中心与转台回转中心重合,调整机床使孔 O_1 的轴线与机床主轴轴线重合,用内孔磨削方法磨出 O_1 的圆弧段。再调整工作台使工件上的 O_2 与主轴中心重合,磨削该圆弧到要求尺寸。利用圆形工作台将工件回转 180°,磨削 O_3 的圆弧到要求尺寸。使 O_4 的轴线与机床主轴轴线重合,磨削时停止行星运动,操纵磨头来回摆动磨削凸圆弧。砂轮的径向进给方向与磨削外圆相同。注意使凸、凹圆弧在连接处平整光滑。利用平转台换位逐次磨削 O_5、O_6、O_7 的圆弧,其磨削方法与 O_4 相同。

图 2-37b 所示为利用磨槽附件对型孔进行磨削加工,1、4、6 是采用成形砂轮进行磨削,2、3、5 是用平砂轮进行磨削。磨圆弧面时使中心 O 与主轴轴线重合,操纵磨头来回摆动磨削。要注意保证圆弧与平面在交点处衔接准确。

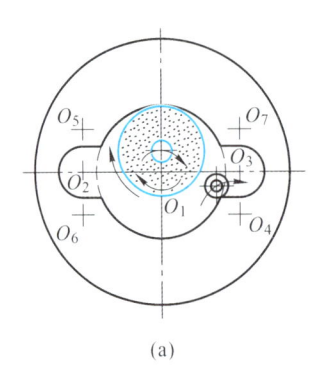

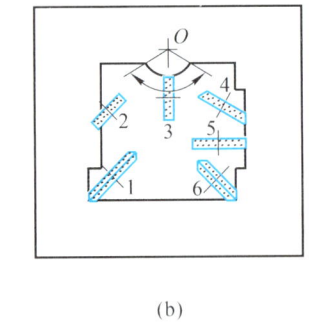

图 2-37 磨削异型孔

随着数控技术在坐标磨床上应用,出现了点位控制坐标磨床和计算机数控连续轨迹坐标磨床,前者适于加工尺寸和位置精度要求高的多型孔凹模等零件,后者特别适合于加工某些精度要求高、形状复杂的内、外轮廓面。我国生产的数控坐标磨床,如 MK2945 和 MK2932B 数控系统,均可作二坐标(x,y)轴联动连续轨迹磨削,而且可用同一穿孔纸带磨削内外轮廓。使用连续轨迹坐标磨床可以提高制造模具的生产率。

> 技能提示

采用机械加工方法加工型孔,当型孔形状复杂,采用机械加工方法无法实现时,凹模可采用镶拼结构。将内表面加工转变成外表面加工。凹模采用镶拼结构时,应尽可能将拼合面选在对称线上(图 2-38),以便一次同时加工几个镶块。凹模的圆形刃口部位应尽可能保持完整的圆形。

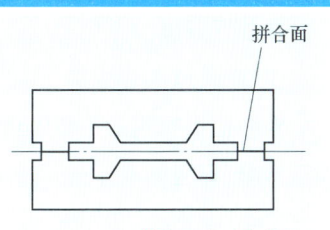

图 2-38 拼合面在对称线上

应用案例

图 2-1 为一副冲裁模的凸模和凹模,为模具的工作零件,生产件数为各 1 件。下面编制它们的机械加工工艺文件。

1. 零件的工艺分析

分析凸、凹模零件图得知,这副模具加工的关键技术是要保证凸、凹模零件刃口尺寸精度、表面粗糙度和硬度,保证冲裁间隙 $Z=0.04$ mm,保证上、下表面的平行度和表面粗糙度。凸、凹模零件材料都为 CrWMn,淬火硬度为 58~62 HRC。生产批量为单件生产。

2. 毛坯的选择

为了保证模具的质量和使用寿命,毛坯要求锻造。为了便于锻造,将凸、凹模零件毛坯都做成六面体。

根据基准重合及装夹方便原则,凸、凹模零件都选平面和两互相垂直的平面为加工基准。

3. 工艺路线的拟定

因为凸、凹模零件工作表面都为非圆形表面,冲裁间隙小,用配作法精加工刃口尺寸。凹模为整体结构,淬火后可用坐标磨床加工型孔。因工件硬度太高,销孔在装配时无法配钻铰,只能安排在淬火前钻铰。凸模采用钳工压印锉修法进行配作,以保证冲裁间隙。凸模因为淬火后硬度太高无法修锉刃口型面,必须在淬火前压印修锉。

它们的加工工艺路线为:

凹模:备料→锻打→退火→铣毛坯外形→磨上、下平面→划线→钻去型孔内的材料、钻攻螺纹孔、钻铰销孔→铣刃口型面和漏料孔→热处理淬火→磨平面→用坐标磨床磨刃口型面→研磨→检验。

凸模:备料→锻打→退火→铣毛坯外形→磨上、下平面→划线→钻攻螺纹孔→刨刃口型面→压印锉修(与加工好的凹模配作)→热处理淬火→磨平面→研磨→检验。

4. 各工序内容的设计

(1) 凹模的工序设计

工序 1:备料

将毛坯锻打,尺寸为 170 mm×135 mm×30 mm。

微视频

拉伸凸模加工

工序 2：退火

热处理退火。

工序 3：铣毛坯外形

对各面进行粗加工和半精加工，为下一步磨削作准备。参考有关资料，上、下表面留 0.6 mm 加工余量，侧面留 0.4 mm 加工余量。

工序 4：磨上、下平面

磨上、下平面，留 0.3 mm 加工余量，保证平行度。然后磨相互垂直的两侧面，为划线作准备。机床为 M7120 平面磨床。

工序 5：划线

划零件中心线、凹模刃口线、螺纹孔位置线、销孔位置线。

工序 6：钻去型孔内的材料、钻攻螺纹孔、钻铰销孔

在刃口中心处钻 $\phi 26$ mm 孔，两端圆心处钻 $\phi 16$ mm 孔，去除大部分废料。钻攻螺纹孔、钻铰销孔。

工序 7：铣刃口型面和漏料孔

在铣床上安装回转工作台，按线铣刃口轮廓和漏料孔斜面，型孔留 0.3 mm 加工余量。机床为 X52K 铣床。

工序 8：热处理淬火

淬火，保证硬度 58～62 HRC。

工序 9：磨平面

淬火后有氧化皮和变形，必须再磨上、下平面和两侧垂直基准面。

工序 10：用坐标磨床磨刃口型面

用坐标磨床磨刃口型面。

工序 11：研磨

研磨修整刃口。

工序 12：检验

按图样检验各尺寸。

凹模机械加工工艺过程见表 2-8。

表 2-8 凹模机械加工工艺过程

工序号	工序名称	工 序 内 容	定位基准
1	备料	将毛坯锻成平行六面体，尺寸为 170 mm×135 mm×30 mm	
2	热处理	退火	
3	铣	铣六面，厚度留磨削余量 0.6 mm，侧面留磨削余量 0.4 mm	对应平面

续 表

工序号	工序名称	工 序 内 容	定位基准
4	磨平面	磨上、下平面,留磨削余量0.3 mm,磨相邻基准侧面,保证垂直度	对应平面
5	划线	钳工划出对称中心线、固定孔及小孔中心线	基准侧面
6	钻	在型孔内钻一个$\phi 26$ mm孔,两个$\phi 16$ mm孔,钻攻螺孔,钻铰削孔和$\phi 4^{+0.013}_{\ 0}$ mm孔	下平面、按线
7	铣	铣型孔和漏斜孔,型孔留单边加工余量0.3 mm	下平面、按线
8	热处理	淬火,保证硬度58～62 HRC	
9	磨平面	磨上、下面及相邻基准侧面达要求	对应平面
10	坐标磨	在坐标磨床上磨型孔	下平面、基准侧面
11	研磨	钳工研磨刃口型面达规定技术要求	
12	检验	检验各尺寸达图样要求	

(2) 凸模的工序设计

工序1：备料

按尺寸60 mm×90 mm×75 mm锻造毛坯。

工序2：退火

热处理退火。

工序3：铣毛坯外形

对各面进行粗加工和半精加工,为下一步磨削作准备。参考有关资料,上、下表面留0.6 mm加工余量,侧面留0.4 mm加工余量。

工序4：磨上、下平面

磨上、下平面,保证平行度。然后磨相互垂直的两侧面,为划线作准备。机床为M7120平面磨床。

工序5：划线

划零件中心线、凸模刃口轮廓线、螺纹孔位置线。

工序6：螺孔加工

钻攻螺纹孔。

工序7：刨刃口型面

按线刨型面,留0.3 mm加工余量。机床为B665刨床。

工序8：压印锉修(与加工好的凹模配作)

用压印锉修法精加工凸模刃口,配作保证冲裁间隙,留0.2 mm研磨余量。

工序9：热处理淬火

淬火,保证硬度58～62 HRC。

工序 10：磨平面

淬火后有氧化皮和变形，必须再磨平。

工序 11：研磨

研磨修整刃口。

工序 12：检验

按图样检验各尺寸。

凸模机械加工工艺过程见表 2-9。

表 2-9 凸模机械加工工艺过程

工序号	工序名称	工 序 内 容	定位基准
1	备料	按尺寸 60 mm×90 mm×75 mm 锻造毛坯	
2	热处理	退火	
3	铣	铣(刨)六面,上、下表面留 0.6 mm 加工余量,侧面留 0.4 mm 加工余量	对应平面
4	磨	磨两大平面及相邻基准侧面,保证垂直度	对应平面
5	划线	钳工划刃口轮廓线及螺纹孔位置线	基准侧面
6	钻	钻、攻螺纹孔	端面、按线
7	刨	刨刃口型面,留单面余量 0.3 mm	端面、按线
8	锉修	钳工压印锉修凸模刃口,配作冲裁间隙,留 0.02 mm 研磨余量	端面
9	热处理	淬火,保证硬度 58~62 HRC	
10	磨端面	磨两端面,保证与型面垂直	对应平面
11	修、研	钳工修、研刃口型面达设计要求	
12	检验	检验各尺寸达图样要求	

复习与思考

1. 在模具加工中,制订模具零件工艺规程的主要依据是什么？
2. 在导柱的加工过程中,为什么粗(半精)、精加工都采用中心孔作定位基准？
3. 导柱在磨削外圆柱面之前,为什么要先修正中心孔？
4. 导套加工时,怎样保证配合表面间的位置精度要求？
5. 对具有圆形型孔的多型孔凹模,在机械加工时怎样保证各型孔间的位置精度？
6. 拟出题 2-1 图所示凸模和凹模的工艺路线,并选出相应的加工设备。

项目二　冲裁模零件机械加工工艺

技术要求
1. 完工后与凹模刃口的双面配合间隙为0.03。
2. 材料：CrWMn。
3. 热处理硬度58~62 HRC。

(a) 凸模

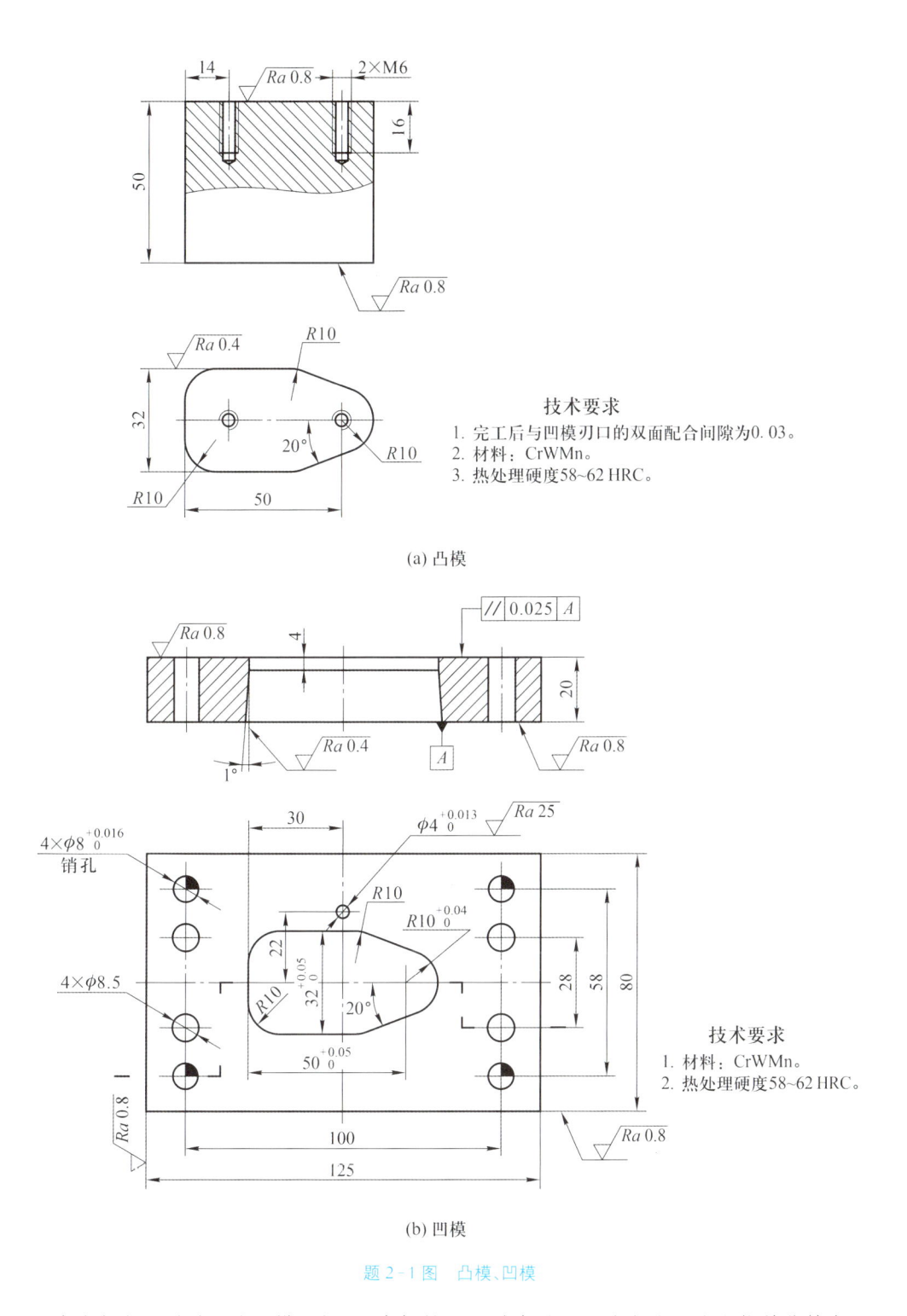

技术要求
1. 材料：CrWMn。
2. 热处理硬度58~62 HRC。

(b) 凹模

题 2-1 图　凸模、凹模

7. 对具有非圆形型孔的凹模(型腔)，在机械加工时常采用哪些方法？试比较其优缺点。

8. 非圆形凸模(型芯)的精加工方法有哪些？常用的工装是什么？

9. 用车、刨、铣、磨等方法加工模板平面各具有什么工艺特点？

项目三
锻模零件机械加工工艺

学习目标

1. 掌握锻模模具制造技术要求与特点。
2. 了解锻模常用零件的加工方法。
3. 掌握锻模零部件机械加工工艺规程。
4. 学习劳模,树立行业自信。

微视频

劳模风采

能力要求

1. 能够独立分析锻模常用零部件的结构特点。
2. 能够对锻模常用零部件进行技术和工艺分析。
3. 能够编制锻模常用零部件机械加工工艺规程。
4. 养成良好的职业行为习惯,形成自己的职业竞争力。

问题导入

图 3-1 为齿轮毛坯图,图 3-2 是这个齿轮毛坯的坯料锻模图(包括上、下模块)。锻模材料为 5CrMnMo 模具钢。下面学习如何编制它的机械加工工艺文件。

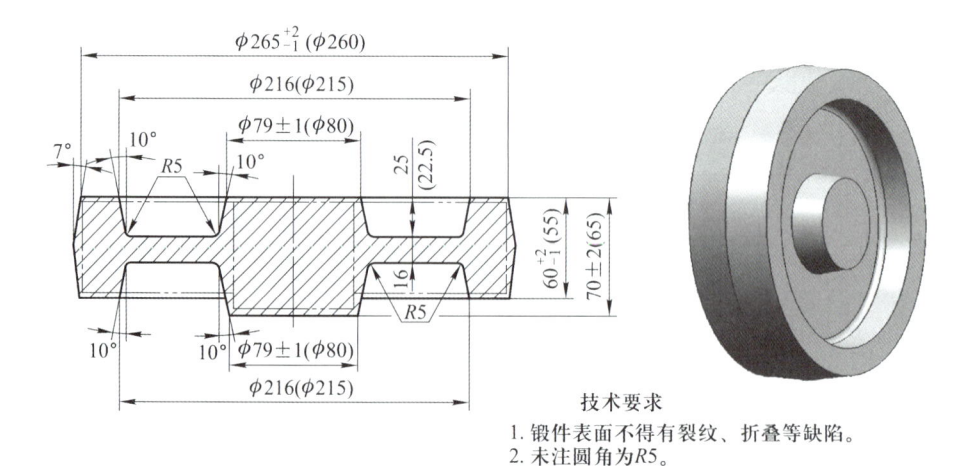

技术要求
1. 锻件表面不得有裂纹、折叠等缺陷。
2. 未注圆角为 $R5$。

图 3-1 齿轮毛坯图

1—下模;2—上模。
图 3-2　齿轮毛坯锻模

任务实施

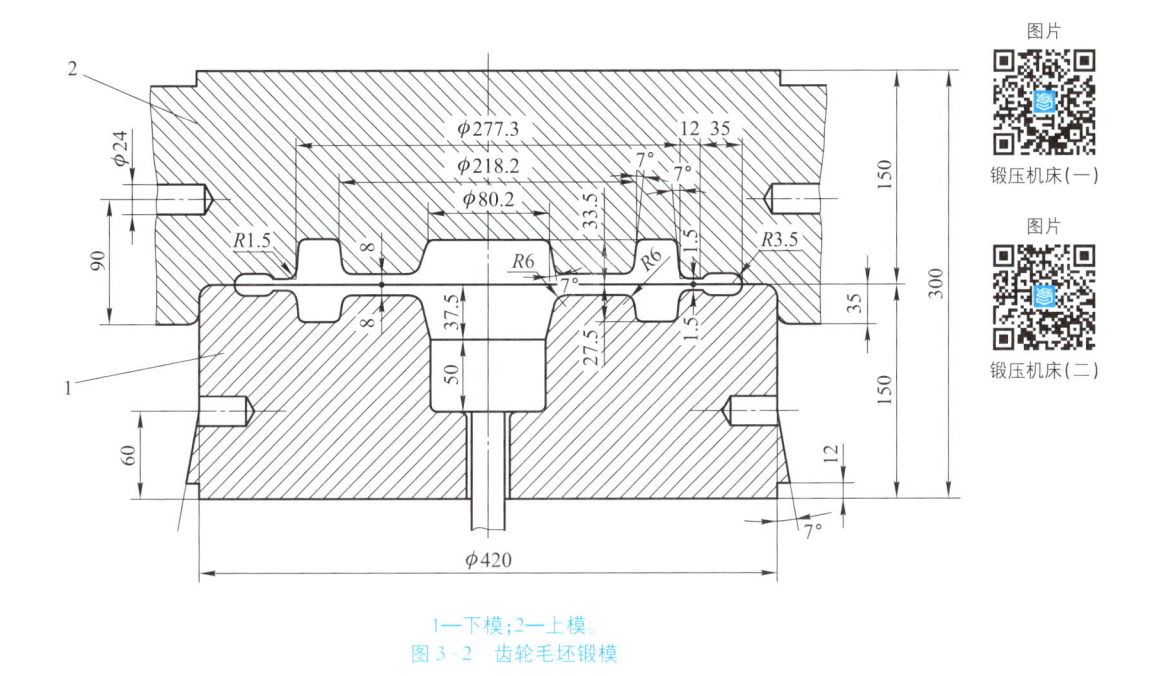

任务 1　锻模零件机械加工的特点与要求

锻模是金属在热态下进行体积成形时所用模具的统称。一副能满足锻件生产任务需要模具的完成,不仅需要科学、合理的设计技术,而且还需要正确、恰当的制造方法。

1.1　锻模的分类

锻模有多种分类方法,可以按模锻设备进行分类,也可以按工艺用途进行分类,还可以按锻模结构和分模面的数量等进行分类。

按模锻设备不同,锻模可分为锤用锻模、螺旋压力机用锻模、热模锻压力机用锻模、平锻机用锻模、水压机用锻模、高速锤用锻模、辊锻机用锻模、热模锻压力机用锻模和楔横轧机用锻模等。这种分类方法主要考虑了各种锻压设备的工作特点、结构特点和工艺特点等,因此,决定了锻模的结构和使用条件也有所不同。

按工艺用途(所完成的变形工序种类)不同,锻模可分为锻造模具、挤压模具、冷锻模具、辊锻模具、校正模具、压印模具、精整模具、精锻模具、切边模具、冲孔模具等。这种分类方法主要考虑了不同变形工序的变形规律,因此,各类模具的模膛设计和结构要求也不一样。

其他分类方法还有按锻模的结构不同可以分为整体锻模和组合锻模、按终锻模膛的结构不同可以分为开式锻模和闭式锻模、按分模面的数量不同可以分为单分模面锻模和多向模锻锻模等。

1.2 锻模零件加工的特点

锻模是锻造生产的主要工具,是机械制造业中加工产品毛坯或零件不可缺少的专用工艺装备之一。其本身具有一定形状的型腔(又称模膛)与所制造的制品零件相当。在使用过程中是对高温状态下的金属进行加工,而且承受着很大的压力及冲击力,工作条件差,故要求锻模有较高的强度、硬度、韧性及耐热、耐磨等性能。锻造模具在制造加工中有一些独特的地方,其主要表现在:

(1) 锻模的各部件的坯料材料一定要符合设计要求,材料的化学成分要严格符合规定标准,同时,坯料必须经过锻打,并且钢锭镦粗比不应小于 2,锻造比不小于 4,锻棒或轧钢锻造比不小于 3。

(2) 模块的纤维方向要符合要求,即长方形模块纤维方向应与纵向(长度方向)中心线平行;宽度较大的模块应与横线中心线平行;圆形或近似圆形模块的纤维方向应为径向,不允许顺镶块高度方向分布,如图 3-3 所示。

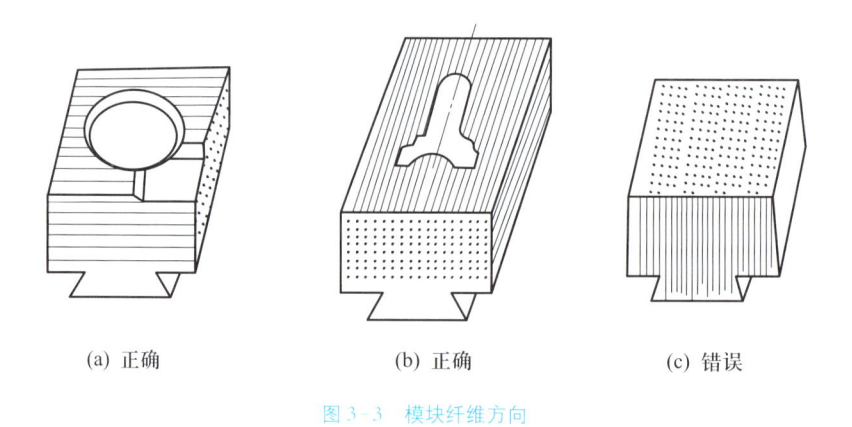

图 3-3 模块纤维方向

(a) 正确　(b) 正确　(c) 错误

(3) 模膛的型腔尺寸、位置精度要满足图样的公差要求,表面粗糙度一般要达到 $Ra\ 0.8 \sim 0.4\ \mu m$;同时模膛表面还不应有斑点、裂纹、缩孔等缺陷。

(4) 锻模各模块的热处理要求较严,热处理后的硬度指标一定要达到,不允许有热处理裂纹和变形。

(5) 锻模模块的各棱边应进行倒角,其圆角应小于最大边长的 3%,基准面和校验面棱边圆角应小于 $R10$。

(6) 锻模模膛加工,一般先进行粗加工,并留有精加工余量,待热处理淬硬后再进行精加工或钳工修整。但在加工过程中,多采用事先做好的成形样板,边检测,边修磨,最后采用灌铅液待冷凝后检测,再修整成形,直到认为合适为止。

1.3 锻模零件加工的要求

锻模主要用于大批量锻件生产,模具质量和寿命直接影响产品质量和生产率,其使用条件十分恶劣,在加工制作时应符合下述技术要求:

(1) 锻模的各部分形状尺寸应符合模具安装对应规格要求。如锻模的紧固部分燕尾的形状和尺寸,应与所使用的锻压设备相应的燕尾尺寸一致,燕尾的高度应略大于相应的燕尾深度,并且燕尾的支承面与分模面的平行度误差应小于模块最大尺寸的 0.05%;燕尾直线平行度、合模基准面平行度应不超过规定的允许值。

(2) 在加工多模膛锻模时,模膛的位置尺寸及各部分尺寸应在图样规定的公差范围之内。

(3) 模膛在加工时,其垂直剖面处应严格按图样加工出圆角,并要求同一锻模内、外圆角半径大小应统一。同时,还应加工出一定的起模斜度,目的是便于锻件锻成后的起模,如图 3-4 所示。起模斜度一般为 $30'$、$1°30'$、$2°$、$3°$、$5°$、$7°$、$15°$,其大小可在试模时修正,并且内斜角 β 要比外斜角 α 大一些。

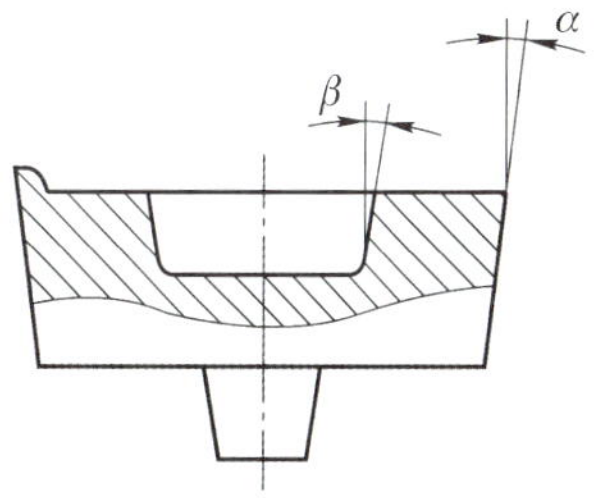

图 3-4 锻模的起模斜度

(4) 模膛在热处理后,均应由钳工精修和磨光。其中,预锻模 Ra 应为 $3.2 \sim 1.6\ \mu m$,终锻模 Ra 应为 $0.8 \sim 0.4\ \mu m$,分模面与一般制坯模膛经精刨后应达到 $Ra\ 12.5 \sim 6.3\ \mu m$。

(5) 模膛淬火前后,均要用灌铅法制出校样检测。

任务 2 锻模零件的机械加工工艺

2.1 锻模制造的程序

(1) 熟悉图样,分析加工特征,制订加工工艺过程。

(2) 进行一些工艺准备工作,如用薄钢板制作模膛不同截面的形状的样板、作仿形铣的靠模或电火花加工用的电极等。

(3) 根据实际情况安排生产。

锻模的加工工艺过程大致包括模块的预加工、模膛的加工、热处理以及精整加工等。对一副锻模的加工而言,可以将钻起重孔、钳工划线、铣或刨基准面、加工燕尾槽、加工分模面等视为模具的预加工。模膛的加工是锻模加工的主要任务。模膛形状一般比较复杂,根据模膛形状、尺寸及生产技术条件,可以安排普通机械加工、电加工或压力加工等方法来完成。热处理后进行精整加工,如磨平面、模膛抛光等。

锻模热处理对模具质量影响很大。模块毛坯在机械加工前需经热处理退火,目的是降低硬度,消除残余内应力,改善组织结构,改善切削性能,并为以后的淬火处理在组织上做好准备。至于淬火与回火处理,在工艺过程中的安排主要有以下两种不同的方式:一种方式是机械加工基本完成,模膛也已加工出来,然后进行淬火,这样可以使模膛得到较高的硬度,但可能由于淬火引起变形,模膛需进行修正和抛光,耗费劳动量比较大。因此,这种方法常用于中小型锻模或淬火变形小的材料制造的模具。另一种方式是将锻模预加工完成后进行淬火,模膛精加工在淬火后进行,这样可以避免热处理变形的影响,但因淬火硬度高,切削加工困难。对大型模具而言,硬度要求稍低,考虑到淬火变形过大难以修正,故对大型锻模或淬火变形较大的材料制造的模具,一般用特种加工解决。对于较深模膛,由于模块淬硬深度的关系,如在热处理后加工模膛,其表面硬度会受到一些影响。

2.2 锻模模块的外形加工

锻模模块外形加工一般采用常规的机械加工方法。其主要加工要素包括支承面和基准面、分模面、锁扣、燕尾、键槽等。加工过程为先粗加工并留精加工余量,经热处理淬硬以后再进行精加工、打磨、抛光,最后达到图样规定的尺寸精度及表面结构要求。

大型模具要用大型设备(如龙门铣床、龙门刨床等)加工。圆形锁扣一般粗车以后经热处理再精车,然后由钳工用样板检查精修尺寸,用透光法检测间隙;角形锁扣则采用铣床或刨床进行粗加工,热处理后再用仿形铣精加工,最后由钳工修磨到尺寸,并用样板检查。

连杆锻模

2.3 锻模模膛的表面加工

锻模模膛是锻模的主要工作面。模膛的加工精度直接影响锻件的尺寸精度和表面质量。模膛表面粗糙度值小,硬度高,金属流动就容易,表面质量高;模膛轮廓尺寸公差小,精度高,锻件的尺寸公差就精确;同时锻模寿命也长。模膛加工技术是锻模加工的关键技术。图3-5所示为连杆锻模。一般而言,加工顺序是先粗加工,留精加工余量,再进行精加工及钳工修整成形。常用的模膛加工方法有立铣、仿形铣、电火花加工、线切割、数控加工中心以及电解、压力加工和精密铸造等。加工后的型腔必须通过样板、验棒或三坐标仪等进行检查,根据检查结果,由钳工进行修整后,还要用灌铅法进行校样检测,直到合格为止。常用模膛的加工方法见表3-1。

图3-5 连杆锻模

表 3-1 常用模膛的加工方法

加工方法		说 明	应 用 场 合
立铣加工		划线铣削大部分余量,再用球头铣刀沿划线粗铣,最后精铣。小型模具留修模余量,大型模具留精铣余量,热处理后再精铣修正。铣削顺序:先深后浅。尺寸控制方法:水平靠线,垂直深度靠样板	形状不太复杂、精度要求较低的锻模或设备条件较差的车间
仿形铣加工		划线,做靠模,中小型模具精铣留修光余量,大型模具留精铣余量,热处理后精铣、修磨。粗铣用大直径球头铣刀,精铣用球头铣刀,球头铣刀半径 R 小于等于槽底圆角半径,斜角小于等于出模角	形状较复杂、无窄槽模具的加工
电火花加工		要求电极耗损小,蚀除量大,采取相应的排屑方法。由于加工表面硬度极高,内应力极大,且有明显的脆裂倾向,必须在加工后立即进行一次回火热处理,以消除应力,方便钳工精修。对大型模具加工余量较大时,在电火花加工前可进行适当的机械粗加工,以减少加工余量,提高工作效率	形状较复杂、分模面为平面的精度较高的模具加工
线切割		毛坯加工后热处理,切割通孔型腔或定位孔	加工样板、冲裁模、镶块等
电解加工		电解加工用的工具电极为钢制,并可利用废旧模具反拷再由钳工修正制成。电解工艺参数不易确定,加工效率高,尺寸精度高,表面质量高	适合加工较陡的模腔,且曲率变化不大,批量较大
压力加工	热反印法	将模块加热到锻造温度后,用准备好的模芯压入模块,模块退火后刨分型面,铣飞边槽。淬火后修整打光。模芯可用零件修磨而得,形状复杂、精度较高的要另做模芯。一般热压时除上下对应外还要压四个侧面,型面粗加工后再压一次,以消除分型出圆角	适合小批生产或新产品试制,方法简单,周期短,成本低
	开式冷压机	冲头直接挤压坯料,坯料四周不受限制,挤压后型面需加工	适合精度要求不高或深度较浅的多型模具,或分型面为平面的模具
	闭式冷压机	挤压时坯料外加钢套限制金属流向,保证模块金属与冲头吻合。模膛轮廓清晰,表面粗糙度值低	适合单腔精度要求较高的模具
精密铸造		可制造难加工材料模具,制模周期短,材料利用率和回收率高,便于模具复制,精度较高	用于大型精密模具批量生产及难加工材料模具的制造

对于一些有特殊要求或形状比较复杂的精密锻模型腔,可以用精密铸造的方法来获得。常用的精密锻模典型工艺见表 3-2。

表 3-2 常用的精密锻模典型工艺

工艺	木模-陶瓷型	熔模-陶瓷型	熔模-壳型	电渣重熔精铸
模型准备	根据锻模尺寸制造木模或金属模样	根据锻模尺寸设计和制造熔模(蜡模)		按锻模几何形状设计制造金属结晶器
造型材料或熔渣准备	耐火材料:石英砂、刚玉砂或铝矾土中任一种; 黏结剂:硅酸乙酯、硅溶胶或水玻璃中任一种; 催化剂:碱性氧化物 Al_2O_3 或 CaO	刚玉粉 硅酸乙酯 盐酸	石英砂 树脂 乌洛托品	二元或三元渣组成 Al_2O_3、CaF_2·CaO

续 表

工艺	木模-陶瓷型	熔模-陶瓷型	熔模-壳型		电渣重熔精铸
制备砂套或准备电极	用普通铸钢造型材料,按一般造型工艺方法制作砂套				锻制或铸造自耗电极
制模工艺	1. 陶瓷型型料配制 2. 灌浆 3. 起模 4. 喷烧 5. 焙烧 6. 合箱 7. 浇注 8. 清理		1. 配制涂料 2. 剥壳 3. 熔烧 4. 浇注 5. 清理	1. 混砂 2. 制壳:清理型板→型板预热→喷涂分型剂→制壳→顶壳 3. 合箱 4. 浇注 5. 清理	1. 引入液体溶渣或引弧化渣; 2. 重熔金属电极铸模; 3. 起模缓冷
热处理	铸件退火				
特点	陶瓷型化学稳定性好,变形小,表面粗糙		表面光洁、精度高、效率高、经济性好,适于大批量生产小型锻模		设备简单,生产周期短,金属纯度高,组织致密,适于大批量生产小型锻模
	适于单件、小批生产大中型锻模	适于生产大批量中小型锻模			

用铣床加工型腔一般都是手动操作,劳动强度大,对工人的操作技能要求较高。为了提高铣削效率,对于铣削余量较大的型腔,在铣削前应进行粗加工去除大部分材料,仅留有均匀的精加工余量,再用指形铣刀进行加工,最后由钳工修磨、抛光制得合格的型腔。现以图3-6所示的起重吊环锻模型腔为例说明型腔的铣削过程。

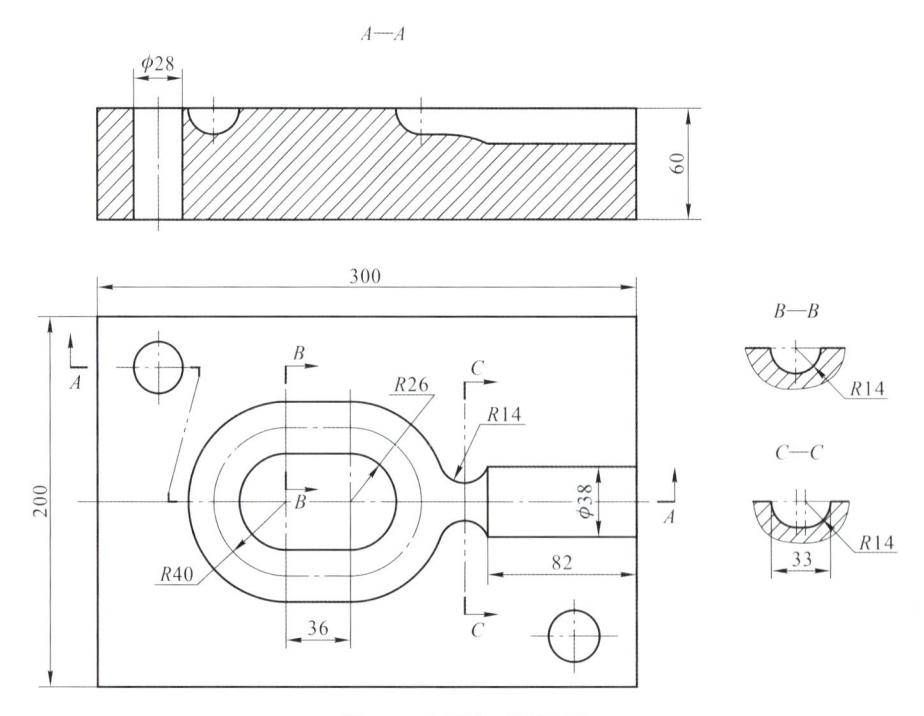

图3-6 起重吊环锻模型腔

(1) 坯料的准备　根据模具型腔所用的材料和尺寸,将坯料锻造成为长方体,留有适当的加工余量,并进行退火处理。

(2) 坯料的预加工　为保证上、下两型腔互相对准,并为铣削加工准备可靠的定位基准,在铣削前要对坯料进行以下预加工。将坯料刨削、磨削加工成平行六面体→加工出上、下型腔板导柱孔→磨平分型面,装配上、下型腔板导柱,导柱与下模板为过盈配合,与上模板为间隙配合→将上、下模板拼合后磨平4个侧面及2个平面,保证垂直度要求和上、下模尺寸一致→在上、下模板分型面上按图样尺寸画出吊环轮廓线,保证中心线和两侧面距离相等。

(3) 型腔工艺尺寸的计算　根据图样和各尺寸之间的几何关系计算得到两个 $R14$ 弧的中心距为 61 mm(即上下两个 $R14$ 弧的半径之和再加上两个 $R14$ 弧之间的距离 33 mm,即 14 mm + 14 mm + 33 mm = 61 mm),吊环两圆弧的中心距离为 36 mm。

(4) 工件的装夹　将圆转台安装在铣床工作台上,使圆转台回转中心与机床回转中心重合。将模板安装在圆转台上,按划线找正并使一个 $R14$ 的圆弧中心和圆转台中心重合。用定位块 1 和 2 靠在工件两个互相垂直的基准面上,并在侧面垫入尺寸为 61 mm 的块规(为找正并使一个 $R14$ 的圆弧中心和圆转台中心重合),分别将定位块和工件夹紧固定,如图 3-7 所示。

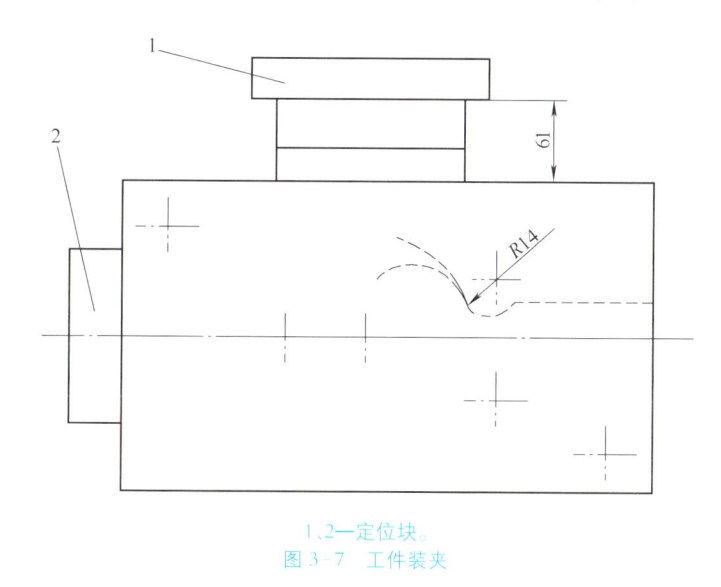

1、2—定位块
图 3-7　工件装夹

(5) 型腔的铣削　用圆头指形铣刀对型腔的各个圆弧槽和直圆弧槽分别进行铣削。其过程为:

① 移动铣床工作台使铣刀和型腔圆弧槽对正,转动圆转台进行铣削,加工出一个 $R14$ 的圆弧槽。

② 取走尺寸为 61 mm 的块规,使另一个 $R14$ 圆弧槽中心与圆转台中心重合,铣削出圆弧槽,如图 3-8 所示。移动铣床工作台,使铣刀中心对正型腔中心线,移动铣床工作台铣削两凸圆弧槽中间衔接部分,要保证衔接平滑。

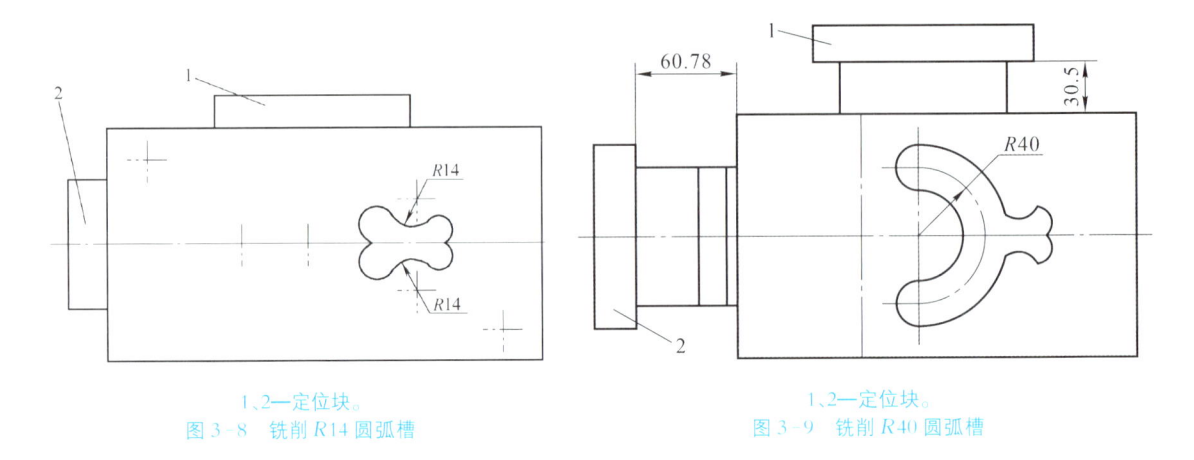

1、2—定位块。
图 3-8 铣削 $R14$ 圆弧槽

1、2—定位块。
图 3-9 铣削 $R40$ 圆弧槽

③ 在定位块 1、2 和基准面之间分别垫入尺寸为 30.5 mm 和 60.78 mm 的规块,使 $R40$ 圆弧中心与圆转台中心重合,移动工作台使铣刀和型腔圆弧槽对正,铣削达到要求,如图 3-9 所示。

④ 松开工件,在定位块 2 和基准面之间再垫入尺寸为 36 mm 的块规,使工件另一个 $R40$ 圆弧槽中心与圆转台中心重合。压紧工件,铣削圆弧槽达到要求的尺寸,如图 3-10 所示。

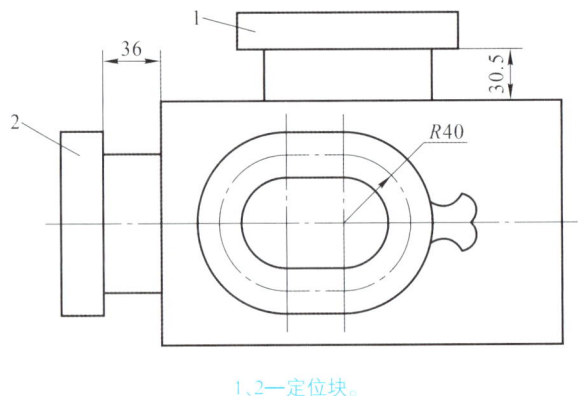

1、2—定位块。
图 3-10 铣削第 2 个圆弧槽

⑤ 铣削直线圆弧槽,移动铣床工作台,铣削型腔直线槽部分,保证直线槽和圆弧槽的平滑衔接。

⑥ 在车床上车削圆柱型腔部分(图 3-6 中在 $R14$ 圆弧槽的右边,在车床上车削圆柱型腔部分)。

(6) 仿形铣削加工型腔 仿形铣削采用圆柱球头铣刀,加工表面残留的刀痕较明显,表面粗糙。加工过程中刀刃为非连续切削,容易产生振动。靠模的制造精度、仿形销的尺寸和形状误差、仿形仪的灵敏度和准确度等均影响加工精度。它主要用于高精度型腔面的粗加工,或者精度要求不高、表面结构要求较低的型面的加工。一般仿形铣削后仍需进行钳工修磨、抛光才能达到要求。

2.4 样板的设计与制造

样板是与模具模膛某一截面或某一表面(或其投影)相吻合的板状检测工具,其主要作用是对模具几何形状和尺寸进行检测和控制。

1. 样板的分类

样板主要按工作性能进行分类,见表 3-3。

表 3-3 样板的用途和分类

分类		说明	用途
专用样板	全形样板	模具呈工作位置时,按锻件在分模面上的垂直投影的形状所制的样板	主要用于平面分模模具的划线和修型;切边模的粗加工,可缩短生产周期
	截面样板	反映某一截面形状或某某一局部形状的样板	一般供钳工修型、靠模加工和检验某截面的形状
	立体样板	按锻件图制造的、具有主体型面且又符合样板要求的样板。可以是整体的,也可以是局部的	测量模膛立体型面,翻制截面样板或加工靠板
	检验样板	形状与样板反切,精度比一般样板高1~2级	用于批量生产或精度要求较高的模具
通用样板		锻模典型结构,不同模具通用样板,如燕尾、锁扣、键槽等	对不同模具相同结构要素的检测与控制

2. 样板的设计

样板是在编制模具工艺规程时进行设计的。设计的基本原则是:在尽可能多地测量模具型腔的尺寸和满足制模过程各工序需要的前提下,样板数尽可能少。

锻模样板的基本技术要求:

(1) 制造公差:一般取模膛尺寸公差的 2/5~1/5,且凹模型面取负值,凸模型面取正值。

(2) 表面粗糙度:精锻模样板 $Ra<0.63$~$0.2~\mu m$,制坯模膛和自由锻胎模模膛样板 $Ra<2.5$~$1.6~\mu m$,普通锻模样板 $Ra<1.25$~$0.4~\mu m$。

(3) 材料要求:普通钢板,一般不需要热处理,中小样板料厚为 1~2 mm,大型样板料厚为 2~5 mm。样板表面可适当进行防锈处理,如涂(喷)漆、发蓝、镀锌等。

样板的加工方法:样板的加工方法见表 3-4。

表 3-4 样板的加工方法

加工方法	加工过程	适用场合
按图板对线法	材料磨平后划图板线及样板线,按线加工、印记、修型,修型采用图板对比的方法,最后按要求可进行热处理或表面处理	精度不高的普通锻模,且厚 $\delta \leqslant 3$ mm
按放大图加工法	材料磨平后划样板线,同时划放大图板线,按线加工、印记、修型,修型时采用投影放大对线法,其余与上述相同	精度较高的锻模样板,料厚 $\delta \leqslant 3$ mm

续 表

加工方法	加 工 过 程	适 用 场 合
数控线切割加工法	材料磨平后,淬火或不热处理,磨平,线切割加工样板,留 0.01～0.05 mm 的研磨余量,最后由钳工研磨	精密样板加工
光学曲线磨加工法	材料磨平后划线粗加工(铣和刨),钳工修正后留 0.1～0.3 mm 余量,打印,钻孔,需要时进行热处理,校平,磨平后工作面符合放大图	较厚的精密样板加工

2.5 典型锻模机械加工工艺过程

下面以连杆锻模为例,进行锻模零件加工工序流程分析。

图 3-11 所示为连杆锻模图,图 3-12 所示为连杆零件。模具毛坯采用锻件,其机械加工工艺过程如下:

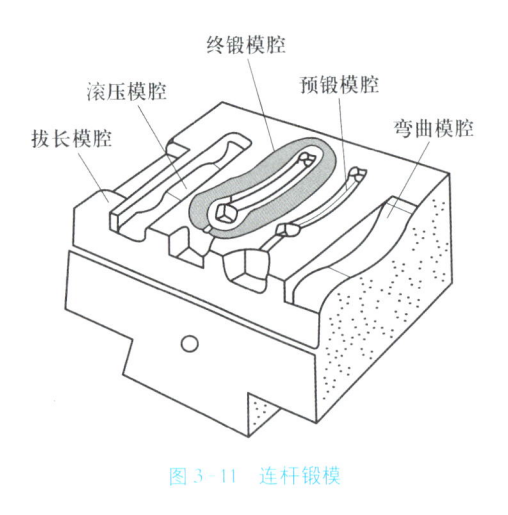

图 3-11 连杆锻模

图 3-12 连杆零件

(1) 锻造毛坯　按照模块设计尺寸锻造模块,以获得相应的形状及尺寸,并留有刨削加工余量。

(2) 热处理　退火,消除内应力,改善机械加工性能。

(3) 加工基准面　刨、磨模块,使相邻的各面相互垂直。

(4) 划线　划锻模起吊孔、分模面、燕尾槽、合模基准和作为工艺基准的检验面。

(5) 钻起吊孔　钳工钻锻模起吊孔。

(6) 机加工　刨或铣分模面、燕尾槽、合模基准和工艺基准。

(7) 划线　在分模面上划出模膛的最大轮廓线并打样冲眼。

(8) 钻孔　钳工预钻孔,在模膛要被加工的部位钻若干个不通孔,减少下一步机械加工余量。

(9) 模膛加工

① 在加工中心加工,留精修余量;

② 在立式铣床上按划线加工,留精修余量;

③ 采用仿形铣加电火花加工,留精修余量。

(10) 修磨　钳工修刮机械加工难以达到的部位(如小圆弧、边角等),用样板配合检查,反复修磨。

(11) 机加工　铣削模块其他部位(如键槽、边槽等)。

(12) 修刮　钳工仔细修刮毛边槽,特别是毛边槽桥部。

(13) 热处理　淬火→回火,使锻模模膛达到规定的硬度要求。

(14) 模膛精加工　研磨和抛光表面,达到规定的表面粗糙度和精度要求。

(15) 检查　试打校样块,检查,填写检查记录。

应用案例

图 3-2 是一副齿轮毛坯的坯料锻模图(包括上、下模块),为螺旋压力机锻模,材料为 5CrMnMo 模具钢。

1. 零件的工艺分析

这副模具是用于加工齿轮毛坯的,工件材料为 45 钢,尺寸精度和表面粗糙度要求都不高。模具模膛形状比较规则,而且较浅。加工的关键技术要求是要保证模膛形状规则和上、下模零件模膛的中心线重合,保证上、下表面的平行度和表面粗糙度。

2. 毛坯的选择

毛坯为锻件。上模零件毛坯做成六面体,下模零件毛坯做成圆柱体。

3. 工艺路线的拟定

因为上、下模零件模膛表面都为回转面,形状相同,深度不大,精度要求不高,所以采用机械加工成形,然后热处理,之后修整抛光的方法。

它们的加工工艺路线为:

上模:下料→锻打→退火→铣毛坯外形→磨上下平面→划线→钻铰销孔→车模膛型面→淬火,回火→修整→检验。

下模:下料→锻打→退火→车毛坯外形→磨上下平面→划线→钻铰销孔→车模膛型面→淬火,回火→修整→检验。

4. 各工序内容的设计

(1) 上模

工序 1:下料

下料。

工序 2:锻打

按模具外形尺寸加余量锻打成六面体。

工序 3:热处理

退火。

工序4：铣毛坯外形

对各面进行粗加工和半精加工，顶面安装止口尺寸加工到位。机床为X52K普通立式铣床。

工序5：磨上、下平面

磨上、下平面，保证平行度。然后磨相互垂直的两侧面，为划线作准备。机床为M7120平面磨床。

工序6：划线

划零件中心线、模膛轮廓线、孔位置线。

工序7：钻孔

钻铰销孔。

工序8：车模膛型面

粗、精车模膛型腔和飞边槽等，用样板检查，尺寸精度和表面粗糙度达到图样要求，注意 ϕ420 mm内圆柱面为基准面，精加工应一次装夹加工成形。机床为CA6150普通车床。

工序9：热处理

淬火，回火，保证硬度58～62 HRC。

工序10：修整

修整，抛光。

工序11：检验

按图样检验各尺寸。

(2) 下模

工序1：下料

下料。

工序2：锻打

按模具外形尺寸加余量锻打成圆柱体。

工序3：热处理

退火。

工序4：车毛坯外形

对外形进行粗加工和半精加工，外圆加工到位，机床为CA6150普通车床。

工序5：磨上、下平面

磨上、下平面，保证平行度。机床为M7120平面磨床。

工序6：划线

划零件中心线和模膛轮廓线、孔位置线。

工序7：钻孔

钻铰销孔。

工序 8：车模膛型面

粗、精车模膛型腔和飞边槽等，用样板检查，尺寸精度和表面粗糙度达到图样要求，注意 ϕ420 mm 外圆柱面为基准面，精加工应一次装夹加工成形。

工序 9：热处理

淬火，回火，保证硬度 58～62 HRC。

工序 10：修整

修整，抛光。

工序 11：检验

按图样检验各尺寸。

复习与思考

1. 锻模一般采用什么材料？对材料有什么热处理要求？
2. 锻模一般采用什么形式的毛坯？为何锻打以后一定要退火？
3. 锻模加工的关键在哪个工序？常用的加工方法有哪些？
4. 普通加工方法与特种加工方法相比有哪些特点？各用在哪些地方？
5. 锻模加工工艺中热处理工序的安排有什么原则？为什么要这样做？
6. 锻模模膛有哪些最终检查方法？各用在哪些场合？

拓展提升

实践训练题三

项目四
铝合金挤压模零件机械加工工艺

学习目标

1. 理解铝合金挤压模制造技术要求与特点。
2. 依据铝合金挤压模常用零件进行技术和结构分析。
3. 合理选择铝合金挤压模零件毛坯。
4. 合理安排铝合金挤压模零部件的加工工艺路线。
5. 掌握铝合金挤压模机械加工工艺。
6. 培养工匠精神,打造"智造"大师。

微视频

榜样人物

能力要求

1. 能够独立分析常用铝合金挤压模零件的结构和工艺特点。
2. 能够对铝合金挤压模常用零部件进行一般的工艺计算。
3. 具备编制铝合金挤压模机械加工工艺规程的能力。
4. 在专业理论和实践的学习中,形成自己的智力技能。

问题导入

图 4-1 所示为一副铝合金型材挤压模,图 4-2 所示为这副模具制造出来的制品的截面。

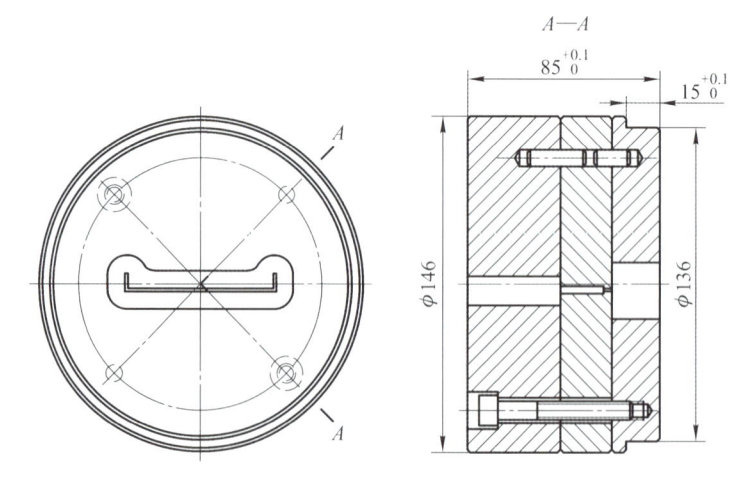

图 4-1 铝合金型材挤压模

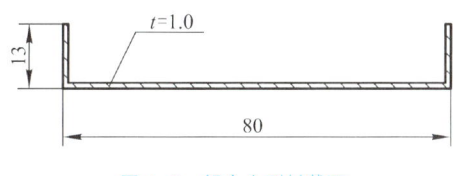

图 4-2　铝合金型材截面

如何制造出合格的挤压模？这是本任务所要研究的问题。

任务实施

任务 1　铝合金挤压模零件的制造要求

挤压成形是一种常见的金属塑性压力成形方法。挤压成形有冷挤压和热挤压两大类。冷挤压是在室温条件下对金属的压力成形加工；热挤压是对盛载容器(挤压筒)中的一定温度的熔融状金属锭坯施加外力，使之从特定的模孔中流出，从而获得所需断面形状和尺寸产品的一种塑性加工方法。挤压成形中应用较多的是铝合金型材的挤压，本任务将以铝合金型材挤压模为例来研究挤压成形模具的制造技术。

1.1　铝合金型材挤压模的分类

铝合金型材挤压模具可分为平面模(或整体模)和组合模(图 4-3)两大类。平面模包括棒材模、管材模和型材模。型材模按型材的壁厚可分为厚壁($\delta > 3$ mm)型材模和薄壁($\delta < 3$ mm)型材模；按模块大小可分为小型模($\phi 200$ mm × 500 mm 以下)、中型模[$\phi(260 \sim 460)$ mm × $(50 \sim 80)$ mm]、大型模[$\phi(500 \sim 1\ 800)$ mm × $(80 \sim 400)$ mm]；按型材用途可分为军工及其他工业用型材、民用建筑型材以及带板与异型棒材模；按型材断面变化可分为阶段变断面型材模和逐渐变断面型材模等。组合模可分为平面分流组合模、舌形模或桥式模、星形模或叉架模。

铝合金型材挤压模不仅种类繁多，而且需求量也相当大。模具失效的主要原因是工作带磨损引起的产品截面尺寸壁厚变大。据统计，我国目前铝合金型材挤压模的平均寿命为 5~10 t/模(模具平均寿命国际水平为 15~20 t/模)。

图 4-3　铝合金型材挤压组合模

1.2　铝合金挤压模的制造要求

铝合金挤压模是一类十分特殊的模具，在工作过程中需要承受高温、高压、高摩擦的作用，所以，对模具制造技术也有一些特殊的要求。

(1) 由于铝合金挤压模的工作条件十分恶劣，因此要采用高强度的耐热合金钢，而这些材料的熔炼、铸造、锻造、热处理、机加工、电加工和表面处理等工艺过程都十分复杂，这给模具加工带来了一系列的困难。

(2) 为了提高模具的使用寿命和保证产品的表面品质，要求模腔工作带的表面粗糙度达到 $Ra\ 0.4 \sim 0.2\ \mu m$，流道表面粗糙度达到 $Ra\ 1.6\ \mu m$ 以下，因此，在制模时需要采取特殊的抛光工艺和抛光设备。

(3) 由于挤压产品日益向高、精、尖方向发展，有的型材的壁厚达到 0.5 mm 左右，制品公差要求达到 ±0.02 mm，结构也变得十分复杂，这种模具采用传统的工艺已经无法制造出来，因此要求更新的工艺和新型专用设备。

(4) 铝合金型材结构越来越复杂，特别是超高精度的薄壁空心型材和多孔空心壁板型材，要求采用特殊的模具结构，使模具截面的厚度变化急剧，圆弧拐角比较多，相关尺寸复杂，对模具的加工和热处理提出了更高的要求。

(5) 挤压产品的品种繁多，批量小，换模次数频繁，要求模具的适应性强，因此要进一步提高模具的生产率，尽量缩短制模周期，尽快变更制模程序，能准确无误地按设计图样加工出符合要求的模具，使修模的工作量减少到最低程度。

(6) 由于铝合金产品的使用范围日趋广泛，规格范围进一步扩大，模具尺寸差别也悬殊，有轻至数千克外形尺寸为 ϕ100 mm×25 mm 的小型模具，也有重达 2 000 kg 外形尺寸为 ϕ1 800 mm×450 mm 的大型模具；有轻至数千克外形尺寸为 ϕ65 mm×800 mm 的小型挤压轴，也有重达 10 t 以上外形尺寸为 ϕ2 500 mm×2 600 mm 的大型挤压筒。相应规格模具的制造工作量的巨大差距，要求采用完全不同的制造方法和程序，采用完全不同的加工设备。

(7) 挤压模种类繁多，结构复杂，装配精度要求很高，除了采取特殊的加工方法和特殊的加工设备以外，还需要采用特殊的工装夹具以及特殊的装配调整方法。

(8) 为了提高模具的质量和使用寿命，除了选择合理的材料和进行优化设计以外，还需要采用合适的热处理工艺和表面处理工艺，以获得符合要求的模具硬度和高的表面品质，这对于形状特别复杂的难挤压制品和特殊结构的模具来说，显得尤为重要。

(9) 挤压模复杂，对加工质量的检查也提出了很高的要求，不但要求对其几何形状、尺寸精度进行检测，还要对其硬度、表面质量进行精确测量。这不但需要一系列专门的检测设备，还要有对应的检测程序。

可见，铝合金挤压模的加工工艺不同于一般的机械零件制造工艺，是一门难度很大、涉及面很广的特殊技术。为了制造出高质量、高寿命的模具，除了要选择和制备优质的模具材料以外，还应该制订科学合理的冷加工工艺、电加工工艺、热处理工艺、表面处理工艺和装配工艺。

1.3 铝合金挤压工模具的材料及热处理要求

1. 对挤压工模具材料的要求

(1) 高的强度和硬度值。挤压工模具一般在高比压下工作,要求模具材料在常温下 σ_b 大于 1 500 MPa。

(2) 高耐热性。在高温(一般铝合金挤压温度为 500 ℃ 左右)下有抵抗机械负荷的能力(保持形状的屈服强度以及避免破断的强度和韧性),而不过早地产生退火和回火的现象。在工作温度下,挤压工具材料的 σ_b 不应低于 850 MPa;挤压模具材料的 σ_b 不应低于 1 200 MPa。

(3) 在高温高压下具有高的冲击韧性和断裂韧性,以防止模具在应力条件下或在冲击载荷作用下产生脆断。

(4) 高的稳定性。在高温下有抗氧化稳定性,不易产生氧化皮。

(5) 高的耐磨性。在长时间的高温、高压和润滑不良的情况下,表面有抵抗磨损的能力,有抵抗金属"黏结"和磨损模具表面的能力。

(6) 具有良好的淬透性。确保工模具的整个断面(特别是大型模具的横断面)有高且均匀的力学性能。

(7) 具有激冷、激热的适应能力。抗高热应力和防止模具在连续、反复、长时间使用中产生疲劳裂纹。

(8) 高导热性。能迅速从工模具表面散发热量,防止被挤压工件和模具本身产生局部过烧或过多地损失其力学强度。

(9) 抗反复循环应力性强。要求高的持久强度,防止过早疲劳损坏。

(10) 具有一定的耐蚀性和良好的可氮化特性。

(11) 具有小的膨胀系数和抗蠕变性能。

(12) 具有良好的工艺性能。材料容易熔炼、锻造、热处理和机械加工。

(13) 容易获取,并且价格合适。

2. 铝合金挤压工模具的材料选择

铝合金挤压工模具的材料选用受到很多因素的影响,要综合权衡利弊,合理选择。目前,我国主要采用 3Cr2W8V、4CrMoSiV1、4Cr5MoSiV 等作为铝合金挤压模具的材料,选择 3Cr2W8V、4CrMoSiV1、5CrMnMo 等作为基本工具的材料。

任务 2　铝合金挤压模零件的机械加工工艺

2.1 铝合金挤压模的加工方法

铝合金挤压模的基本加工方法主要有冷加工(机械加工)、热加工(热处理及表面处理)、电加工(电火花和线切割加工等)三大类。根据模具的种类、结构形式、规格大小、精度要求、批量大小、设备条件和技术水平等因素来综合选择不同的制造方法和不同的制模工艺流程。

比较典型的工艺路线是：

备料→坯料复检(锻造毛坯的超声探伤)→粗车外形→铣印口→划模具中心线、型孔线→钻工艺孔→热处理→磨两端面→精车外形→划模具、型孔中心线→线切割加工工作带→电火花加工出口带→修整孔型→与相关件配合(或组装)→检验。

2.2 铝合金挤压模的加工要点

除了材料性能和热处理工艺以外，影响模具性能的主要因素有流道表面机加工质量和工作带的表面机加工质量两点，这两个部位的机械加工是模具加工的关键环节。

1. 流道表面的加工

挤压模的型腔流道是金属材料有向流动的必经通道，在工作状态下，流道表面要承受长时间的高温高压、激冷激热、反复循环应力的作用，承受偏心载荷和冲击载荷的作用，承受高温、高压下的剧烈摩擦等的恶劣因素的影响。在加工时，表面形状的准确性和表面粗糙度对模具质量有直接的影响，加工时必须认真对待。现在一般采取"精加工→热处理、表面强化处理→修整、抛光→检验"的加工流程来进行加工。

2. 工作带表面的加工

模具工作带是模具工作部分的核心部位，其加工质量是影响产品质量和模具寿命的决定性因素。工作带的作用有两点：一是通过间隙形状来决定制品的截面形状和尺寸精度；二是通过确定各部位不同的轴向宽度尺寸来调整各部位出料的速度，使出料平直，达到设计标准要求。这里，前者要求必须严格控制工作带型线的形状和尺寸公差及表面粗糙度，后者要求必须严格控制工作带的轴向宽度尺寸。图4-4所示为一个实心型材平面模的结构示意图。从下方

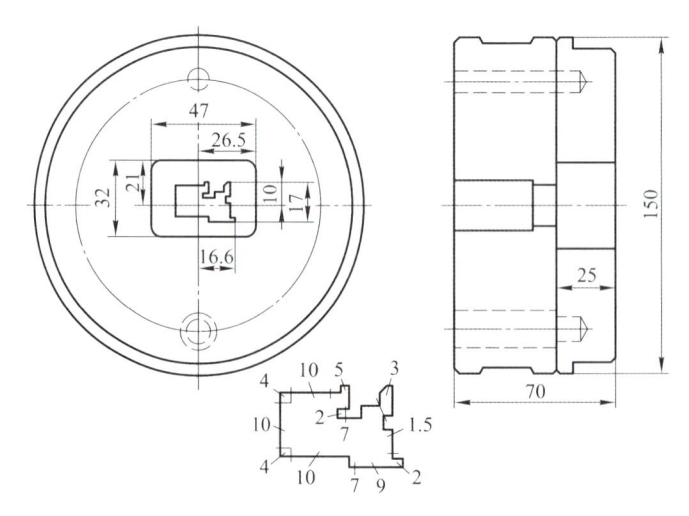

图4-4 工作带急剧变化的实心型材平面模示意图

的工作带局部图可以看出,产品型线的各部位工作带宽度是不相同的(用数字表示),平直部分的尺寸较大,转角和狭窄部位尺寸较小。尺寸较大的部位材料流量大,所以要求流动阻力大一些,希望流速慢一些;反之,转角和狭窄部位的材料流量小,所以要求流动阻力小一些,希望流速快一些,最后达到各部位出料速度相对一致,材料平直。目前,工作带型线的形状和尺寸公差及表面粗糙度的最终加工还只能由钳工手工加工完成,所以,要求模具钳工有丰富的经验和精湛的加工和检测技术;由于受多方面因素的影响和制约,工作带的宽度也还没有准确的设计计算方法,只能由设计人员根据经验确定,大多时候要在试模时经过多次修整才能最终达到要求。

技能提示

现在,我国的铝合金挤压模具平均一次上机合格率只有50%左右(国际水平为67%),其主要原因就是工作带宽度无法一次准确确定。工作带宽度由电火花加工出料带时加工出来,具体数值在加工电极的时候做出,所以在检查电极加工质量时,务必严加控制。

2.3 铝合金挤压模的加工工艺流程

不同的模具企业在加工不同型号的模具时会采用各不相同的工艺流程,铝合金挤压模加工工艺流程的影响因素不仅有制品型材的形状、尺寸公差和几何公差、表面精度、材质,还与挤压设备、工作环境、工人技术水平相关。图4-5所示为挤压模的通用加工工艺流程,图4-6所示为平面挤压模模具组的加工工艺流程,图4-7所示为分流组合模的加工工艺流程。

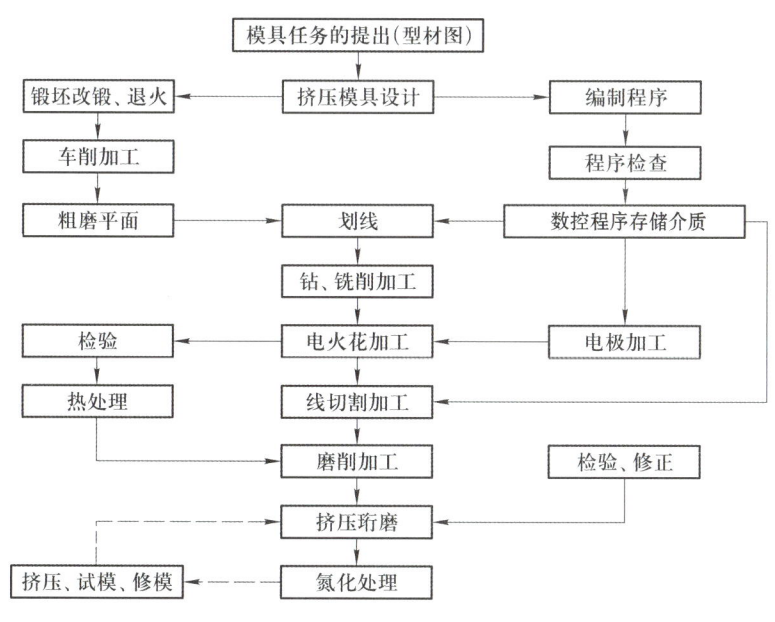

图4-5 挤压模的通用加工工艺流程

```
                          ┌──────────┐
                          │  模具组   │
                          └────┬─────┘
        ┌──────────────────────┼──────────────────────┐
     ┌──┴──┐               ┌──┴──┐                ┌──┴──┐
     │ 模垫 │               │ 模子 │                │导流模│
     └──┬──┘               └──┬──┘                └──┬──┘
```

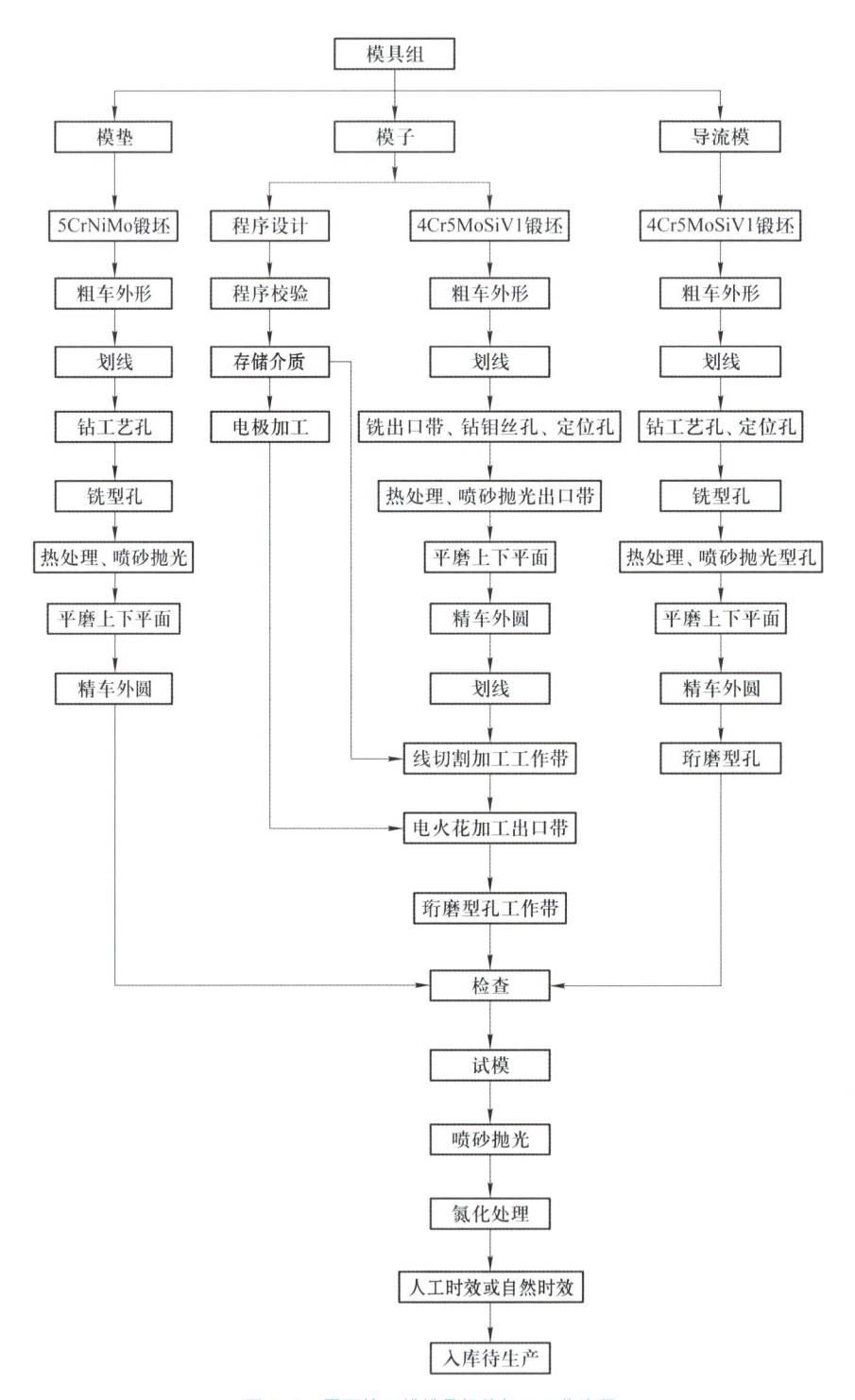

```
模垫:  5CrNiMo锻坯 → 粗车外形 → 划线 → 钻工艺孔 → 铣型孔 → 热处理、喷砂抛光 → 平磨上下平面 → 精车外圆

模子:  程序设计 → 程序校验 → 存储介质 → 电极加工
       4Cr5MoSiV1锻坯 → 粗车外形 → 划线 → 铣出口带、钻钼丝孔、定位孔 → 热处理、喷砂抛光出口带 → 平磨上下平面 → 精车外圆 → 划线 → 线切割加工工作带 → 电火花加工出口带 → 珩磨型孔工作带

导流模: 4Cr5MoSiV1锻坯 → 粗车外形 → 划线 → 钻工艺孔、定位孔 → 铣型孔 → 热处理、喷砂抛光型孔 → 平磨上下平面 → 精车外圆 → 珩磨型孔

→ 检查 → 试模 → 喷砂抛光 → 氮化处理 → 人工时效或自然时效 → 入库待生产
```

图 4-6 平面挤压模模具组的加工工艺流程

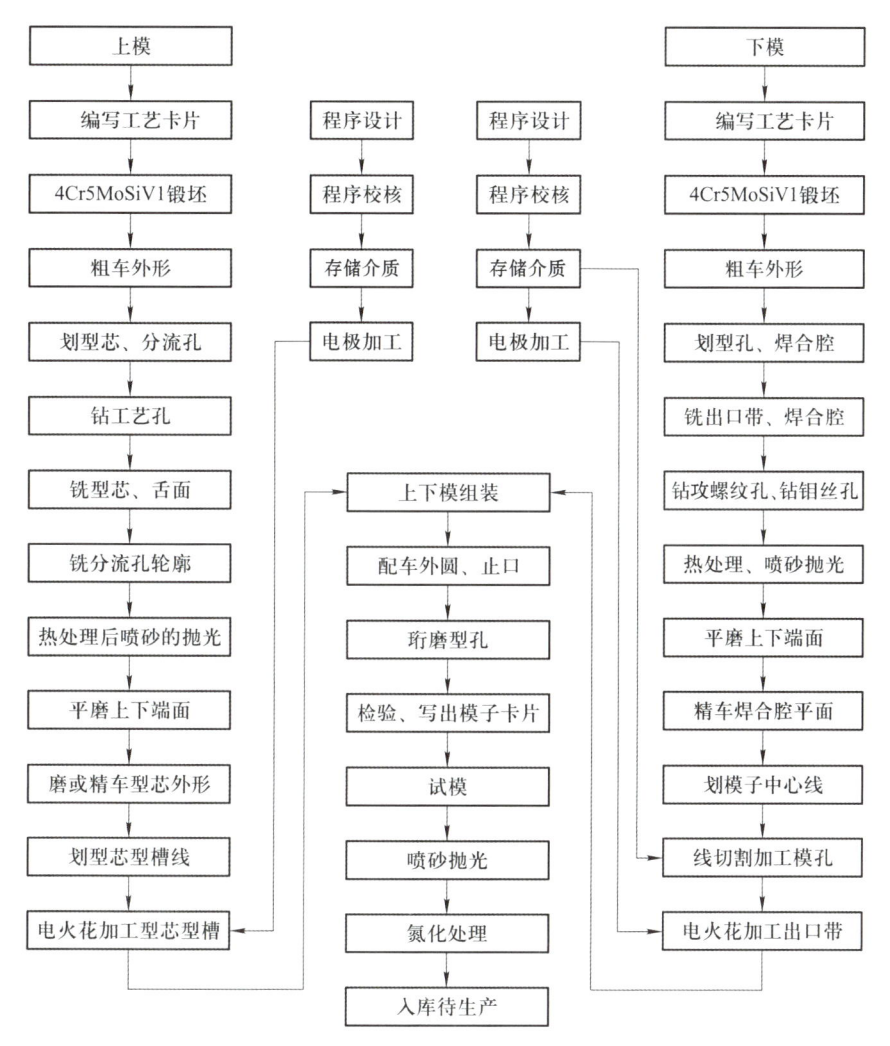

```
     上模                                          下模
      ↓                                            ↓
  编写工艺卡片    程序设计    程序设计         编写工艺卡片
      ↓            ↓          ↓                   ↓
  4Cr5MoSiV1锻坯  程序校核    程序校核       4Cr5MoSiV1锻坯
      ↓            ↓          ↓                   ↓
   粗车外形      存储介质    存储介质          粗车外形
      ↓            ↓          ↓                   ↓
  划型芯、分流孔   电极加工    电极加工        划型孔、焊合腔
      ↓                                           ↓
    钻工艺孔                                  铣出口带、焊合腔
      ↓                   上下模组装              ↓
   铣型芯、舌面               ↓              钻攻螺纹孔、钻钼丝孔
      ↓                   配车外圆、止口          ↓
   铣分流孔轮廓               ↓              热处理、喷砂抛光
      ↓                    珩磨型孔               ↓
  热处理后喷砂的抛光           ↓               平磨上下端面
      ↓                 检验、写出模子卡片         ↓
   平磨上下端面                ↓               精车焊合腔平面
      ↓                      试模                 ↓
  磨或精车型芯外形              ↓               划模子中心线
      ↓                    喷砂抛光               ↓
   划型芯型槽线                ↓               线切割加工模孔
      ↓                    氮化处理               ↓
 电火花加工型芯型槽             ↓              电火花加工出口带
                          入库待生产
```

图 4-7 分流组合模具的加工工艺流程

2.4 典型铝合金挤压模工艺过程

1. 厚壁型材模具加工工艺过程分析

图 4-8 为多孔实心型材平面模示意图,其加工工艺过程如下:

(1) 备料　3Cr2W8V 或 4Cr5MoSiV1 锻坯;

(2) 粗车　用车床加工外形,留精加工余量;

(3) 铣　铣印记口;

(4) 划线　划模具中心线,以模具中心线为基准,划型孔出口带线及钼丝孔的坐标位置线,划出销孔位置线,打印记;

(5) 铣　加工出口带、型孔宽度加工到名义尺寸,深度加工到工作带最高处为止;

(6) 钻孔　钳工钻钼丝孔、定位销孔,清除型孔内残渣;

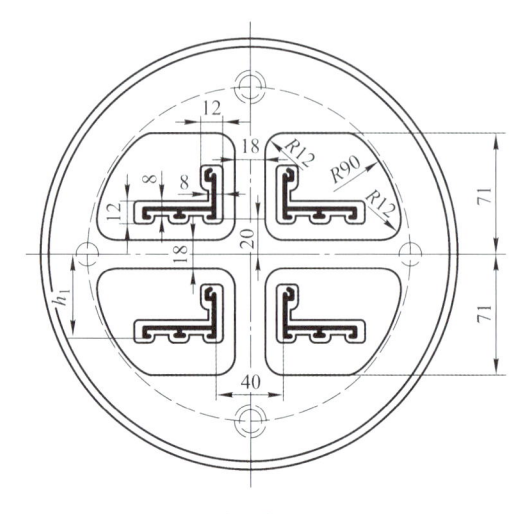

图 4-8 多孔实心型材平面模

(7) 热处理　淬火与多次回火,硬度达到 46～50 HRC;

(8) 磨　平磨模具的两端面,使两端面的平行度及轴线垂直度的允差为 0.01 mm,表面粗糙度为 $Ra\ 1.6\ \mu m$;

(9) 精车　精车外圆,其公差为公称尺寸的下极限偏差,外圆轴线与两端面的线垂直度的允差为 0.01 mm;

(10) 划线　划模具中心线;

(11) 线切割　按模具中心线将模具装夹在工作台上,启动程序加工工作带,按工作带高度调节电流大小和行进速度,以防烧损工作带壁面和钼丝,型孔尺寸公差一般要求为 -0.08～-0.1 mm(注意保证留钳工抛光加工余量),表面粗糙度为 $Ra\ 3.2～1.6\ \mu m$;

(12) 电火花加工　用石墨作阳极加工出口带,出口带各区域应圆滑过渡,防止出现棱角(应在此之前加工好电极,待用);

(13) 修整　钳工用什锦锉、粗细砂布、金相砂纸依次修整并抛光型孔,型孔尺寸精度为 -0.05～-0.01 mm,表面粗糙度为 $Ra\ 1.6\ \mu m$,最后加工出金属流动阻碍角;

(14) 珩磨　在挤压珩磨机上磨型孔工作带,表面粗糙度为 $Ra\ 0.8～0.4\ \mu m$;

(15) 检查　按照图样检查模具外形、模具型孔尺寸,填写检查记录表;

(16) 试模与修模　生产人员与修模人员配合,在挤压机上试挤压,按产品图样要求与技术条件检查挤压产品,当产品不合格时,应进行修模,直至合格为止;

(17) 抛光　在液压喷砂机上去除模具各处的残渣和氧化皮;

(18) 氮化　对型孔宽度 $\delta>3$ mm 的模具在辉光离子氮化炉内氮化,对型孔宽度 $\delta<3$ mm 的模具在软氮化炉内氮化,氮化后的模具表面硬度为 61～62 HRC,氮化层深度为 0.15～0.25 mm;

(19) 交付使用。

2. 薄壁型材模具加工工序流程分析

图 4-9 所示为方管型材平面模,图 4-10 所示为其制品方管型材截面图,模具的加工工艺流程如下:

(1) 备料　3Cr2W8V 或 4Cr5MoSiV1 锻坯;

(2) 粗车　用车床加工外形,留精加工余量;

(3) 铣　铣印记口(印记口应在模具出口带一边);

(4) 划线　划模具中心线,以模具中心线为基准,划型孔出口带线及钼丝孔的坐标位置线,划出销孔位置线,打印记号;

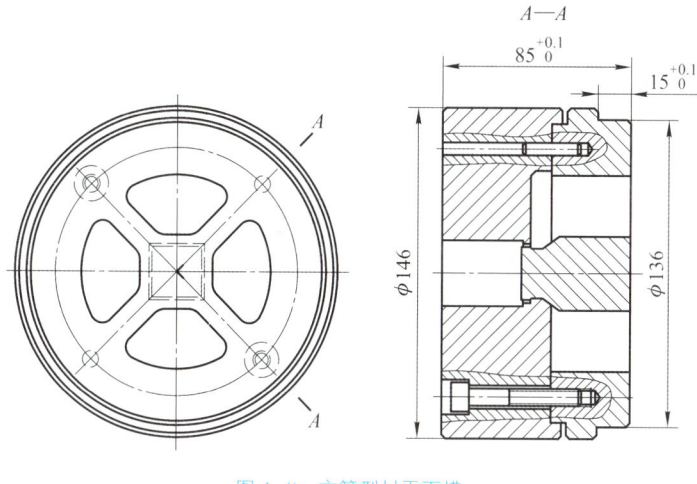

图 4-9 方管型材平面模

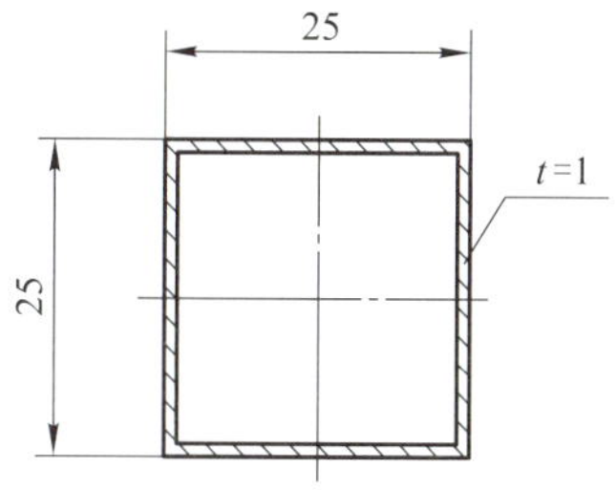

图 4-10 方管型材截面

(5) 钻孔　钳工钻钼丝孔、定位销孔,清除型孔残渣;

(6) 热处理　淬火与多次回火,硬度达到 46～50 HRC;

(7) 抛光　在液压喷砂机上清除钼丝孔内氧化皮,以防止加工型孔时发生断裂现象;

(8) 磨　平磨模具的两端面,使两端面的平行度及轴线垂直度的允差为 0.03 mm,表面粗糙度为 Ra 1.6 μm;

(9) 精车　精车外圆,其公差为公称尺寸的下极限偏差,外圆轴线与两端面的线垂直度的允差为 0.01 mm;

(10) 划线　划模具中心线;

(11) 线切割　按模具中心线找正夹紧,穿丝切割型孔,型孔尺寸公差控制在 -0.07～-0.08 mm(注意保证留钳工抛光加工余量),表面粗糙度为 Ra 3.2～1.6 μm;

(12) 电火花加工　用成形石墨阳极加工出口带,当出口带加工到型孔工作带最高处时,将电极取下,按工作带不同高度进行修整以后重新找正夹紧,继续加工型孔工作带,保证工作带高度方向各过渡区圆滑过渡;

(13) 修整　钳工用什锦锉、粗细砂布、金相砂纸依次修整并抛光型孔,型孔尺寸精度为 0～-0.05 mm,表面粗糙度为 Ra 1.6 μm,最后加工出金属流动阻碍角;

(14) 珩磨　在挤压珩磨机上磨型孔工作带,表面粗糙度为 Ra 0.4 μm 以下;

(15) 检查　按照图样检查模具外形、模具型孔尺寸,填写检查记录表;

(16) 试模与修模　生产人员与修模人员配合,在挤压机上试挤压,按产品图样要求与技术条件检查挤压产品,当产品不合格时,应进行修模,直至合格为止;

(17) 渗氮　薄壁型材模具应在软氮化炉内渗氮处理,型孔内各区域的渗氮层深度应均匀,表面硬度适中(61～62 HRC),氮化层深度为 0.15 mm;

(18) 交付使用。

3. 平面分流组合模加工工序流程分析

图 4-11 所示为平面分流组合模的示意图，它的加工工艺流程如下：

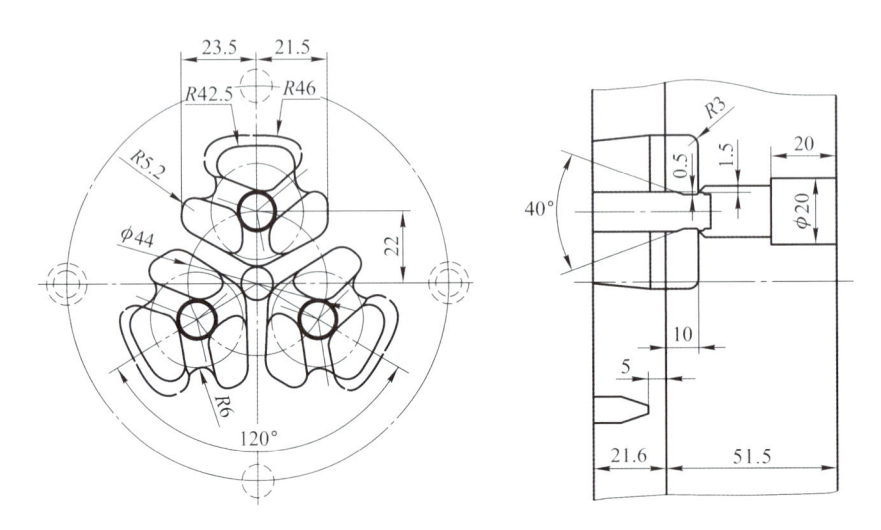

图 4-11 平面分流组合模示意图

(1) 上模加工流程

① 备料　3Cr2W8V 或 4Cr5MoSiV1 锻坯；

② 粗车　用车床加工外形，留精加工余量 1.5~2 mm，同时车出芯头的最大外接圆，表面粗糙度为 Ra 12.5 μm；

③ 划线　划模具中心线，以模具中心线为基准划出芯头外形、分流孔，打印记号；

④ 铣或刨　加工芯头外形；

⑤ 钻孔　钳工钻分流孔、钻铰螺钉孔；

⑥ 铣　铣分流孔、桥部，表面粗糙度为 Ra 12.5 μm；

⑦ 钳　修正分流孔、桥部，表面粗糙度为 Ra 6.3 μm；

⑧ 热处理　淬火与多次回火，硬度达到 46~50 HRC；

⑨ 平磨　平磨模具的两端面，使两端面的平行度及轴线垂直度的允差为 0.01 mm，芯头顶部抛光，表面粗糙度为 Ra 1.6 μm；

⑩ 划线　以模具中心线为基准划出芯头中心线(对偏移芯头和多芯头而言)，划芯头上的型槽线；

⑪ 刃磨　磨芯头外形，尺寸公差为 +0.5 mm，表面粗糙度为 Ra 1.6 μm；

⑫ 电火花加工　用粗、精电极加工芯头上的型槽出口带及金属入口；

⑬ 抛光　钳工抛光芯头、分流孔、桥部，芯头及芯头上的型槽表面粗糙度为 Ra 1.6 μm，分流孔、桥部的表面粗糙度可为 Ra 3.2 μm；

⑭ 配合　与下模试配。

(2) 下模加工流程

① 备料　3Cr2W8V 或 4Cr5MoSiV1 锻坯；

② 粗车　粗车外形,留精加工余量 1.5～2 mm;

③ 划线　划焊合腔轮廓、型孔出口带、螺栓孔、定位孔,打印记号;

④ 铣　铣焊合腔轮廓、型孔出口带;

⑤ 钻孔　钳工钻钼丝孔、螺栓孔、定位销孔;

⑥ 热处理　淬火与多次回火,硬度达到 46～50 HRC;

⑦ 磨　平磨两端面,其平行度允差为 0.01 mm;

⑧ 精车　精车止口及模具接合面,表面粗糙度为 Ra 1.6 μm,结合面与端面平行度允差为 0.01 mm;

⑨ 划线　划模具中心线;

⑩ 线切割　将模具装夹在工作台上,按坐标找正,启动程序切割型孔,尺寸公差为 -0.07～-0.08 mm,表面粗糙度为 Ra 3.2～1.6 μm;

⑪ 电火花加工　用石墨电极加工出口带,表面粗糙度为 Ra 6.3 μm;

⑫ 修整　钳工修整型孔,工作带尺寸公差为 -0.05 mm,表面粗糙度为 Ra 1.6 μm,与上模试配,配合后形成型孔尺寸公差为 -0.05 mm,配定位销后把紧,送车工精车;

⑬ 精车　在车床上用四爪单动卡盘找正,卡紧后精车上下模外径、上下模止口,尺寸公差按模具标准,精车外圆,其公差为公称尺寸的下极限偏差,外圆轴线与两端面线垂直度的允差为 0.01 mm,表面粗糙度为 Ra 6.3 μm;

⑭ 珩磨　装配好的模具在液压珩磨机上磨型孔,表面粗糙度为 Ra 0.4 μm;

⑮ 检查　上下模装配好后做整体检查,外形按模具标准检查,型孔尺寸、表面粗糙度按照图样检查,填写检查记录;

⑯ 试模　生产人员与修模人员配合,在挤压机上试挤压,按产品图样要求与技术条件检查挤压产品,当产品不合格时,应进行修模,直至合格为止;

⑰ 抛光　在液压喷砂机上去除模具外形、分流孔、焊和腔、出口带、桥部的残渣和氧化皮;

⑱ 渗氮　上、下模分炉渗氮处理,模具工作带表面硬度为 61～62 HRC,渗氮层深度为 0.18～0.2 mm;

⑲ 交付使用。

应用案例

下面分析图 4-1 的铝合金型材挤压模具,学习编制它的加工工艺。

这副模具为平面模,用于加工 U 形断面型材,产品壁厚为 1 mm,为薄壁开口型材。

这里只分析讨论模板的加工工艺。

1. 零件的工艺分析

这副模具是平面模,模具外形比较简单,工件的型线规则,尺寸精度和表面粗糙度要求都不高。加工的关键技术要求是控制型线工作带的形状和尺寸、表面粗糙度和表面硬度,控制工作带的宽度。

2. 毛坯的选择

毛坯为锻件。

3. 工艺路线的拟定

它的加工工艺路线为:

下料→锻打→退火→粗、半精车外形→磨上、下平面→划线→钻穿丝孔、配钻铰销孔→热处理(淬火、回火)→线切割型面→精车外形→磨上、下平面→电火花加工出口带→修整流道、修整抛光工作带→检验。

4. 各工序内容的设计

(1) 备料　锻坯;

(2) 粗车　用车床加工外形,留精加工余量;

(3) 磨　磨上、下平面;

(4) 划线　划型孔出口带线及钼丝孔的坐标位置线,划出销孔位置线;

(5) 钻孔　钻钼丝孔,钻、铰定位销孔;

(6) 热处理　淬火并回火,硬度达到 46~50 HRC;

(7) 线切割　穿丝切割型孔,型孔尺寸公差控制在 -0.07~-0.08 mm,表面粗糙度为 Ra 3.2~1.6 μm;

(8) 磨　磨两端面;

(9) 精车　精车外圆;

(10) 电火花加工　加工出口带;

(11) 修整　钳工修整并抛光型孔;

(12) 检查　按照图样检查模具外形、模具型孔尺寸,填写检查记录表。

复习与思考

拓展提升

实践训练题四

1. 铝合金挤压模一般采用什么材料?
2. 铝合金挤压模加工的关键工序有哪些?应该注意哪些问题?
3. 加工工艺中热处理工序的安排有什么原则?为什么要这样做?

项目五
塑料模零件机械加工工艺

学习目标

1. 掌握塑料模制造技术要求与特点。
2. 能够对塑料模常用零部件进行技术和工艺分析。
3. 能够合理安排塑料模零部件的加工工艺路线。
4. 具备编制塑料模常用零部件机械加工工艺规程的能力。
5. 精益求精树立产品质量意识。

微视频

先进叠式模具

思政教育

塑料模具未来发展方向是高精度、高智能、高自动化、高效、新型等方向,同学们应立志将来为中国模具发展效力!

能力要求

1. 能够独立分析塑料模常用零部件的结构和工艺特点。
2. 能够对塑料模常用零部件进行一般的工艺计算。
3. 能够编制塑料模常用零部件机械加工工艺规程。
4. 在专业理论和实践的学习中,形成自己的人际沟通能力。

问题导入

图 5-1 所示为塑料压模下模,怎么把它加工出来?如何编制它的机械加工工艺过程?

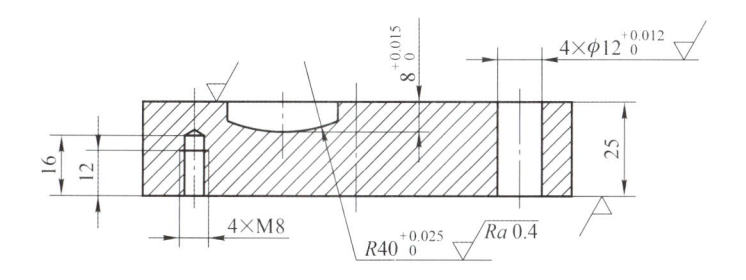

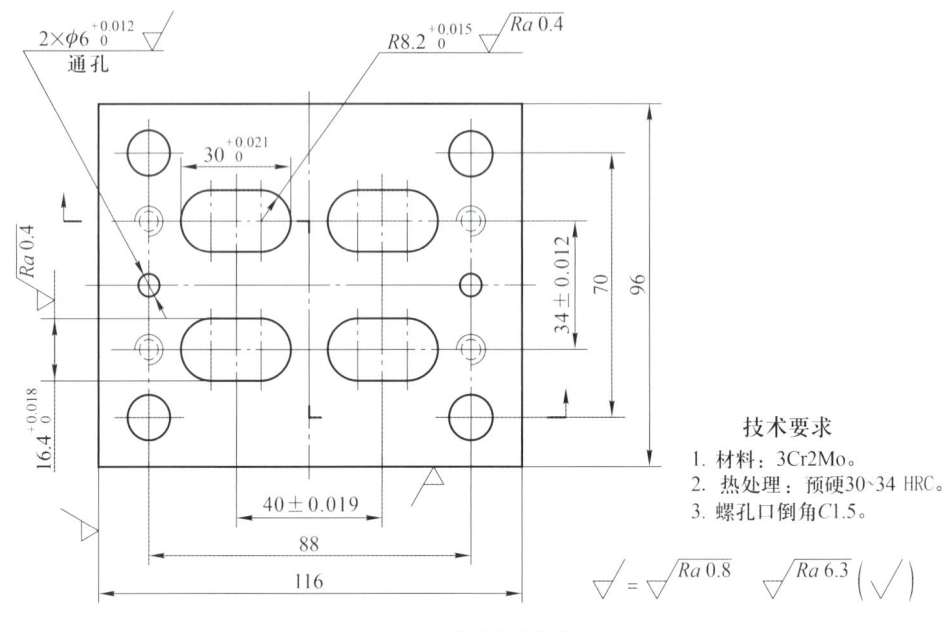

图 5-1 塑料压模下模

任务实施

任务1　塑料模通用零件的机械加工工艺

1.1　注射模典型结构与制造特点

塑料注射成型所用的模具称为注射成型模具,简称注射模。与其他塑料成型方法相比,注射成型塑件的内在和外观质量均较好,生产率高,容易实现自动化,是应用最为广泛的塑料成型方法。

1.1.1　注射模典型结构

注射模根据结构与使用目的有多种分类方法,其中按模具总体结构特征可分为单分型注射模、双分型注射模、侧向分型与抽芯注射模、带活动镶件注射模、带嵌件注射模、自动卸螺纹注射模、定模带有注射装置的注射模等。图 5-2 所示为单分型注射模,图 5-3 所示为双分型注射模,图 5-4 所示为斜导柱侧抽芯注射模,图 5-5 所示为带活动镶块注射模。

无论是哪种类型的注射模主要都由动模和定模两大部分组成。动模部分安装在注射机的动模板上,定模部分安装在注射机的定模板上,注射前动、定模在注射机驱动下闭合,形成闭合的

(a)

(b)

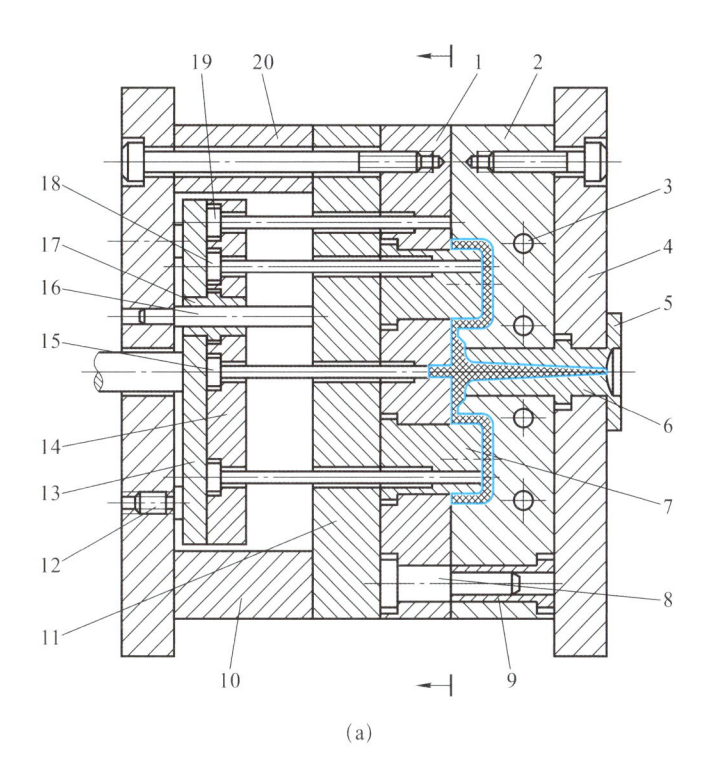

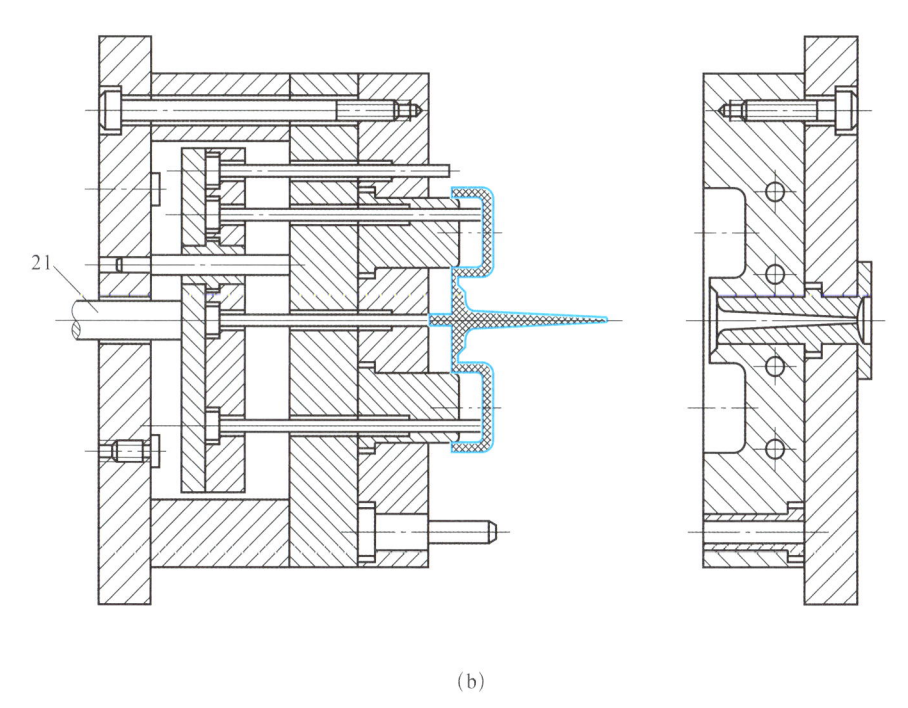

1—动模板；2—定模板；3—冷却水道；4—定模座板；5—定位圈；6—浇口套；7—凸模；8—导柱；9—导套；10—动模座板；11—支承板；12—支承柱；13—推板；14—推杆固定板；15—拉料杆；16—推板导柱；17—推板导套；18—推杆；19—复位杆；20—垫块；21—注射机顶杆。

图 5-2 单分型注射模结构

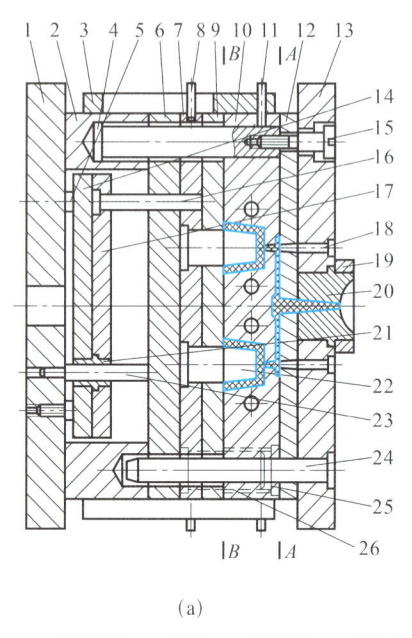

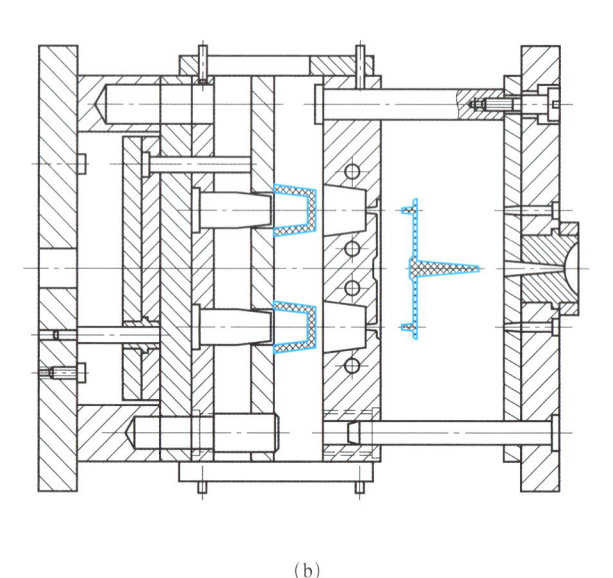

模具制造工艺

(a)　　　　　　　　　　　　　(b)

1—动模座板；2—垫块；3—限位板；4—限位拉杆；5—垃圾钉；6—支撑板；7—动模固定板；8—限位销；9—推件板；10—定模板；11—紧固销；12—推料板；13—定模固定板；14—推板；15—小拉杆；16—复位杆；17—推杆固定板；18—拉料钉；19—定位圈；20—浇口套；21—推板导套；22—型芯；23—推板导柱；24—带头导柱；25、26—导套。

图 5-3　双分型注射模结构

微视频
注射模具
工作过程

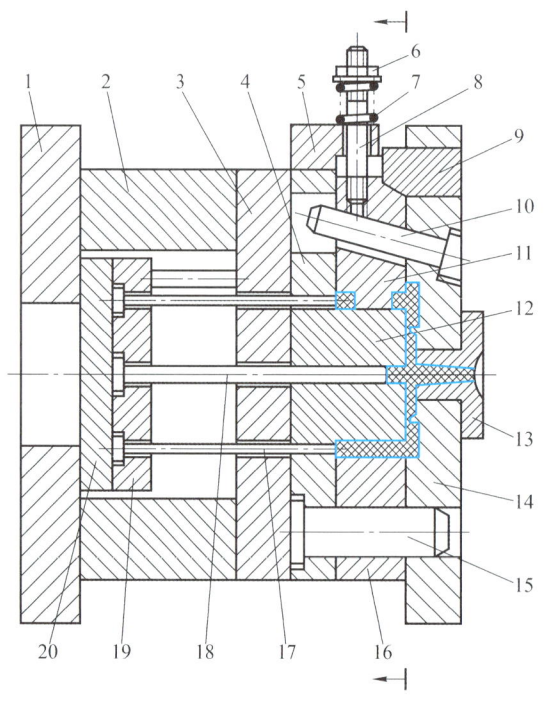

| 1—动模座板；2—垫块；3—支承板；4—动模板；5—挡块；6—螺母；7—弹簧；8—滑块拉杆；9—锁紧楔；10—斜导柱；11—滑块；12—型芯；13—浇口套；14—定模板；15—导柱；16—动模板；17—推杆；18—拉料杆；19—推杆固定板；20—推板。 | 1—定模座板；2—导柱；3—活动镶块；4—型芯座；5—动模板；6—支承板；7—模脚；8—弹簧；9—推杆；10—推杆固定板；11—推板。 |

图 5-4　斜导柱侧抽芯注射模　　　　图 5-5　带活动镶块注射模

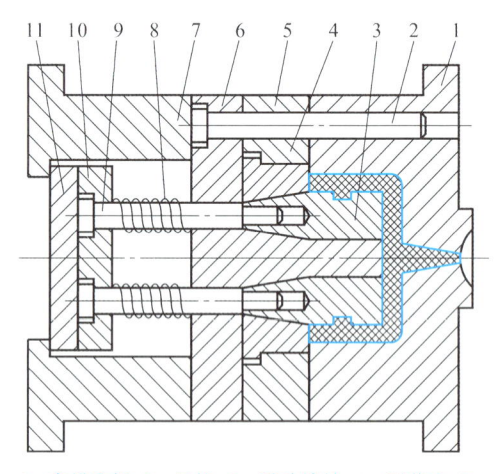

106

型腔和浇注系统,注射机将塑料熔体通过浇注系统注入型腔,经冷却凝固后,动定模打开,脱模机构推出塑件,完成一个注射流程。

另外,根据各零部件所起作用注射模的组成又可细分为以下几个部分:成型零部件、浇注系统、导向系统、推出机构、温度调节系统、排气系统、支承零部件、侧向分型与抽芯机构等。

1.1.2 注射模技术要求与制造特点

注射模是模具中结构最复杂、制造难度最大、制造周期最长、涉及加工方法与设备最多、加工精度要求最高的一类模具。注射模具的加工难点主要体现在成型零件的结构复杂、形状不规则、大多为三维曲面,而且尺寸与形状精度和表面粗糙度要求高,很难用较少的几道工序或简单的加工方法完成。注射模各组成部分制造要求和特点见表5-1。

表5-1 注射模主要零部件制造要求与特点

制造单元	制造要求与特点
浇注系统	(1) 注射模的浇注系统一般按图样先进行加工。但其尺寸需要在制造中通过试模,按成形情况酌情修正。 (2) 待试模合格后,再淬火、抛光、定形
脱模机构	(1) 顶出机构应动作可靠、运动灵活。 (2) 脱模机构一般在试模中进行修整,直到塑件脱模后不变形、外观不受损伤为止。 (3) 修整后的脱模机构顶杆、复位杆、拉料杆均应头部淬火。 (4) 顶杆装配后,其端面应比型腔或镶件的平面高0.05~1 mm
冷却与加热装置	(1) 水孔位置及大小按设计图样加工。但加工时,一定不要碰坏型腔,水孔通过镶块时,应加以密封。水孔管在试模时应畅通无阻。 (2) 设计有加热装置的模具,在制造时应注意加热棒的绝缘,以防漏电不安全
成型装置	(1) 注射模的型腔、型芯、镶块组成成形件,在加工时要按图样加工,一般先制作型芯,然后按型芯配做型腔,加工时边加工、边试配,直到合适后再淬火、抛光或电镀。 (2) 在加工时,要加工出拔模斜度。 (3) 成形零件严防有划痕、裂纹、凸起,表面粗糙度在 $Ra0.20\ \mu m$ 以下。 (4) 采用镶块时,镶块与模腔的配合面要接触紧密,防止有较大的间隙。 (5) 成形零件淬火后应达到硬度要求
导向装置	(1) 导向零件要按图样要求加工,保证其配合精度和同轴度。 (2) 导柱、导套应与模板的支承平面保持垂直
模板及支撑装置	(1) 注射模的定模与动模接触表面安装合模后,要接触严密。在装配后,一般要在平面磨床上磨平,其表面粗糙度为 $Ra1.6~0.8\ \mu m$。 (2) 分型面与模板的工作面应相互平行,在200 mm范围内,不超过0.05 mm的平行度允差。 (3) 定模板、动模板、垫板等工作表面要相互平行,在200 mm范围内,平行度允差不超过0.05 mm。 (4) 注射模各零件表面均不能有裂纹、撞痕、毛刺等

1.2 注射模标准模架的分类及加工工艺

注射模模架由模具的支承零件、导向装置和推出机构组成。即标准模架一般由定模座板、定模板、动模板、动模支承板、垫块、动模座板、推杆固定板、推板、导柱、导套及复位杆等组成。模架是设计、制造塑料注射模的基础部件。

1.2.1 注射模标准模架的分类

塑料注射模模架按其在模具的应用方式,可分为直浇口与点浇口两种形式。塑料注射模架按结构特征可分为 36 种主要结构,其中直浇口模架有 12 种、点浇口模架有 16 种、简化点浇口模架有 8 种。

1. 直浇口模架

直浇口模架有 12 种,其中直浇口基本型有 4 种、直身基本型有 4 种、直身无定模座板型有 4 种。直浇口基本型又分为 A 型、B 型、C 型和 D 型。A 型:定模二模板,动模二模板。B 型:定模二模板,动模二模板,加装推件板。C 型:定模二模板,动模一模板。D 型:定模二模板,动模一模板,加装推件板。直身基本型分为 ZA 型、ZB 型、ZC 型和 ZD 型,直身无定模座板型分为 ZAZ 型、ZBZ 型、ZCZ 和 ZDZ 型。直浇口模架基本型见表 5-2。

表 5-2 直浇口模架基本型(摘自 GB/T 12555-2006)

组合形式	组合形式图	组合形式	组合形式图
直浇口基本型			
A 型		C 型	
B 型		D 型	

2. 点浇口模架

点浇口模架有 16 种,其中点浇口基本型有 4 种、直身点浇口基本型有 4 种、点浇口无推料板型有 4 种、直身点浇口无推料板型有 4 种。点浇口基本型分为 DA 型、DB 型、DC 型和 DD 型,直身点浇口基本型分为 ZDA 型、ZDB 型 ZDC 型和 ZDD 型,点浇口无推料板型分为 DAT 型、DBT 型、DCT 型和 DDT 型,直身点浇口无推料板型分为 ZDAT 型、ZDBT 型、ZDCT 型和 ZDDT 型。点浇口模架基本型见表 5-3。

表 5-3 点浇口模架基本型(摘自 GB/T 12555-2006)

组合形式	组合形式图	组合形式	组合形式图
点浇口基本型			
DA 型		DC 型	
DB 型		DD 型	

3. 简化点浇口模架

简化点浇口模架分为 8 种,其中简化点浇口基本型有 2 种、直身简化点浇口型有 2 种、简化点浇口无推料板型有 2 种、直身简化点浇口无推料板型有 2 种。简化点浇口基本型分为 JA 型和 JC 型,直身简化点浇口型分为 ZJA 型和 ZJC 型,简化点浇口无推料板型分为 JAT 型和 JCT 型,直身简化点浇口无推料板型分为 ZJAT 型和 ZJCT 型。简化点浇口模架基本型见表 5-4。

表 5-4　简化点浇口模架基本型（摘自 GB/T 12555-2006）

组合形式	组合形式图	组合形式	组合形式图
简化点浇口基本型			
JA 型		JC 型	

1.2.2　注射模标准模架技术要求（GB/T12556-2006）

1. 组成模架的零件应符合 GB/T 4169.1～4169.23-2006 和 GB/T 4170-2006 的规定。
2. 组合后的模架表面不应有毛刺、擦伤、压痕、裂纹、锈斑。
3. 组合后的模架,导柱与导套及复位杆沿轴向移动应平稳,无卡滞现象,紧固部分应牢固可靠。
4. 模架组装用紧固螺钉的机械性能应达到 GB/T 3098.1—2000 的 8.8 级。
5. 组合后的模架,模板的基准面应一致,并作明显的基准标记。
6. 组合后的模架在水平自重条件下,定模座板与动模座板的安装平面的平行度应符合 GB/T 1184—1996 中 7 级的规定。
7. 组合后的模架在自身水平自重条件下,其分型面的贴合间隙为：
(1) 模板长 400 mm 以下,间隙≤0.03 mm;
(2) 模板长 400～630 mm,间隙≤0.04 mm;
(3) 模板长 630～1 000 mm,间隙≤0.06 mm;
(4) 模板长 1 000～2 000 mm,间隙≤0.08 mm。
8. 模板中导柱、导套的轴线对模板的垂直度应符合 GB/T 1184—1996 中 5 级的规定。
9. 模架在闭合状态时,导柱的导向端面应凹入它所通过的最终模板孔端面。螺钉不得高于定模座板与动模座板的安装平面。
10. 模架组装后复位杆端面应平齐一致,或按顾客特殊要求制作。
11. 模架应设置吊装用螺孔,确保安全吊装。

微视频
动模板的加工

1.2.3　注射模标准模架加工工艺

注射模标准模架的加工主要也是平面和孔系的加工,其加工方案和工艺过程可参考本书项目二冲裁模零件机械加工工艺中"上、下模座的加工"部分内容。

模具生产企业在标准模架的基础上还要根据自身模具结构需要进行后续加工,对于动定模板来说,后续加工内容主要包括开模框、开侧抽滑槽,打定位孔、螺钉孔、水孔、顶针孔等,以及开排气槽等。

1.3 浇注系统的加工工艺

1.3.1 浇口套的加工工艺

常见的浇口套有两种类型,如图 5-6 所示。图中 A 型为单台阶浇口套,装配时用螺钉固定在定模座板上(图中未画出);B 型为双台阶浇口套,装配时,用固定在定模上的定位环压住左端台阶,防止注射时浇口套在塑料熔体的压力下退出定模。d 与定模上相应孔的配合为 H7/m6,D 与定位环内孔的配合为 H10/f9。由于注射成形时浇口套要与高压、高温的塑料熔体和注射机喷嘴反复接触,浇口套一般采用碳素工具钢 T8A 制造,热处理硬度为 57 HRC。

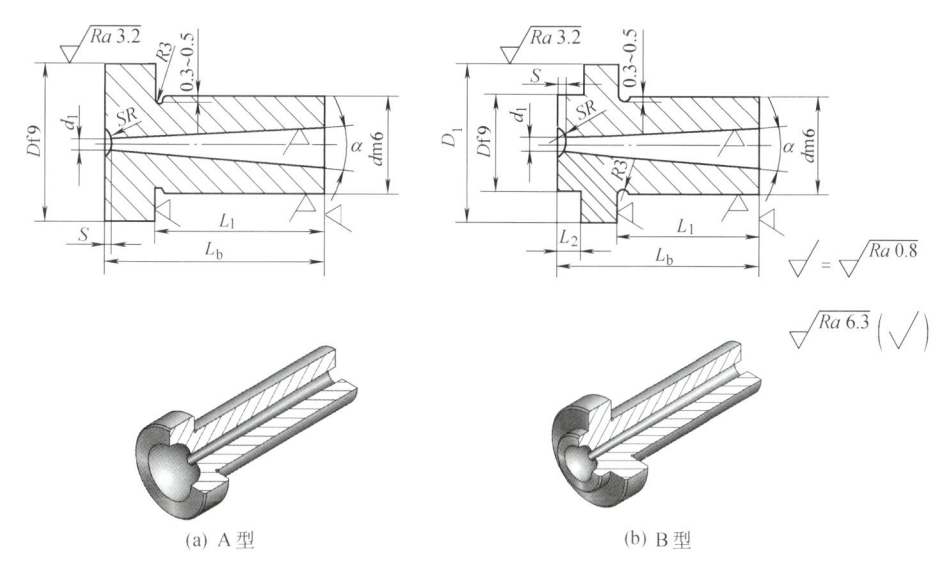

(a) A 型

(b) B 型

图 5-6 浇口套

与一般套类零件相比,浇口套锥孔小(其小端直径一般为 3~8 mm,锥角 $\alpha=2°\sim6°$),加工比较困难,同时还应保证浇口套锥孔与外圆同轴,以便在模具安装时通过定位环使浇口套与注射机的喷嘴对准。浇口套的加工工艺过程见表 5-5。

表 5-5 浇口套的加工工艺过程

工序号	工序名称	工 序 内 容
1	备料	1. 按零件结构及尺寸选用热轧圆钢或锻件作为毛坯,保证直径和长度方向上有足够的加工余量; 2. 若浇口套凸肩部分长度不能可靠夹持,应将毛坯长度加长

续表

工序号	工序名称	工序内容
2	车削加工	1. 车内圆 d 及端面(留磨削余量); 2. 车退刀槽,达到设计要求; 3. 钻孔; 4. 加工锥孔,达到设计要求; 5. 调头车 D_1 外圆,达到设计要求; 6. 车外圆 D,留磨削余量; 7. 车端面保证总长尺寸,右端留磨削余量; 8. 车球面凹坑达到设计要求
3	热处理	淬火、回火
4	研磨锥孔	
5	磨削加工	以锥孔定位,磨削端面及内圆 d、外圆 D,达到设计要求
6	检验	

1.3.2 分流道的加工工艺

分流道常用的截面形状有圆形、半圆形和梯形。在流道设计制造时,希望流道截面积大,这样可减少熔体在流道内的压力损失,但截面积过大又会增加熔体传热损失。为减少熔体在流道内流动时压力和热量的损失并有利于充满每个型腔,分流道的长度应尽可能短,并尽可能对称平衡布置。分流道一般采用球形铣刀、键槽铣刀、梯形铣刀进行铣削加工,然后由钳工研磨抛光达到设计要求(表面粗糙度 $Ra \leqslant 0.8~\mu m$)。

任务2　塑料模成形零件的加工工艺

2.1　滑块的加工工艺

滑块和斜滑块是塑料注射模具、塑料压制模具、金属压铸模具等广泛采用的侧向抽芯及分型导向零件,其主要作用是侧孔或侧凹的分型及抽芯导向。工作时滑块在斜导柱的驱动下沿导槽运动。随模具不同,滑块的形状、大小也不同,有整体式滑块,也有组合式滑块。

滑块和斜滑块多为平面和圆柱面的组合。斜面、斜导柱孔和成形表面的形状、位置精度和配合要求较高。加工过程中除保证尺寸、形状精度外,还要保证位置精度。对于成形表面,还要保证有较低的表面粗糙度值。滑块和斜滑块的导向表面及成形表面要求有较高的耐磨性,其常用材料为工具钢或合金工具钢,锻制毛坯在精加工前要安排热处理以达到硬度要求。

2.1.1　滑块加工方案的选择

图 5-7 所示滑块斜导柱孔的位置精度要求高、表面粗糙度值要求较低。孔的尺寸精度较高,

各配合面的加工精度和表面粗糙度也有较高的要求。另外,滑块的导滑槽和斜导柱孔要求耐磨性好,必须进行热处理以保证硬度要求。

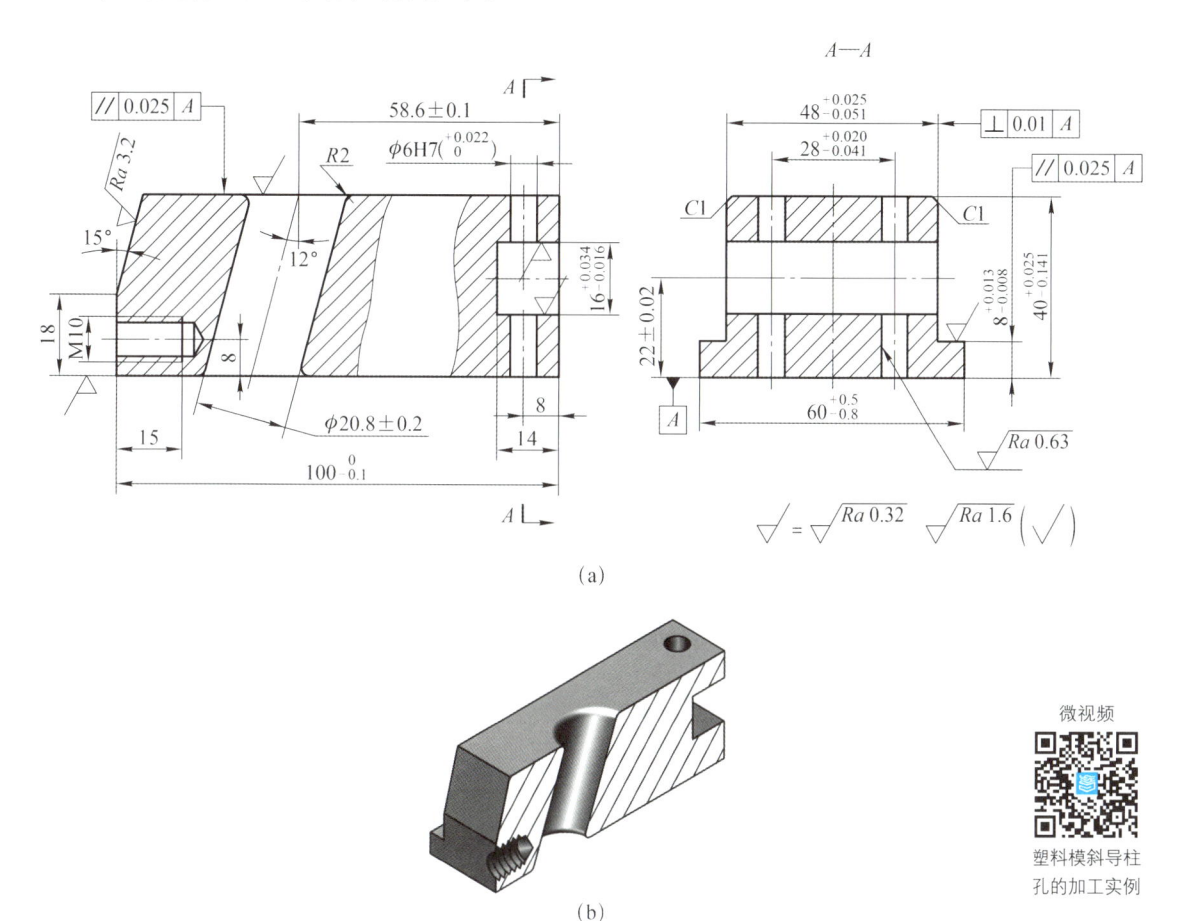

(a)

(b)

材料:T8A,热处理后硬度为54~58 HRC。

图 5-7 组合式滑块

滑块各组成平面中有平行度、垂直度的要求,通过选择合理的定位基准来保证位置精度。图 5-7b 所示的组合式滑块在加工过程中的定位基准是宽度为 60 mm 的底面和与其垂直的侧面,这样在加工过程中可以准确定位,装夹方便可靠。各平面之间的平行度则由机床运动精度和合理装夹来保证。在加工过程中,各工序之间的加工余量根据零件的大小及不同加工工艺而定。经济合理的加工余量可查阅有关手册或按工序换算得出。

技能提示

为了保证斜导柱内孔和模板导柱孔的同轴度,可用模板装配后进行配作。内孔表面和斜导柱外圆表面为滑动接触,其表面粗糙度值要低,并且有一定的硬度要求,因此要对内孔研磨以修正热处理变形及降低表面粗糙度值。斜导柱内孔的研磨方法与导套的研磨方法基本一样。

2.1.2 滑块加工工艺过程

根据滑块的加工方案,图 5-7 所示的组合式滑块的加工工艺过程见表 5-6。

表 5-6 滑块的加工工艺过程

工序号	工序名称	工序内容	设备	工序简图
1	备料	锻造毛坯		
2	热处理	退火后硬度≤240 HBW		
3	刨削平面	1. 刨削上、下平面,保证尺寸 40.6 mm; 2. 刨削两侧面,保证尺寸 60 mm,达到图样要求; 3. 刨削两侧面,保证尺寸 48.6 mm 和导轨尺寸 8 mm; 4. 刨削15°斜面,保证距底面尺寸 18.4 mm; 5. 刨削两端面,保证尺寸 101 mm; 6. 刨削凹槽,保证尺寸 15.8 mm 和槽深达到图样要求	刨床	
4	磨平面	1. 磨上、下平面,保证尺寸 40.2 mm; 2. 磨两端面至尺寸 100.2 mm; 3. 磨两侧面,保证尺寸 48.2 mm	平面磨床	
5	钳工划线	1. 划 $\phi 20.8$ mm、M10 和 $\phi 6$ mm 孔的中心线; 2. 划两端凹槽线		
6	钻孔、镗孔	1. 钻 M10 螺纹底孔并攻螺纹; 2. 钻 $\phi 20.8$ mm 斜孔至 $\phi 18$ mm; 3. 镗 $\phi 20.8$ mm 斜孔至尺寸,留研磨余量 0.4 mm; 4. 钻 2×$\phi 6$ mm 孔至 $\phi 5.9$ mm	立式铣床	
7	检验			
8	热处理	对导轨、15°斜面、$\phi 20.8$ mm 内孔进行局部热处理,保证硬度为 53~58 HRC		
9	磨平面	磨上、下平面达尺寸要求,磨滑动导轨至尺寸要求,磨两侧面至尺寸要求,磨凹槽至尺寸要求,磨斜角 15°至尺寸要求,磨端面尺寸	平面磨床	

续　表

工序号	工序名称	工序内容	设备	工序简图
10	研磨内孔	研磨 ϕ20.8 mm 至尺寸要求（可与模板配装研磨）		ϕ20.8
11	钻孔、铰孔	与型芯配装后钻 2× ϕ6 mm 孔并配铰孔	钻床	ϕ6H7($^{+0.022}_{0}$)
12	钳工装配	对 2× ϕ6 mm 孔安装定位销		
13	检验			

2.2　导滑槽的加工工艺过程

导滑槽是滑块的导向装置，要求滑块在导滑槽内运动平稳、无上下窜动和卡滞现象。导滑槽有整体式和组合式两种。结构比较简单，大多数都由平面组成，可采用刨削、铣削、磨削等方法进行加工。其加工方案和工艺过程可参阅滑块加工的有关内容。

在导滑槽和滑块的配合中，上、下和左、右两个方向各有一对平面是间隙配合，它们的配合精度一般为 H7/f6 或 H8/f7，表面粗糙度 Ra = 1.25～0.63 μm。导滑槽材料一般为 45、T8、T10 等，热处理硬度为 52～56 HRC。

2.3　型腔的加工工艺过程

型腔是模具的重要成形零件，其主要作用是成形制件的外形表面，其精度和表面质量要求较高。型腔的种类、形状、大小有很多种，有的表面还有花纹、图案、文字等，属于复杂的内成形表面。因此，其制造工艺过程复杂，制造难度较大。

型腔按其结构形式可分为整体式、镶拼式和组合式，按型腔的形状大致可分为回转曲面和非回转曲面两种。

对回转曲面的型腔，一般用车削、内圆磨削或坐标磨削进行加工制造，工艺过程比较简单。而非回转曲面型腔的加工制造要困难得多，其加工工艺概括起来有以下三种：① 用机械切削加工配合钳工修整进行制造，该工艺不需要特殊的加工设备，采用通用机床切除型腔的大部分多余材料。再由钳工精加工修整，它的劳动强度大，生产率低，质量不易保证。在制造过程中应充分利用各种设备的加工能力，尽可能减少钳工的工作量。② 应用仿形、电火花、超声波、电化学加工及化学加工等专用设备进行加工，可以大大提高生产率，保证型腔的加工质量。但工艺准备周期长，在加工中工艺控制复杂，有的还会污染环境。③ 采用数控加工或模具计算机辅助设计与制造

(即模具CAD/CAM)技术,可以加快模具的研制速度,缩短模具的生产准备时间,优化模具制造工艺和结构参数,提高模具的质量和寿命,这种加工方法不能有效地单独控制型腔的表面形状,必须配合样板校对型腔的形状。

1. 成形样板车刀

图5-8所示为半圆形双刃口成形样板车刀。它的刃口部分的形状完全和型腔加工曲面相同,而尾部为锥柄。操作时将成形样板车刀安装在车床尾座的套筒内,利用尾座丝杠实现进给切削运动。这种加工方式要求刀具与型腔的尺寸必须一致,加工过程中容易产生振动。

成形样板车刀可根据型腔曲面的半径大小制成单刃、双刃或多刃,在车削加工时不需要用样板校对型腔,能有效地控制型腔的形状。但这种车刀使用时必须使尾座套筒的中心和车床主轴中心一致,否则会扭坏刀具或扩大型腔尺寸。

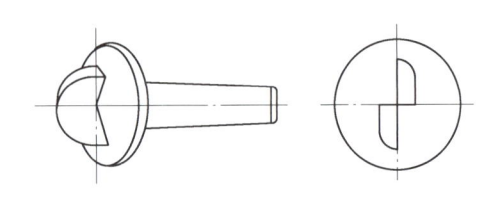

图5-8 成形样板车刀

2. 弹簧式样板车刀

样板车刀在车削过程中,因切削面积较大容易引起振动,造成车削表面粗糙度达不到要求,因此将样板车刀安装在弹簧刀杆上成为弹簧式样板车刀,如图5-9所示。这种车刀可有效地减小或消除车削过程中的振动,降低加工表面的粗糙度值,提高表面加工质量。

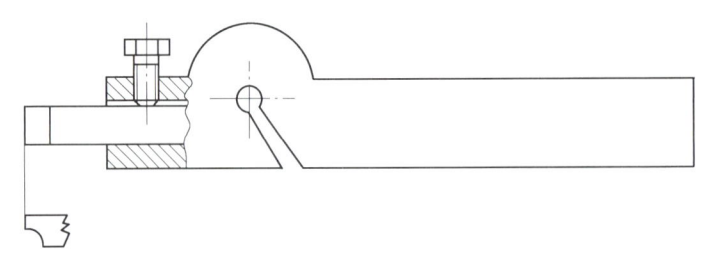

图5-9 弹簧式样板车刀

3. 型腔条纹刀具

塑料瓶盖类的制品为了和瓶体能有效地旋紧,增大摩擦系数。一般其外圆表面都有深浅和长短不等的突出条纹,这些条纹在模具上则为内形表面条纹。内形表面条纹也可以在车床上采用专用的刀具进行加工。

(1) 直线滚花刀 如图5-10所示,滚花刀是由直纹滚花刀和与其配合的刀轴安装在刀杆上的小孔内,并用螺钉固定而成的直线滚花刀具。使用时将刀杆安装在刀架上,找正车床主轴水平中心,并与型腔滚花部位对正。先低速小进给量,试切后观察条纹深浅是否一致,如不一致则调整刀架角度,直至条纹轴向深浅一致后再开车滚花。在滚花中从内向外进刀并要润滑,每隔一定时间要清洗滚花刀,确保条纹清晰。

图5-10 直线滚花刀

（2）条纹拉刀 在型腔的条纹较深、较宽的情况下,用滚花刀无法加工。对这样的条纹可采用专用的条纹拉刀加工,如图 5-11 所示。进行条纹加工时,将条纹拉刀安装在刀架上并找正中心位置。根据图样要求的条纹数量在型腔上均匀地分度刻线,使刀尖对准其中一条刻线摇动小滑板向前拉削。利用小滑板和中滑板的刻度分别控制条纹的长度和深度,分几次拉削达到所要求的条纹长度和深度。加工一条条纹结束后转动车床卡盘,使刀尖对正另一条刻线加工第 2 条条纹,依次加工出所有条纹。拉削刀杆要有一定的强度,以免引起条纹不清晰和表面粗糙度达不到要求。

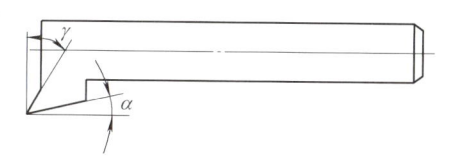

图 5-11 条纹拉刀

4. 型腔车削的专用工具

型腔的车削加工中,对回转曲面除应用成形样板车刀进行车削加工外,对加工数量较多的型腔应用专用的车削工具进行加工,在保证质量的前提下提高生产率。

（1）球面车削工具 型腔中具有球形的内表面时,可以用图 5-12 所示的球面车削工具进行车削。图中固定板 2 和调节板 3 分别固定在机床导轨和中滑板上,连杆 1 用销轴将固定板和调节板铰接在一起。当中滑板横向自动进刀时,在连杆 1 的作用下大滑板做相应的纵向移动,连杆绕固定板销轴回转使刀尖做圆弧运动,车出凹球面,球面半径由连杆调节。

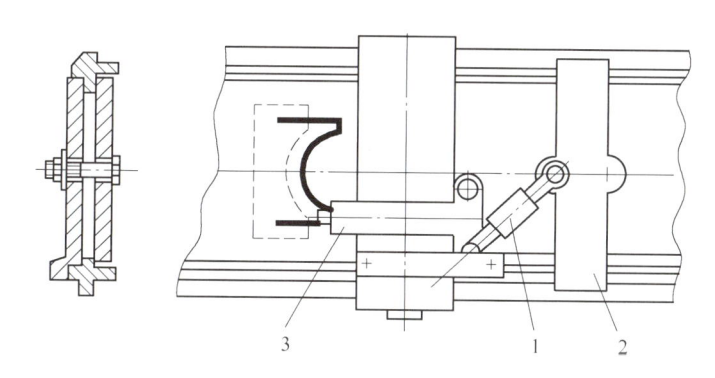

1—连杆;2—固定板;3—调节板。
图 5-12 球面车削工具

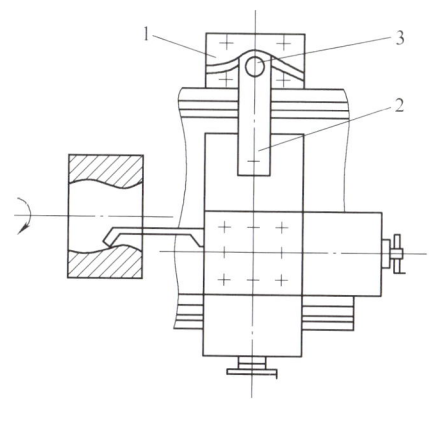

（2）曲面车削工具 对特殊型面的型腔可用靠模装置进行车削加工。靠模的种类较多,图 5-13 所示为安装在机床导轨后面的靠模。靠模 1 上有曲线沟槽,槽的形状、尺寸与型腔型面的曲线形状、尺寸相同。在机床中滑板上安装连接板 2,滚子 3 安装在连接板端部,并正确地与靠模沟槽配合。车削时中滑板丝杠抽掉,大滑板纵向移动时中滑板和车刀随靠模做横向移动,车削出和曲线沟槽完全相同的型腔表面。

1—靠模;2—连接板;3—滚子。
图 5-13 曲面车削工具

（3）不通孔内螺纹自动退刀工具 塑料模具中螺纹型

腔的精度高，表面粗糙度值低，螺纹退刀部分的表面粗糙度和长度同样有较严格的要求。为了保证型腔的加工质量，对型腔中的螺纹部分可采用图 5-14 所示的不通孔内螺纹自动退刀工具进行加工。

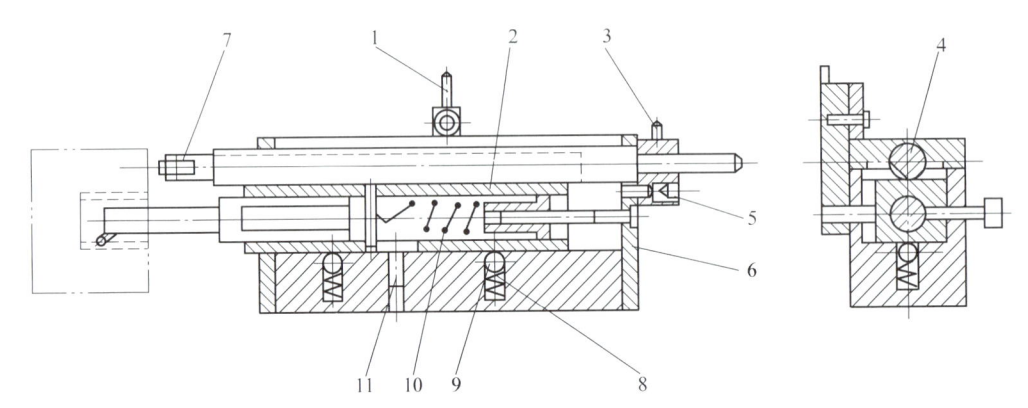

1、3—手柄；2—滑块；4—半圆轴；5、11—销；6—盖板；7—夹头；8—弹簧；9—滚珠；10—拉力弹簧。
图 5-14 不通孔内螺纹自动退刀工具

使用时将螺纹自动退刀工具装在刀架上。扳动手柄 1 将滑块 2 向左拉出，使销 11 进入滑块 2 的定位槽内。同时扳动手柄 3 使半圆轴 4 转动，将滑块 2 压住，并将半圆轴沿轴向推动使销 5 插入盖板 6 的孔内。调节刀头与半圆端部夹头 7 的距离即可进行车削。当车削至接近要求的螺纹长度时，夹头 7 撞在工件端面上，向后推动半圆轴。当销 5 被推出盖板 6 时，在弹簧 8 的作用下通过滚珠 9 将滑块 2 沿横向推动，使半圆轴的平面转为水平状态，此时销 11 与滑块 2 的定位槽脱开。在拉力弹簧 10 的作用下将滑块 2 拉回，使刀具退出型腔，完成一次车削的退刀。重复以上操作过程可以完成螺纹车削的自动退刀。

5. 型腔车削实例

（1）塑料纽扣压制模型腔的车削　多腔塑料纽扣压制模型腔如图 5-15 所示。在车削前要对毛坯进行刨削、铣削、磨削加工，使除型腔外的其余尺寸、精度均达到图样要求，并按型腔的排列和尺寸进行钳工划线。车削时用压板将型腔板装夹在车床花盘上，使用数控车床圆弧加工刀具，如图 5-16 所示。先粗车轮廓，随后用精车刀进行精车修光成形。加工时注意刀片

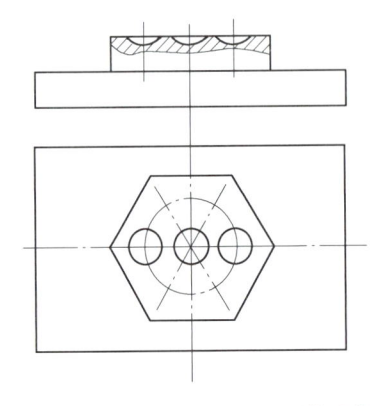

图 5-15 多腔塑料纽扣压制模的型腔 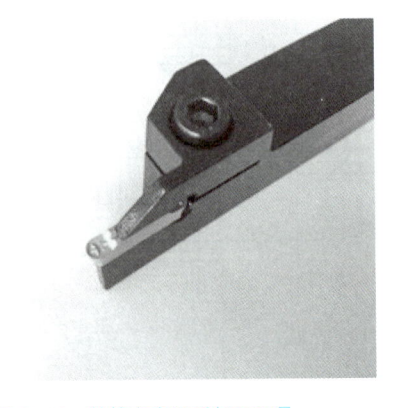　　　　图 5-16 数控车床圆弧加工刀具

圆弧的补偿,如切深较大应用专门的端面圆弧槽刀加工。

(2) 灯座型腔的车削　图 5-17 所示为塑料灯座压制模型腔,根据图样要求,可采用数控车床车削型腔的曲面,车削工艺过程如下:

① 端面加工　用端面车刀加工端面使端面平整并达到尺寸要求;

② 打中心孔　用中心钻打中心孔,防止钻孔时发生歪斜折断钻头;

③ 钻孔　钻头钻底孔;

④ 粗车内轮廓　粗车 SR24、R3、内锥面,留加工余量 0.5 mm;

⑤ 精加工内轮廓　精车 SR24、R3、内锥面等,使其达到要求;

⑥ 检验　按图样检验各尺寸。

注:本型腔直径变化较大,可先用大直径转头钻浅孔进行部分粗加工。

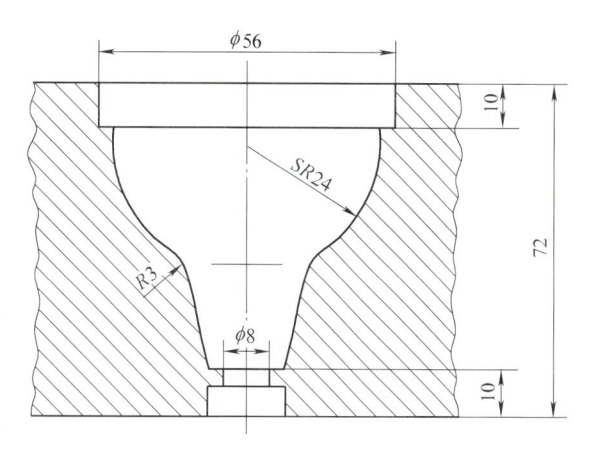

图 5-17　塑料灯座压制模型腔

6. 非回转曲面型腔的铣削

铣床是通用的切削加工设备。在模具型腔的加工中,常用普通立式铣床、万能工具铣床和仿形铣床。立式铣床和万能工具铣床主要用于加工中小型模具非回转曲面型腔,一般仿形铣床主要用于加工大型非回转曲面型腔。

(1) 普通铣削加工型腔

塑料压制模、塑料注射模、压铸模、锻模等各种非回转曲面的型腔或型腔中的非回转曲面部分都可以进行铣削加工。加工后的表面粗糙度 Ra 值可达 12.5～3.2 μm,精度可达 IT10～IT8。铣削加工型腔时一般先按划出的轮廓线进行加工,留有 0.05～0.1 mm 的余量。经钳工修磨、抛光后达到型腔所要求的尺寸和表面粗糙度。

(2) 型腔铣削的常用刀具

为加工各种特殊形状的型腔表面,必须备有各种不同形状和尺寸的机夹式铣刀、立铣刀、球头铣刀等,如图 5-18 所示。

机夹式铣刀　机夹式铣刀是一种可以将刀杆和刀片拆分的刀具,其切削部分为刀片安装部分,可以根据实际生产的需求,增大直径用于快速去除余量,也可以选择较长的刀杆用来加工工件深腔部分。常用的机夹式铣刀如图 5-18a 所示。

立铣刀　立铣刀是应用广泛、制造最为方便的一种刀具。为了获得较好的加工质量和提高生产率,铣刀的几何参数是根据型腔和刀具的材料、强度、耐用度及其他加工条件合理选择而确定的。常用的立铣刀如图 5-18b 所示。

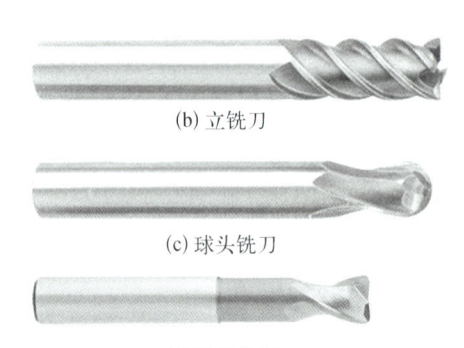

(a) 机夹式铣刀
(b) 立铣刀
(c) 球头铣刀
(d) 圆角铣刀

图 5‑18　型腔铣削常用刀具

应用案例

图 5‑1 所示为塑料压模下模(上模没有画出),材料是 3Cr2Mo。要求预热处理硬度为 30~34 HRC。

这个模具零件加工的关键部位是型腔以及上下平面、导柱导套孔、垂直基准侧面。型腔半精加工完成后,留 0.2~0.4 mm 单边加工余量,用电火花一次精加工成形。导柱导套孔在钻削后合镗,保证上下模之间的孔距一致。

模具零件的机械加工工艺过程如下:

工序 1:下料

按尺寸 35 mm×106 mm×126 mm 下料。

工序 2:热处理

对毛坯进行预硬热处理,要求硬度为 30~34 HRC。

工序 3:铣平面

对各面进行粗、半精加工,为磨削做准备。留 0.4 mm 加工余量。

工序 4:磨平面

磨上、下平面,保证平行度;磨相互垂直的两侧面。

工序 5:钻孔

钻、攻螺纹孔,预钻 ϕ10 mm 导柱孔。

工序 6:镗孔

与上模合在一起,镗导柱孔 $4\times\phi12^{+0.018}_{0}$,保证上下模的孔距相等。

工序 7:钳工预装

钳工预装导柱,合模。

工序 8：磨平面

与上模合模，磨两垂直侧面。

工序 9：铣型腔

铣型腔，深度达到 4.5 mm，侧面留 0.5 mm 单边加工余量。

工序 10：电火花加工

电火花加工型腔，留 0.02 mm 加工余量。

工序 11：研磨

研磨型腔，达到技术要求。

工序 12：检验

按图样检验各尺寸。

复习与思考

1. 注射模具模架制造时如何保证导柱、导套机构运动平稳？
2. 选用注射模标准模架的程序及要点有哪些？
3. 浇口有哪些典型类型？各加工工艺过程怎样安排？
4. 型腔有哪些结构形式？分别在什么情况下采用？
5. 型腔铣削的常用刀具有哪些？各在什么情况下采用？
6. 注射模型腔表面加工有哪些方法？各有何应用？

项目六
模具零件的特种加工技术

学习目标

1. 了解模具零件特种加工的应用场合。
2. 能够针对零件的不同技术特征合理选择特种加工方法。
3. 能够合理安排模具零件的特种加工工序。
4. 具备编制一般模具零件特种加工程序的能力。
5. 培养解决生产实际问题的创新能力。

能力要求

1. 能够针对模具零件不同的技术要求合理选择特种加工方法。
2. 能够在模具加工工艺过程中合理安排特种加工工序。
3. 能够编制常用模具零件的线切割、电火花加工程序。
4. 在专业理论和实践的学习中,形成自己的企业组织和管理能力。

问题导入

图 6-1 所示为一个空调面板的塑料模具。它的模腔结构十分复杂,要求比较高。用常规的机械加工的方法很难把它加工到位。实际生产中,常常采用一些非常规的非机械加工的办法来解决这个问题,这就是本任务将要学习的内容。

图 6-1 空调面板的塑料模具外形

任务实施

任务 1 电火花加工

电火花加工又称放电加工(electrical discharge machining,EDM),包括使用模具电极的电火花成形加工(通称电火花加工 EDM)和使用金属电极丝的电火花线切割加工(通称线切割加工 WEDM)及使用中空的管状电极的电火花小孔高速加工,因其在加工过程中可以看见电火花,故称为电火花加工。电火花加工技术在20世纪40年代开始研究,并逐步应用于生产。其中电火花加工适用于各种型孔、型槽、刻字、表面强化和涂覆等,线切割加工适用于各种冲模、粉末冶金模、各种样板、磁钢及硅钢片冲片和半导体或贵重金属的加工。

1.1 电火花加工的工作原理和特点

1. 电火花加工原理

电火花加工是指在一定的介质中,通过工具电极和工件电极之间脉冲放电时的电腐蚀作用,达到对零件的尺寸、形状及表面进行加工的一种工艺方法。随着对电腐蚀现象研究的不断深入,人们认识到在液体介质中进行重复性脉冲放电,能对材料进行加工。然而要达到这一点,必须具备一定的条件:

(1) 必须使接在不同极性上的工具和工件之间保持一定的距离以形成放电间隙。间隙的大小因具体的加工条件(加工电压、加工介质)而定,通常为几微米到几百微米之间。如果间隙过大,极间电压就不能击穿极间介质,影响加工效果;如果间隙过小,又会引起短路,同样也达不到加工的目的。所以,为了使脉冲放电能够持续进行,必须通过工具电极的进给和调节装置来保持合适的放电间隙。

(2) 放电必须在具有一定绝缘性的液体介质中进行。一般用的是煤油、皂化液或去离子水。绝缘性越好越有利于脉冲性的火花放电,同时还能够将电蚀产物从放电间隙排出去,对电极和工件表面都有良好的冷却作用。

(3) 脉冲波形基本是单向的,放电延续一段时间以后,需停歇一段时间($10^{-5} \sim 10^{-3}$ s),这样才能够使放电所产生的热量不会扩散到其他部分,还要把每一次的放电时间都限制在很小的范围之内,否则形成的电弧放电会烧伤工件表面甚至无法进行预期的加工。

(4) 有足够的脉冲放电能量,以保证放电部位的金属熔化或气化。

图 6-2 所示为电火花加工的原理图。电火花加工时,工具电极 4 接脉冲电源的一极,工件接另一极,并将两极置于液体介质中。自动进给装置 3 能使工件和工具电极经常保持合适的放电间隙。当电压升高到间隙中介质的击穿电压时,会使介质在绝缘强度最低处被击穿,产生火花放电,如图 6-3(放电状况放大图)所示。瞬间高温使工件和电极表面都被腐蚀掉一小块材料,形成小的凹坑。

一次脉冲放电的过程可以分为电离、放电、热膨胀、抛出金属和消电离等几个连续的阶段。

电离:由于工件和电极表面存在着微观的凹凸不平,在两者相距最近的点上电场强度最大,会使附近的液体介质首先被电离为电子和正离子。

放电:在电场的作用下,电子高速奔向阳极,并产生火花放电,形成放电通道。在这个过程中,两级间液体介质的电阻从绝缘状态的几兆欧姆骤降到几分之一欧姆。由于放电通道受放电时磁场力和周围的液体介质的压缩,截面积极小,电流强度可达到 $10^5 \sim 10^6$ A/cm²。

123

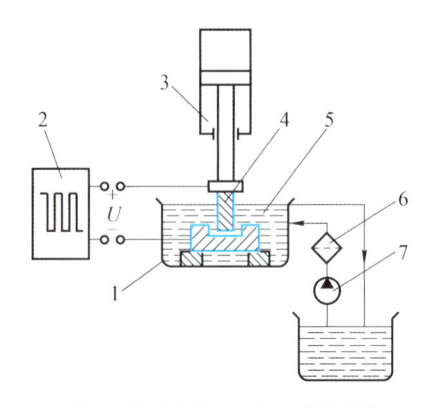

1—工件；2—脉冲电源；3—自动进给装置；4—工具电极；5—工作液；6—过滤器；7—泵。

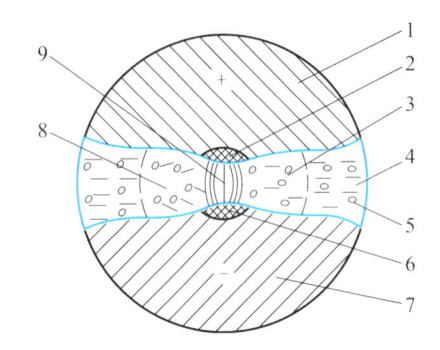

图 6-2 电火花加工原理图

1—阳极；2—阳极气化、熔化区；3—熔化的金属颗粒；4—工作介质；5—凝固的金属颗粒；6—阴极气化、熔化区；7—阴极；8—气泡；9—放电通道。

图 6-3 放电状态放大图

热膨胀：由于放电通道中电子和离子高速运动时相互碰撞，产生大量的热能。阳极和阴极表面受高速电子和离子流的撞击，其动能转化成热能，因此在两极之间沿通道形成了一个温度高达 10 000～12 000 ℃ 的瞬时高温热源。在热源作用区的电极和工件表面层的金属会很快熔化甚至气化。因此，会出现突然膨胀、爆炸的特性。

抛出金属：由于热膨胀具有爆炸的特性，爆炸力将熔化和气化的金属抛入附近的液体介质中冷却，凝固成细小的圆球状颗粒，其大小视脉冲当量而定，电极表面则形成一个周围凸起的微小圆形凹坑（图 6-4）。

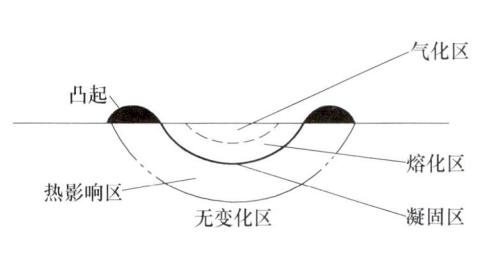

图 6-4 放电凹坑剖面示意图

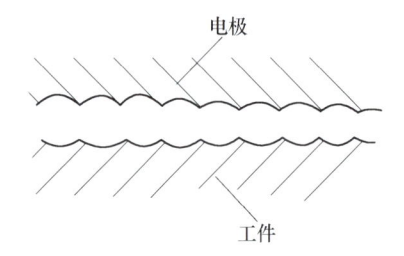

图 6-5 加工表面局部放大图

消电离：使放电区的带电粒子复合为中性粒子的过程。在一次脉冲放电以后会有一段间隔时间，使间隙内的介质消电离而恢复绝缘强度，以实现下一次脉冲击穿放电。如果电蚀产物和气泡来不及很快排除，就会改变间隙介质的成分和绝缘强度，破坏消电离的过程，形成连续电弧放电，影响加工。

一次脉冲放电后，两极间的电压急剧下降到接近于零，间隙中的电介质立即恢复到绝缘状态。此后，两极间的电压再次升高，又在另一处绝缘强度最小的地方重复上述放电过程。如图 6-5 所示，工具电极的轮廓形状被复制到工件上，从而达到加工目的。

> **技能提示**
>
> 电极和工件的蚀除量不仅与电极及工件材料、加工介质、电源种类相关,而且还受到脉冲宽度、单个脉冲当量等多种因素的影响。在电火花加工的过程中,极性效应越显著越好。充分利用极性效应,不仅可以提高加工速度,还可以减少电极的损耗。

2. 电火花加工的特点及其应用

随着加工速度和电极损耗等加工特性的改善,电火花加工得到了广泛的应用,从大到数米的金属模具,小到数微米的孔和槽都可以加工。

(1) 适合于加工用机械切削难以加工或无法加工的材料。由于加工中材料的去除是靠放电时的电热作用实现的,所以材料的加工性能主要体现在材料的导电性及热学性能,如熔点、沸点、比热容等,相反,其力学性能影响不大。这就突破了传统上刀具硬度一定大于被加工材料的限制,可以实现用软的工具加工硬的工件。

(2) 电极和工件在加工过程中不接触,不会产生宏观的切削力,因此适宜加工特殊及复杂形状的表面和零件,如加工小孔、深孔、窄缝零件等。

(3) 直接利用电能、热能进行加工,便于实现加工过程的自动化控制。

(4) 一般加工速度比较慢,通常在粗加工阶段先用切削加工去除大部分余量,然后再用电火花加工,提高生产率。

(5) 存在电极损耗。主要集中在尖角或底面,会影响成形精度。但目前能将电极损耗控制在 0.1% 以下甚至更小。

3. 电火花加工脉冲电源

电火花加工的脉冲电源有多种形式,目前常用晶体管放电回路来做脉冲电源,如图 6-6 所示。晶体管的基极电流可由脉冲发生器的信号控制,使电源回路产生开、关两种状态。脉冲发生器常采用多谐振荡器,由于脉冲的开、关周期与放电间隙的状态无关,可以独立地进行调整,所以这种方式常称为独立脉冲方式。

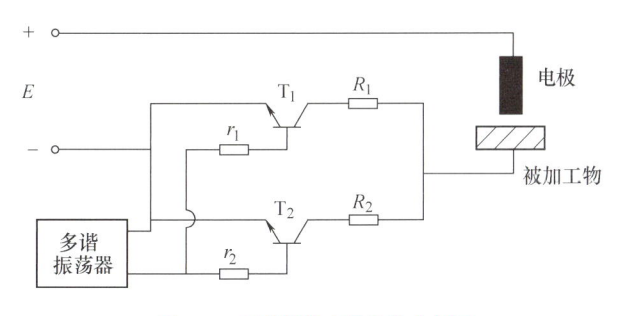

图 6-6 晶体管放电回路脉冲电源

在晶体管放电回路脉冲电源中,由于有开关电路强制断开电流,放电消失以后,电极间隙的绝缘容易恢复。因此,放电间隔可以缩短,脉冲宽度(放电持续时间)可以增大。放电停止时间能够减小,大大提高了加工效率。此外,由于放电电流的峰值、脉冲宽度可由改变多谐振荡器输出的波形来控制,所以能够在很宽的范围内选择加工条件。

1.2 电火花加工的主要工艺参数

1. 切割速度

对于电火花成形机来说,切割速度是指在单位时间内工件被蚀除的体积或重量。一般用体积切割速度表示。

2. 工具电极损耗

在电火花成形加工中,工具电极损耗直接影响仿形精度,特别对于型腔加工,电极损耗这一工艺指标较加工速度更为重要。电极损耗分为绝对损耗和相对损耗。绝对损耗最常用的是体积损耗和长度损耗两种方式,它们分别表示在单位时间内工具电极被蚀除的体积和长度。在电火花成形加工中,工具电极不同部位的损耗速度也不相同。

在精加工时,一般电规准选取较小值。放电间隙太小,通道太窄,蚀除物在爆炸与工作液的作用下,对电极表面不断撞击,加速了电极损耗,因此适当增大放电间隙,改善通道状况,即可降低电极损耗。

3. 表面粗糙度

表面粗糙度是指加工表面上的微观几何形状误差。对电加工表面来讲,即为加工表面放电痕迹——坑穴的聚集,由于坑穴表面会形成一个加工硬化层,而且能存润滑油,其耐磨性比同样表面粗糙度的机械加工表面要好,所以加工表面的粗糙度值允许比要求的大一些。

4. 放电间隙

放电间隙是指脉冲放电两极的间距,实际效果是反映在加工后工件尺寸的单边扩大量。对电火花成形加工放电间隙的定量认识是确定加工方案的基础,其中包括工具电极形状、尺寸设计、加工工艺步骤设计、电规准的切换以及相应工艺措施的设计。以上各项都互相不独立,而是互相关联的。

5. 电规准的选择与转换

电火花加工中所选用的一组电脉冲参数称为电规准。

(1) 粗规准 粗规准主要用于粗加工。

(2) 中规准 中规准是粗、精加工间过渡加工采用的电规准,用以减小精加工余量,增加加工稳定性和提高加工速度。

(3) 精规准 精规准用来进行精加工。

1.3 电极设计

在电火花加工中,电极的质量对加工质量有直接的影响。图 6-7 说明了电火花加工的适用范围,图 6-8 展示了各式的电极。

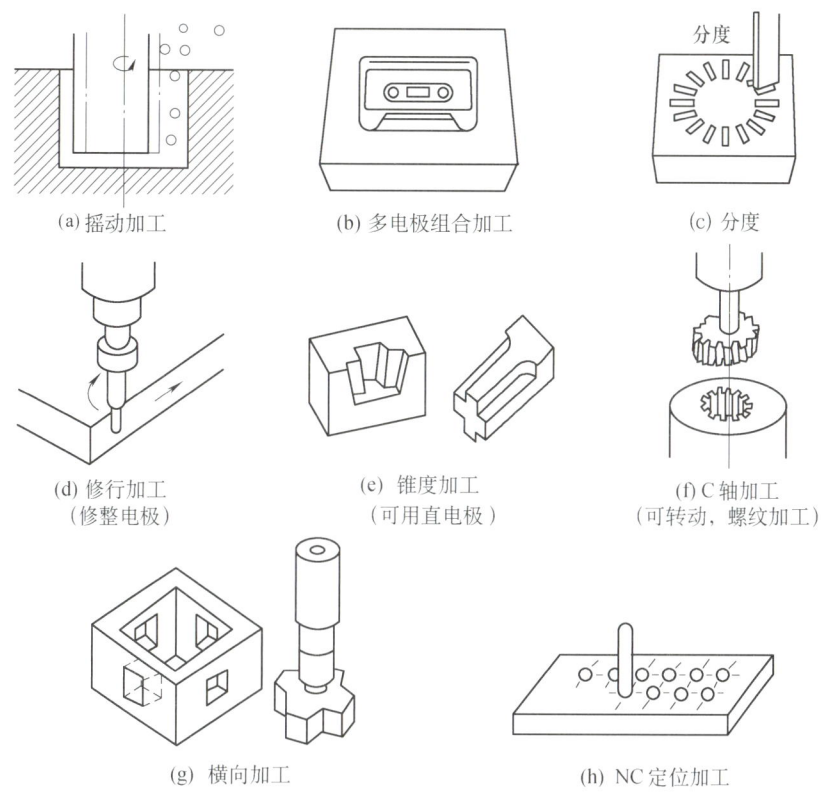

(a) 摇动加工　　(b) 多电极组合加工　　(c) 分度

(d) 修行加工
(修整电极)　　(e) 锥度加工
(可用直电极)　　(f) C轴加工
(可转动，螺纹加工)

(g) 横向加工　　(h) NC定位加工

图 6-7　电火花加工适用范围

图 6-8　各种电极

1. 电极材料

电火花成形加工生产中为了得到良好的加工特性，电极材料的选择是一个极其重要的因素。所选电极材料应具备加工速度高、电极损耗小、电极加工性好、导电性好、机械强度高和价格低廉等优势。现在广泛使用的电极材料主要有以下几种：

（1）铜　铜是用作电极应用最广泛的材料，采用负极性（工件接负极）加工钢料时，可以得到很好的加工效果，选择适当的加工条件可得到无损耗电极加工（电极的损耗与工件损耗的重量之比<1%)。

(2) 石墨　与铜电极相比,石墨电极加工速度高,价格低,容易加工,特别适合于粗加工。用石墨电极加工钢料时,可以采用负极性(工件接负极),也可以采用正极性(工件接正极)。从加工速度和加工表面粗糙度方面而言,正极性加工有利,但从电极损耗方面而言,负极性加工电极损耗率小。

(3) 钢　钢电极使用的情况较少,在冲模加工中,可以直接用冲头作为电极加工冲模。但与铜及石墨电极相比,加工速度、电极损耗率等方面均较差。

(4) 铜钨、银钨合金　用铜钨(Cu-W)及银钨(Ag-W)合金电极加工钢料时,特性与铜电极基本一致,但由于价格很高,所以大多只用于加工硬质合金类耐热性材料。除此之外还用于电加工机床上修整电极,此时应用正极性加工。

2. 电极尺寸

(1) 电极横截面尺寸的确定　垂直于电极进给方向的电极截面尺寸称为电极横截面尺寸。在凸模、凹模图样上的公差有不同的标注方法。当凸模与凹模分开加工时,在凸模、凹模图样上均标注公差;当凸模与凹模配合加工时,落料模将公差标注在凹模上,冲孔模将公差标注在凸模上,另一个只标注公称尺寸。

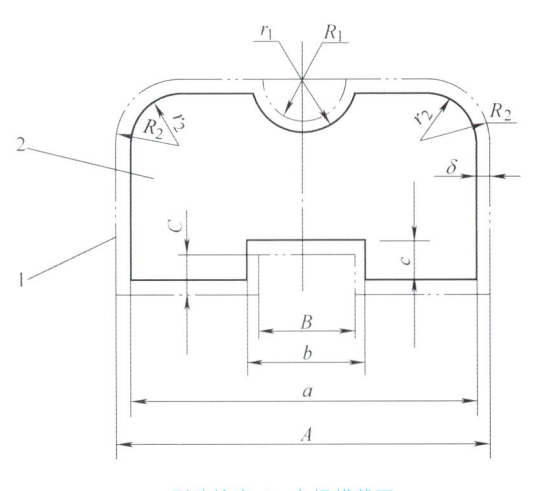

电极横截面尺寸分别按以下两种情况计算:

当按凹模型孔尺寸及公差确定电极横截面尺寸时,则电极轮廓应比凸模轮廓均匀地缩小一个放电间隙值。如图 6-9 所示,与型孔相对应的尺寸为

$$a = A - 2\delta$$
$$b = B + 2\delta$$
$$c = C$$
$$r_1 = R_1 + \delta$$
$$r_2 = R_2 - \delta$$

式中, A、B、C、R_1、R_2 ——型孔公称尺寸,mm;
a、b、c、r_1、r_2 ——电极横截面尺寸,mm;
δ ——单边放电间隙,mm。

1—型孔轮廓;2—电极横截面。
图 6-9　电极横截面尺寸

当按凸模尺寸和公差确定电极的横截面尺寸时,随凸模、凹模配合间隙 Z(双面)的不同,分为以下三种情况:

$Z = 2\delta$ 时,电极与凸模横截面公称尺寸完全相同;

$Z < 2\delta$ 时,电极轮廓应比凸模轮廓均匀地缩小一个数值,但形状相似;

$Z > 2\delta$ 时,电极轮廓应比凸模轮廓均匀地放大一个数值,但形状相似。

(2) 电极长度尺寸的确定　电极长度尺寸取决于凹模的结构形式、型孔的复杂程度、加工深度、电极使用次数、装夹形式及电极制造工艺等一系列因素。一般地,电极长度为凹模深度与夹持长度及余量之和。如果加工较硬的材料(如硬质合金),由于电极损耗较大,电极长度应该适当加长。

(3) 电极公差的确定　截面的尺寸公差取凹模刃口相应尺寸公差的 1/2~2/3,而在长度上没有公差要求。电极侧平面的平行度误差在 100 mm 的长度上不超过 0.01 mm。电极的工作表面的粗糙度值应不大于型孔的表面粗糙度值。

> **技能提示**
>
> 设计电极时,还应考虑到工具电极与主轴连接后,其重心应位于主轴的中心线上。这对于较重的电极尤为重要,否则附加的偏心距易使电极轴线偏斜,影响模具精度。

1.4　电火花线切割加工

电火花线切割加工在实际生产中一般通称为线切割加工(WEDM)。

1. 电火花线切割加工的原理

电火花线切割加工的基本原理是,将移动的细金属导线(铜丝或钼丝)作为电极,对工件进行脉冲放电,利用电腐蚀作用进行切割。如图 6-10 所示,工件接脉冲电源的正极,电极丝接负极,工件相对电极丝按预定的要求运动,从而使电极丝沿着所要求的切割线路进行电腐蚀,实现切割加工。

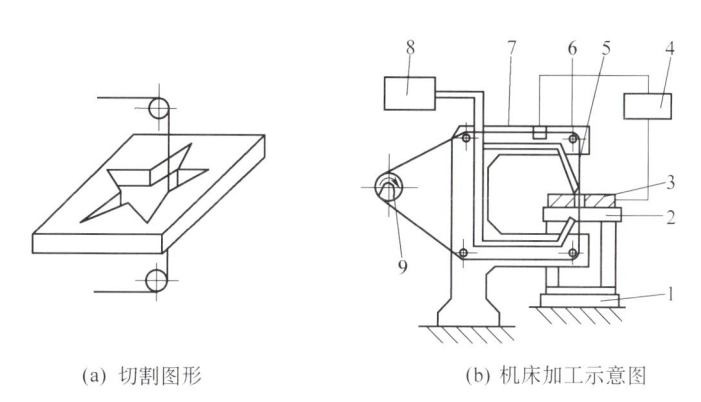

(a) 切割图形　　(b) 机床加工示意图

1—工作台;2—夹具;3—工件;4—脉冲电源;5—电极丝;6—导轮;7—丝架;8—工作液;9—储丝筒。
图 6-10　电火花线切割加工示意图

2. 电火花线切割加工机床

根据电极丝的运行方式,电火花线切割机床(图 6-11)通常分为两大类:

(1) 往复走丝电火花线切割机床　往复走丝电火花线切割机床的电极丝作高速往复运动,一般走丝速度为 8~10 m/s。往复走丝电火花线切割机床加工效率高,机床结构简单,成本低,但加工质量较差,应用比较广泛。

图 6-11 电火花线切割机床

(2) 单向走丝电火花线切割机床　单向走丝电火花线切割机床的电极丝做低速单向运动,一般走丝速度低于 0.2 m/s。单向走丝电火花线切割机床加工效率较低,机床价格较高,但加工质量比较好。

3. 电火花线切割加工的特点

电火花线切割加工过程的工艺和机理,与电火花小孔高速加工既有共性,又有特性。

(1) 不需要制作成形电极,大大降低了工具电极的设计、制造费用,缩短了生产周期。

(2) 电极丝比较细,能方便地加工出形状复杂、细小的通孔、窄缝和外表面。

(3) 电极丝移动加工,所以损耗极小,有利于提高加工精度。

(4) 采用四轴联动,可加工锥度和上、下面异形体等零件。

(5) 采用水或水基工作液,不会引燃起火,容易实现安全无人运转。

4. 电火花线切割加工的应用

电火花线切割加工为新产品试制、精密零件加工以及模具制造开辟了一条新的工艺途径,特别是加工淬火钢、硬质合金模具的零件、样板、各种形状的细小零件、窄缝等。还可以加工除不通孔以外的其他难加工零件。

5. 线切割加工控制系统

控制系统是进行电火花加工的重要环节。控制系统的稳定性、可靠性、控制精度及自动化程度都直接影响到加工工艺指标和工人的劳动强度。

控制系统的主要作用是在电火花线切割加工过程中,一方面能够按要求自动控制电极丝相对于工件的运动轨迹,另一方面能够自动控制伺服进给速度,来实现对工件的形状和尺寸加工。前者是靠数控编程和数控系统控制的,后者是根据放电的间隙大小与放电状态自动控制的,使进给速度与工件材料的蚀除速度相平衡。

电火花线切割机床控制系统的具体功能包括:

(1) 轨迹控制　精确控制电极丝相对于工件的运动轨迹,以获得所需要的形状和尺寸。

项目六　模具零件的特种加工技术

(2) 加工控制　主要包括对伺服系统进给速度、电源装置、走丝机构、工作液系统以及其他的机床操作控制。此外,断点记忆、故障报警、安全控制以及自诊断功能也是很重要的方面。

数字程序控制(NC 控制,简称数控)电火花线切割加工的控制原理是把图样上工件的形状和尺寸都编制成程序指令,一般通过键盘或使用穿孔纸带或磁带输入计算机,计算机输出指令控制驱动电动机,由驱动电动机带动精密丝杠,使工件相对于电极丝按指定轨迹运动。

数控电火花线切割加工时,数控装置要不断进行插补运算,并向驱动机床工作台的步进电机发出相互协调的进给脉冲信号,使工作台(工件)按指定的路线运动。工作台的进给是步进的,它每走一步机床数控装置都要自动完成四个工作节拍。第一节拍:偏差判别。判别加工点对规定图形的偏离位置,以决定工作台的走向。第二节拍:工作台进给。根据判断结果,控制工作台在 X 或 Y 方向进给一步,以使加工点向规定图形靠拢。第三节拍:偏差计算。在加工过程中,工作台每进给一步,都由机床的数控装置根据数控程序计算出新的加工点与规定图形之间的偏差,作为下一步判断的依据。第四节拍:终点判别。每当进给一步并完成偏差计算之后,就判断是否已加工到图形的终点,若加工点已到终点,便停止加工。

线切割加工控制和自动化操作方面的功能很多,并有不断增强的趋势,这对节省准备工作量、提高加工质量很有好处,主要有下列几种:

(1) 进给速度控制　根据加工间隙的平均电压或放电状态的变化,通过取样、变频电路,不定期地向计算机发出中断申请插补运算,自动调整伺服进给速度,保持某一平均放电间隙,使加工平稳,提高切割速度和加工精度。

(2) 短路回退　经常记忆电极丝经过的路线。发生短路时,减小加工电规准并沿原来的轨迹快速后退,消除短路,防止断丝。

(3) 间隙补偿　电火花线切割加工数控系统所控制的是电极丝中心移动的轨迹。因此,加工有配合间隙的冲模凸模时,电极丝中心轨迹应向原图形外偏移,进行"间隙补偿",以补偿放电间隙和电极丝的半径,加工凹模时,电极丝中心轨迹应向图形内进行"间隙补偿"。

(4) 图形的缩放、旋转和平移　利用图像的任意缩放功能可以加工出任意比例的相似图形;利用任意角度的旋转功能可以使齿轮,电动机定、转子等类零件的编程大为简化,只要编一个齿形的二维图形程序,就可以切割出整个齿轮;平移功能同样也能简化跳步模具的编程。

(5) 适应控制　在工件厚度变化的场合,改变电规准以后,能自动改变预置进给速度或电参数(包括加工电流、脉冲宽度、间隔),不用人工调整就能自动进行高效率、高精度的加工。

(6) 自动找中心　使孔中的电极丝自动找正后停止在孔的中心处,如图 6-12 所示。

(7) 信息显示　动态显示程序号、计算长度等轨迹参数,还可以显示电规准参数和切割轨迹图形等。此外,线切割加工控

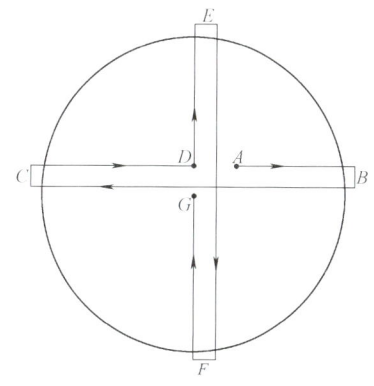

图 6-12　自动找中心

131

制系统还具有故障安全和自诊断等功能。

1.5　电火花高速小孔加工

电火花高速小孔加工是 20 世纪末发展起来的电火花加工技术。由于电火花加工的特点是：不用机械能，不靠切削力去金属，而是直接利用电能进行加工，加工过程易于控制；加工过程中没有常规的切削力；可以加工任何硬度的金属材料、导电材料，包括硬质合金和导电陶瓷等等。因此可以利用电火花加工方法解决微孔加工、群孔加工、深小孔加工、特殊超硬材料的小孔加工等难题。

(1) 电火花高速小孔加工工艺的特点

电火花高速小孔加工除了要遵循电火花加工的基本机理外，还有别于一般的电火花加工方法，其主要特点如下：

① 采用中空的管状电极。

② 管状电极中通有高压工作液，以强制冲走加工蚀除产物。

③ 加工过程中电极要作回转运动，可以使管状电极的端面损耗均匀，不致受到电火花的反作用力而产生振动倾斜。由于高压工作液能够迅速强制将放电蚀除产物排出，因此这种电火花加工的特点就是加工速度很高，一般电火花小孔的加工速度可以达到 30～60 mm/min，比机械加工钻小孔的速度要快，电火花高速小孔加工最适合加工直径为 0.03～3 mm 的小孔，而且理论上深径比可以超过 200∶1。

(2) 电火花高速小孔加工工艺的发展方向

① 电火花不通孔及类似不通孔加工技术的发展。

② 深小孔加工技术的发展。

③ 减小和避免电加工重熔层的产生。

(3) 电火花高速小孔加工未来的发展趋势

① 更好的加工稳定性。

② 实现高效加工。

③ 改善电火花加工的环保性。

任务 2　超声加工

早期的超声加工主要依靠工具作超声振动，使悬浮液中的磨料获得冲击能量，从而去除工件材料达到加工目的。但加工效率低，并随着加工深度的增加而显著降低。随着新型加工设备及系统的研制开发和超声加工工艺的不断完善，人们利用中空工具，采用抽吸式向内压入磨料悬浮液的超声加工方式，不仅大幅度地提高了生产率，而且扩大了超声加工孔的直径及孔深的范围。

几十年来，国外采用烧结或镀金刚石的先进工具，既作超声振动，同时又绕本身轴线以 1 000～

5 000 r/min 的高转速进行超声旋转加工,比一般超声加工工具有更高的生产率和孔加工的深度,同时直线性好、尺寸精度高、工具磨损小,适用于加工硬脆材料(特别是不导电的硬脆材料),如金刚石、淬火钢、硬质合金等。

2.1 超声加工的原理和特点

1. 超声加工的原理

超声加工(ultrasonic machining,USM)是利用超声振动的工具在有磨料的液体介质中或干磨料中,产生磨料的冲击、抛光、液压冲击及由此产生的气蚀作用来去除材料,以及利用超声振动使工件相互结合的加工方法,如图6-13所示。超声加工适用于成形加工、切割加工、焊接加工和超声清洗。

加工过程中,在工件1和工具2之间加入液体(水或者煤油等)和磨料混合,并使工具以很小的力轻轻压在工件上。换能器4产生16 000 Hz以上的超声纵向振动,并借助于变幅杆把振幅放大到0.05~0.1 mm之间,驱动工具端面作超声振动,迫使磨料液中悬浮的磨粒以很大的速度和加速度不断地撞击、抛磨被加工的表面,把被加工的材料粉碎成很细的颗粒,从工件上打击下来。虽然每次打击得很小,但是由于每秒钟打击的次数多达16 000次以上,所以还是具有一定的加工速度。与此同时,磨料液受工具端面超声振动作用而产生的高频、交变的液压正负冲击波和"空化"作用,促使磨料液压入被加工材料的微裂缝处,加剧了机械破坏作用。所谓空化作用,就是当工具端面以很大的加速度离开工件表面时,空泡闭合,引起极强的液压冲击波,可强化加工过程。此外,正负交变的液压冲击也使磨料液在加工间隙中强迫循环,使变钝了的磨粒及时得到更新。随着磨料液不断地循环,磨粒不断更新,加工产物不断排除,实现超声加工的目的。

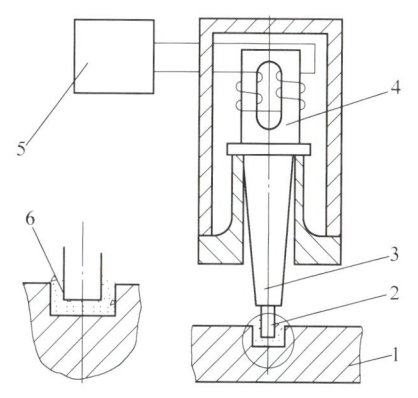

1—工件;2—工具;3—变幅杆;4—换能器;5—超声发生器;6—磨料悬浮液。
图6-13 超声加工原理图

由此可见,超声加工是磨粒在超声振动作用下机械循环撞击和抛磨作用以及超声空化作用的综合结果,其中,磨粒的撞击是最重要的。

既然超声加工是基于局部撞击作用,因此就不难理解,越是硬脆的材料,受撞击遭到破坏的能量也就越大,越容易加工。相反,韧性大的材料由于具有缓冲作用反而难以加工。

2. 超声加工的特点

(1) 适合加工各种硬脆材料,尤其是玻璃、陶瓷、宝石、石英、锗、硅、石墨等不导电的非金属材料,也可加工淬火钢、硬质合金、不锈钢、钛合金等硬质或耐热导电的金属材料,但加工效率较低。

(2) 由于去除工件材料主要依靠磨粒瞬时局部的冲击作用,故工件表面的宏观切削力很小,切削应力、切削热更小,不会产生变形及烧伤,表面粗糙度值也较低,Ra 可达 0.63~0.08 μm,尺寸精度可达 ±0.03 mm,也适于加工薄壁、窄缝、低刚度零件。

(3) 工具可用较软的材料做成较复杂的形状,且不需要工具和工件作比较复杂的相对运动,便可加工各种复杂的型腔和型面。一般超声加工机床的结构比较简单,操作、维修也比较方便。

(4) 超声加工的面积不够大,而且工具头磨损较大,故生产率较低。

3. 超声加工设备及其组成

(1) 超声发生器

超声发生器(又叫超声电源)的作用是将工频交流电转换为功率为 20～4 000 W 的超声振荡,以供给工具端面往复振动和去除工件材料的能量。

超声发生器的电路由振荡级、电压放大级、功率放大级及电源组成(图 6-14),可以是他激式,也可以是自动跟踪式。后者是一种自激振荡推动多级放大的功率发生器,自激频率取决于超声振动系统的共振频率。当出于某种原因,如更换工具或工具头磨损、部件受热或压力变化等,引起超声振动系统共振频率的变化时,可通过"声反馈"或"电反馈"使超声发生器的工作频率能自动跟踪变化,保证超声振动系统始终处于良好的谐振状态。为此,一般要求超声发生器满足以下条件:

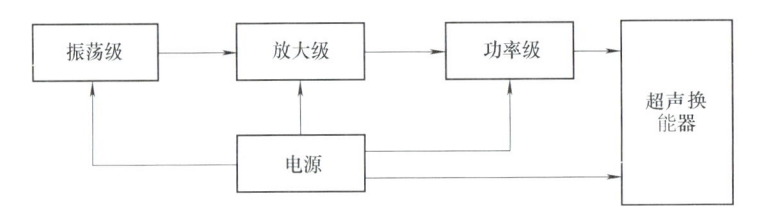

图 6-14 超声发生器的组成框图

① 输出阻抗与相应的超声振动系统输入阻抗匹配;
② 频率调节范围应与超声振动系统频率变化范围相适应,并连续可调;
③ 输出功率尽可能具有较大的连续可调范围,以适应不同工件的加工;
④ 结构简单、工作可靠、效率高,便于操作和维修。

(2) 超声振动系统

超声振动系统主要包括换能器、变幅杆、工具。其作用是将由超声发生器输出的高频电信号转变为机械振动能,并通过变幅杆使工具端面作小振幅的高频振动,以进行超声加工。

① 换能器　换能器的作用是将高频电振荡转换成机械振动。目前,根据其转换原理的不同,有磁致伸缩式和压电式两种。

• 磁致伸缩换能器(图 6-15)　磁致伸缩换能器是利用磁致伸缩效应进行工作的。磁致伸缩效应是指铁、钴、镍及其合金或铁氧体等材料的长度可随所处磁场强度的变化而伸缩的现象。镍在磁场中的最大缩短量为其长度的 0.004%,铁和钴则在磁场中为伸长,当磁场消失后又恢复原有尺寸。这种材料

图 6-15 磁致伸缩换能器

的棒杆在交变磁场中,长度将突变伸缩,端面将交变振动。

为了减少高频涡流损耗,超声加工中常用纯镍片叠成封闭磁路的镍棒换能器,即镍磁致伸缩换能器。其机械强度较高、输出功率较大,常用于中功率和大功率的超声加工。不足的是镍片的涡流发热损耗较大,能量转换效率较低,加工过程中需用风或水冷却,否则随着温度的升高,磁致伸缩效应变小甚至消失,也可能将线圈绕组的绝缘材料烧坏。铁氧体磁致伸缩换能器的电声转换效率高,但机械强度低、单位面积辐射功率小,一般用于功率较小的超声加工。

• 压电陶瓷换能器　压电陶瓷换能器是利用压电效应进行工作的。压电效应是指石英晶体、钛酸钡以及铬钛酸铅等物质在受到机械压缩或拉伸变形时,在其两端面上产生一定的电荷而形成一定的电势;相反,改变两端面上的电压,也会产生一定的伸缩变形现象。若利用上述物质的压电效应,在两面加频率为 16 000 Hz 以上的交变电压,则该物质会产生高频的伸缩变形,使周围的介质作超声振动。为了获得最大的超声强度,应使晶体处于共振状态,故晶体片厚度应为声波半波长或整倍数。石英晶体的伸缩量太小,3 000 V 电压才能产生 0.01 μm 以下的变形。钛酸钡的压电效应比石英晶体大 20~30 倍,但效率和机械强度不如石英晶体,铬钛酸铅具有二者的优点,一般可用作超声清洗、探测和小功率超声加工的换能器。

② 变幅杆　变幅杆(又称振幅扩大棒)的作用是放大换能器所获得的超声振动的振幅,以满足超声加工的需要。变幅杆有锥形、指数形和阶梯形,不同类型的变幅杆沿长度上的横截面变化是不同的,但杆上每一横截面的振动能量是不变的(不考虑传播损耗)。横截面越小,能量密度越大,振动的幅值也就越大,所以各种变幅杆的放大倍数都不相同。

为了获得较大的振幅,应使变幅杆的固有振动频率和外激振动频率相等,处于共振状态。为此,在设计、制造变幅杆时,应使其长度等于超声振动波的半波长或其整倍数。表征变幅杆性能的主要指标是共振频率、振幅扩大比、输入阻抗随频率和载荷变化的特性等。在面积系数(指大小直径比)相同的情况下,锥形变幅杆的振幅扩大比较小(5~10 倍),但易于制造;指数形变幅杆的振幅扩大比中等(10~20 倍),使用中性能稳定,但不易制造;阶梯形变幅杆的振幅扩大比较大(20 倍以上),且易于制造,但受到负载阻力时振幅减小的现象比较严重,不稳定,而且在粗细过渡的地方容易产生应力集中而发生疲劳断裂,为此须加过渡圆弧。变幅杆材料应声阻小、热损耗低、抗疲劳强度高、制造方便、价格适宜。综合考虑,目前常用的变幅杆材料为 45 钢和工具钢。

应该指出,超声加工并不是整个变幅杆和工具都在作上下高频振动,与低频或工频振动概念完全不一样。超声在金属棒杆内主要以纵波形式传播,引起杆内各点沿波的前进方向按正弦规律在原地作往复振动,并以声速传导到工具端面,使工具端面作超声振动。

③ 超声加工工具　超声的机械振动经变幅杆放大后传给工具,使磨粒和磨料液以一定的能量冲击工件,并加工出一定的尺寸和形状。工具的形状和尺寸决定于工件表面的形状和尺寸,两者相差一个"加工间隙"(稍大于平均的磨粒直径)。当工件表面积较小或批量较小时,可将工具和变幅杆做成一个整体,否则可将工具用焊接或螺纹连接等方法固定在变幅杆下端。当工具不

大时,可以忽略工具对振动的影响,但当工具较重时,会减低振动系统的共振频率;工具较长时,应对变幅杆进行修正,以满足半个波长的共振条件。

> **技能提示**
>
> 整个振动系统的连接部分应接触紧密,否则超声传递过程中将损失很大能量。在螺纹连接处应涂以凡士林,绝不可存在空气间隙,因为超声通过空气时会很快衰减。

在超声加工中,工具在纵向和横向都会磨损,工具端面的磨损是主要的,侧面的磨损仅占全部磨损的1/10。这样不仅直接影响加工速度和加工精度,而且会破坏振动系统的共振条件,降低加工效率。工具磨损量的大小主要取决于工具材料、结构和工件材料。试验表明,加工一般硬脆材料,多用45钢或碳素工具钢作为工具材料,因为这些材料具有抗疲劳强度高、比较耐磨损、加工容易的特点。要求加工精度较高时,采用硬质合金或淬火钢较好,必要时可采用金刚石表面镀覆工具。

(3) 超声加工机床

超声加工机床一般比较简单,包括支承振动系统的机架及工作台面,使工具以一定压力作用在工件上的送给机构以及床身等部分。图6-16所示为超声加工机床。

图6-16 超声加工机床

1—工作台;2—工具;3—变幅杆;4—换能器;5—导轨;6—支架;7—平衡重锤
图6-17 超声加工原理示意图

图6-17所示为超声加工原理示意图。图中工具2、变幅杆3、换能器4组成了振动系统,安装在一根能上下移动的导轨5上。导轨5由上、下两组滚动导轮定位,能灵活可靠地上下移动。工具的向下进给及对工件施加压力靠振动系统的自重,为了能调节压力大小,在机床后面有可加减的平衡重锤7,也有采用弹簧或其他办法加压的。目前,超声加工机床已形成了规模和市场,发达国家则尤其突出,各种机电一体化、自动化、精密化超声加工机床不断进入市场。

(4) 磨料液循环系统

简单的超声加工装置,其磨料是靠人工输送和更换的,即在加工前将悬浮磨料的磨料液浇注在加工区,加工过程中定时抬起工具和补充磨料,也可利用小型离心泵使磨料液搅拌后浇注到加工间隙中去。对于较深的加工表面,仍应将工具定时抬起以利磨料的更换和补充。大型超声加工机床都采用流量泵自动向加工区供给磨料液,且品质好,循环良好。此外,工具和变幅杆尺寸较大时,可在工具和变幅杆中间开孔,由孔内抽吸磨料液,对提高加工质量有利。

2.2 影响加工速度和质量的因素

1. 加工速度及其影响因素

加工速度是指单位时间内去除材料的量,单位通常以 g/min 或 mm³/min 表示。超声加工的加工速度比较低,一般为 1~5 mm³/min。加工玻璃时最大速度可达 2 000~4 000 mm³/min。

影响加工速度和质量的因素有:

(1) 工具振幅和频率　随着工具振幅和频率的增大,加工速度明显提高。但是,过大的振幅和过高的频率会使工具和变幅杆承受很大的内应力,严重时会超过工具和变幅杆材料的疲劳强度,降低其使用寿命。随着工具振幅和频率的增加,加大了工具与变幅杆、变幅杆与换能器之间连接处的能量损耗。因此,要求超声加工工具振幅为 0.01~0.1 mm,频率为 16~25 kHz。实际加工时,应调至共振频率,以获得最大的振幅。

(2) 进给压力　进给压力指工具对工件的静压力。进给压力主要取决于加工面积和工件材料。试验表明,在一定加工条件下总有一个最佳进给压力。压力过大,工具与工件间的磨料空间狭小,难以形成空化抛击,严重时可能无空隙而难以实现振动加工;压力过小,工具与工件的间隙增大,磨粒冲击过程中的能量损耗过多,冲击微弱,甚至不起作用。此外,进给压力与加工面积、工件材料、磨粒粗细有关,一般可通过试验加以优化。

(3) 磨料液　磨料的种类、硬度、粒度、浓度等对超声加工都有影响。磨料越硬、越粗,则生产率越高,但精度和表面粗糙度则变差。加工金刚石和宝石等超硬材料时,必须用金刚石磨料;加工硬质合金、淬火钢等高硬脆性材料时,宜采用硬度较高的碳化硼磨料;加工硬度不太高的脆硬材料时,可采用碳化硅磨料;对于玻璃、石英、半导体等材料的加工,用刚玉、氧化铝之类的材料作磨料即可。

(4) 被加工材料　超声加工尤其适用于高脆度(脆度是材料的剪切应力与断裂应力之比)材料的工件。工件材料越脆,所承受冲击载荷的能力越低,也就越易被去除加工;而韧性较好的工件材料则不易加工。工具材料应根据工件材料、加工面积和深度等因素来选择,以耐磨损、加工方便为宜,也可由试验确定。如玻璃的可加工性为 100%,则锗、硅半导体单晶为 200%~250%,石英为 50%,硬质合金为 2%~3%,淬火钢为 1%,未淬火钢不到 1%。

2. 加工精度及其影响因素

超声加工的精度,除了受机床、夹具精度的影响之外,还与工具制造及安装精度、工具的磨损、磨料粒度、加工深度、被加工材料性质等有关。

超声加工孔时,在正常的加工速度下,超声加工最大的孔径和所需功率的关系见表 6-1。一般超声加工的孔径范围为 0.1~90 mm,深度可达直径的 10~20 倍以上。

表 6-1 超声加工功率和最大孔径的关系

超声电源输出功率 /W	50～100	200～300	500～700	1 000～1 500	2 000～2 500	4 000
最大加工不通孔直径 /mm	5～10	15～20	25～30	30～40	40～50	>60
用中空工具加工最大的通孔直径 /mm	15	20～30	40～50	60～80	80～90	>90

当工具尺寸一定时,加工出孔的尺寸比工具尺寸有所扩大,加工出孔的最小直径 D_{min} 约等于工具直径 D_1 加所用磨料磨粒平均直径 d_s 的 2 倍,即

$$D_{min} = D_1 + 2d_s$$

除此之外,对于加工圆形孔,其形状误差主要有椭圆度和锥度。椭圆度大小与工具横行振动大小和工具沿圆周磨损不均匀有关。锥度大小与工具磨损量有关。如果采用工具旋转的方法,可以提高孔的圆度和生产率。

3. 表面质量及其影响因素

超声加工具有较好的表面质量,表面层无残余应力,不会产生表面烧伤与表面变质层。表面粗糙度也比较好,可到达 $Ra = 0.63～0.08\ \mu m$。

超声加工的精度主要与磨料粒度、被加工材料性质、工具振幅、磨料液的性能及其循环状况等有关。当磨粒较细、工件硬度较高、工具振幅较小时,被加工表面的粗糙度得到改善,但加工速度会受到影响。

磨料液的性能对表面粗糙度的影响也比较复杂。实践证明,用煤油或润滑油代替水可使表面粗糙度有所改善。

技能提示

超声加工所用磨料粒度本来就是不均匀的,加工中又要被磨损,甚至破碎,更加剧了磨料的不均匀性。因此,不仅影响加工速度,更影响加工精度。加工时必须经常搅动磨料悬浮液,保证一定的循环速度,使用一段时间以后还应及时更换。

2.3 超声加工的应用

超声加工是功率超声技术在制造业中应用的一个重要方面,是一种加工陶瓷、玻璃、石英、宝石、锗、硅甚至金刚石等硬脆性半导体、非导体材料有效而重要的方法。即使是电火花粗加工或半精加工后的淬火钢、硬质合金冲压模、拉丝模、塑料模具等,最终也常用超声抛磨、光整加工。图 6-18 所示为气动超声研磨机。

超声加工从 20 世纪 50 年代开始实用性研究以来,其应用日益广泛。随着科技和材料工业的发展,新技术、新材料将不断涌现,超声加工的应用也会进一步拓宽,发挥更大的作用。目前,在

生产上超声加工多用于以下几个方面：

(1) 超声成形　超声成形适于加工各种硬脆材料的圆孔、型孔、型腔、沟槽、异形贯通孔、弯曲孔、微细孔、套形等。虽然其生产率不如电火花、电解加工，但加工精度及工件表面质量优于电火花、电解加工。例如，生产上用硬质合金代替合金工具钢制造拉深模、拉丝模等模具，其耐用度可提高 80～100 倍。采用电火花加工，工件表面常出现微裂纹，影响了模具表面质量和使用寿命。而采用超声成形加工则无此缺陷，且尺寸精度可控制在 0.01～0.02 mm 之内，内孔锥度可修整至 8′。对硅等半导体硬脆材料进行套形加工，更显示了超声加工的特色。例如，在直径 90 mm、厚 0.25 mm 的硅片上，可套形加工出 176 个直径仅为 1 mm 的元件，时间只需 1.5 min，合格率高达 90%～95%，加工精度为 ±0.02 mm。

图 6-18　气动超声研磨机

(2) 超声切片　超声精密切割半导体、铁氧体、石英、宝石、陶瓷、金刚石等硬脆材料，比用金刚石刀具切割具有切片薄、切口窄、精度高、生产率高、经济性好等优点。例如，超声切割高 7 mm、宽 15～20 mm 的锗晶片，可在 3.5 min 内切割出厚 0.08 mm 的薄片；超声切割单晶硅片一次可切割 10～20 片。

(3) 超声焊接　超声焊接是利用超声振动作用，去除工件表面的氧化膜，使材料的本体显露出来，并在两个被焊工件表面分子的高速振动撞击下，摩擦发热，亲和粘接在一起。超声焊接加工不仅可以焊接尼龙、塑料及表面易生成氧化物的铝制品等，还可以在陶瓷等非金属表面挂锡、挂银、涂覆薄层。由于超声焊接不需要外加热和焊剂，焊接热影响区很小，施加压力微小，故可焊接直径或厚度很小(0.015～0.03 mm)的不同金属材料，也可焊接塑料薄纤维及不规则形状的热塑性塑料。目前，大规模集成电路引线连接等已广泛采用超声焊接。

(4) 超声清洗　超声清洗主要用于几何形状复杂、清洗质量要求高的中、小型精密零件，特别是工件上的小深孔、微孔、弯孔、不通孔、沟槽、窄缝等部位的精清洗。采用其他清洗方法，效果差，甚至无法清洗，采用超声清洗则效果好、生产率高。目前，超声清洗在半导体和集成电路元件、仪表仪器零件、电真空器件、光学零件、精密机械零件、医疗器械、放射性污染等的清洗中应用。图 6-19 和图 6-20 所示分别为小型超声清洗器和单槽式超声清洗器。

图 6-19　小型超声清洗器　　　　　图 6-20　单槽式超声清洗器

一般认为,超声清洗是由于清洗液(水基清洗剂、氯化烃类溶剂、石油溶剂等)在超声作用下产生空化效应的结果。空化效应产生的强烈冲击波直接作用到被清洗部位上的污物等,并使之脱落;空化作用产生的空化气泡渗透到污物与被清洗部位表面之间,促使污物脱落;在污物被清洗液溶解的情况下,空化效应可加速溶解过程。

> **技能提示**
>
> 超声清洗时,应合理选择工作频率和声压强度,以产生良好的空化效应,提高清洗效果。此外,清洗液的温度不可过高,以防减弱空化效应,影响清洗效果。

任务3 电化学及化学加工

电化学加工是通过电化学反应去除工件材料或在其上镀覆金属材料等的特种加工。其中电解加工适用于深孔、型孔、型腔、型面、倒角去毛刺、抛光等。化学加工是利用化学溶液与金属产生化学反应,使金属腐蚀溶解,改变工件形状、尺寸的加工方法。化学加工用于去除材料表层,以减重;有选择地加工较浅或较深的空腔及凹槽;对板材、片材、成形零件及挤压成形零件进行锥孔加工。

3.1 电化学及化学加工的分类及特点

1. 电化学及化学加工的分类

(1) 化学腐蚀　金属表面与介质,如气体或非电解质液体等,因发生化学作用而引起的腐蚀,称为化学腐蚀。化学腐蚀作用进行时无电流产生。

(2) 电化学腐蚀　金属表面与介质,如潮湿空气或电解质溶液等,因形成微电池,金属作为阳极发生氧化而使金属发生腐蚀。这种由于电化学作用引起的腐蚀称为电化学腐蚀。

化学腐蚀加工是将零件要加工的部位暴露在化学介质中,产生化学反应,使零件材料腐蚀溶解,以获得所需要形状和尺寸的一种工艺方法。

2. 电化学及化学加工的特点

(1) 可加工金属和非金属材料,不受被加工材料的硬度影响,不发生物理变化。

(2) 加工后表面无毛刺、不变形、不产生加工硬化现象。

(3) 只要腐蚀液能浸入的表面都可以加工,适合于加工难以进行机械加工的表面。

(4) 加工时不需要用夹具和贵重装备。

(5) 辐射液和蒸气污染环境,对设备和人体有危害作用,需采取适当的防护措施。

3.2 化学加工

化学加工是利用酸、碱或盐的溶液对工件材料的腐蚀溶解作用,以获得所需形状、尺寸或表面状态的工件的特种加工。

化学加工使用的腐蚀液成分取决于被加工材料的性质,常用的腐蚀液有硫酸、磷酸、硝酸和三氯化铁等的水溶液,对于铝及其合金,则使用氢氧化钠溶液。化学加工主要分为化学铣削、光化学加工和化学表面处理三种方法。

化学铣削是把工件表面不需要加工的部分用耐腐蚀涂层保护起来,然后将工件浸入适当成分的化学溶液中,露出的工件被加工表面与化学溶液产生反应,材料不断地被溶解去除。工件材料溶解的速度一般为 0.02～0.03 mm/min,经一定时间达到预定的深度后,取出工件,便获得所需要的形状。

化学铣削的工艺过程包括工件表面预处理、涂保护胶、固化、刻型、腐蚀、清洗和去保护层等工序。保护胶一般用氯丁橡胶或丁基橡胶等;刻型一般用小刀沿样板轮廓切开保护层,并使之剥除。

化学铣削适合于在薄板、薄壁零件表面上加工出浅的凹面和凹槽,如飞机的整体加强壁板、蜂窝结构面板、蒙皮和机翼前缘板等。化学铣削也可用于减小锻件、铸件和挤压件局部厚度以及蚀刻图案等,加工深度一般小于 13 mm。

化学铣削的优点是工艺和设备简单、操作方便和投资少;缺点是加工精度不高,一般为 $\pm 0.05 \sim \pm 0.15$ mm,而且在保护层下的侧面方向上也会产生溶解,并在加工底面和侧面间形成圆弧状,难以加工出尖角或深槽,化学铣削不适合于加工疏松的铸件和焊接的表面。随着数字控制技术的发展,化学铣削的某些应用领域已被数字控制铣削所代替。

光化学加工是照相复制和化学腐蚀相结合的技术,在工件表面加工出精密复杂的凹凸图形或形状复杂的薄片零件的化学加工法,包括光刻、照相制版、化学冲切(或称化学落料)和化学雕刻等。其加工原理是先在薄片形工件两表面涂上一层感光胶;再将两片具有所需加工图形的照相底片对应地覆置在工件两表面的感光胶上,进行曝光和显影,感光胶受光照射后变成耐蚀性物质,在工件表面形成相应的加工图形;然后将工件浸入化学腐蚀液中(或将化学腐蚀液向工件喷射),由于耐腐蚀涂层能保护其下面的金属不受腐蚀溶解,从而可获得所需要的加工图形或形状。

光化学加工的用途较广。其中化学冲切主要用于各种复杂、微细形状的薄片(厚度一般为 0.025～0.5 mm)零件的加工,特别是对于机械冲切有困难的薄片零件更为适合。这种方法可用于制造电视机显像管障板(每平方厘米表面有 5 000 个小孔)、薄片弹簧、精密滤网、微电动机转子和定子、射流元件、液晶显示板、钟表小齿轮、印制电路板、应变片和样板等。

化学雕刻主要用于制作标牌和面板,光刻主要用于制造晶体管、集成电路或大规模集成电路,照相制版主要用于生产各种印制板。

化学表面处理包括酸洗、化学抛光和化学去毛刺等。工件表面无须施加保护层,只要将工件浸入化学溶液中腐蚀溶解即可。酸洗主要用于去除金属表面的氧化皮或锈斑,化学抛光主要用于提高金属零件或制品的表面光洁程度,化学去毛刺主要用于去除小型薄片脆性零件的细毛刺。

3.3 电铸加工

电铸加工适用于形状复杂、精度高的空心零件,如波导管、注塑用的模具、薄壁零件、复制精密的表面轮廓、表面粗糙度比较样块、反光镜、表盘等,是一种利用金属的电解沉积特性翻制金属制品的工艺方法,如图6-21所示。

1. 电铸加工的原理和特点

电铸加工如图6-22、图6-23所示,用导电的原模做阴极,电铸材料做阳极,含电铸材料的金属盐溶液做电铸溶液。在直流电源(电压为6~12 V,电流密度为15~30 A/cm²)的作用下,电铸溶液中的金属离子在阴极获得电子还原成金属原子,沉积在原模表面,而阳极上的金属原子失去电子成为正离子,源源不断地溶解到电铸液中去进行补充,使溶液中金属离子的浓度保持不变。

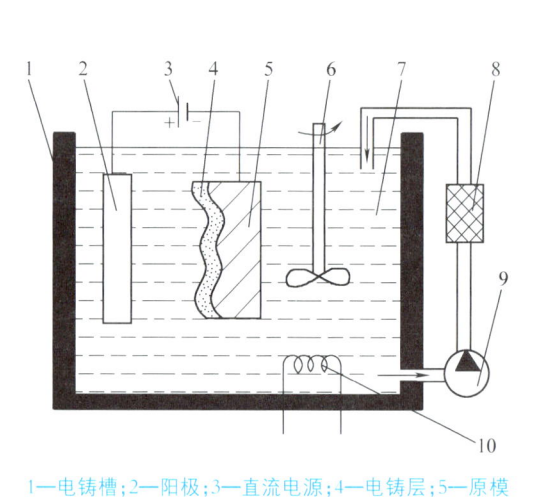

图6-21 电铸模具

1—电铸槽;2—阳极;3—直流电源;4—电铸层;5—原模(阴极);6—搅拌器;7—电铸液;8—过滤器;9—泵;10—加热器。

图6-22 电铸加工示意图

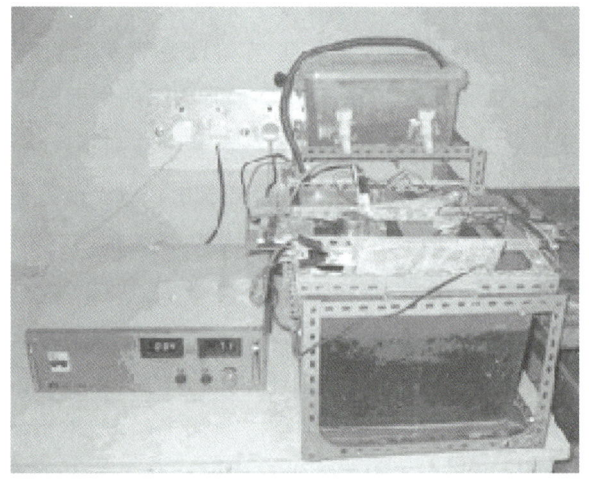

图6-23 电铸加工

当原模上的电铸层逐渐加厚到所要求的厚度后,将其与原模分离,即获得与原模型面相反的电铸件。

2. 电铸加工的优点

(1) 能进行超精密加工(复制精度好)。电铸最重要的特征是它具有高度"逼真性"。电铸甚至可复制 0.5 μm 以下的金属线。例如 1 in(英寸,1 in≈2.54 cm)的宽度内有 2 500 根 3.5 μm 的超细的电视摄像机用的高精度金属网(超细金属网),就是使用了电铸法进行生产的。

(2) 能调节沉积金属的物理性质。可以通过改变电镀溶液的组分的方法来调节沉积金属的硬度、韧性和拉伸强度等。还可以采用多层电镀、合金电镀、复合电镀方法得到其他加工方法不能得到的物理性质。

(3) 不受制品大小的限制,只要能够放入电镀槽就可加工。

(4) 容易制出复杂形状的零件。

(5) 电镀过程中可以无人管理。

3. 电铸加工的缺点

(1) 加工时间长。例如:用 $3\ A/cm^2$ 的阴极电流密度沉积 3 mm 厚的镍层,需要近 25.5 h。

(2) 要有经验和熟练技能的人员操作。电铸装置虽然简单,但在复制复杂形状的模型中要制造母模、导电层处理、剥离处理等,这些工序都要求有经验和熟练技能的人员才能操作。

(3) 必须有很大的作业面积。即使是小制品,也需要有镀槽、水洗槽等平面布置,废水处理装置必须有相当大的作业面积。

(4) 除了要有电镀操作技术外,还必须有机械加工和金属加工知识。电铸法并不是仅用电镀操作而制出制品,还要进行衬底加工、研磨等机械操作,所以必须具备这些方面的知识和技巧。

4. 电铸加工的应用

(1) 制造复制品　包括原版录音片及其压模、印模、表面粗糙度比较样块、美术工艺品、建筑五金、佛具等五金类复制品。

(2) 制造模具　包括塑料成型模具、冲压模具、镍-钴-钨硬质合金电铸模具等。

(3) 金属箔与金属网　包括印制电路板用铜箔、各种金属网、平板或旋转过滤网(印染、电器及电子零件用品)、特殊刀片等。

(4) 其他　用于制造电火花加工电极、防涂装遮蔽板、金刚石锉刀、钻头、波导管、储藏液态氢的球形真空容器、熔融盐电解制造钨等耐热金属的透平叶片、从非水溶液制造铝太阳能集热板等。

5. 电铸法制模的工艺过程

电铸法制模是预先按型腔的形状、尺寸做成原模,在原模上电铸一层适当厚度的镍(或铜)后将镍(或铜)壳从原模上脱下,外形经过机械加工以后,镶入模套内做型腔。其加工工艺过程如下:

原模设计与制造—原模表面处理—电铸至规定厚度—衬套处理—脱模—清洗干燥—成品

(1) 原模设计与制造　原模的尺寸应与型腔一致,沿型腔深度方向应加长 5~8 mm,以备电铸后切除端面的粗糙部分,原模电铸表面应有脱模斜度,并进行抛光,使表面粗糙度 Ra 达 0.16~0.08 μm。根据电铸模具的要求、铸件数量等情况,可采用不锈钢、铝、低熔点合金、有机玻璃、塑料、石膏、蜡等为原材料制造原模。凡是金属材料制作的原模,在电铸前需要进行表面钝化处理,使金属原模表面形成一层钝化膜,以便电铸后易于脱模。

（2）电铸金属及电铸溶液　电铸金属应根据模具要求进行选择。常用的电铸金属有铜、镍和铁三种，相应的电铸溶液为含有所选用电铸金属离子的硫酸盐、氨基磺酸盐和氧化物等的水溶液。

电铸时应注意以下几点：

① 电铸槽内不应混入有机物及金属杂质，每 2～3 天分析调整溶液，并维持电铸溶液的液位，液体用恒温控制。

② 原模放入电铸槽内 1 min 后，待原模完全浸透后再接通电源，每隔 30 min 观察电铸层情况，并注意电流与温度的调整。

③ 在电铸的过程中严禁断电，如中途断电时间不超过 2 h 可不必取出原模，待通电后做反向电流处理；如断电超过 2 h 则将原模取出。用 20% 稀盐酸活化后再进行电铸。

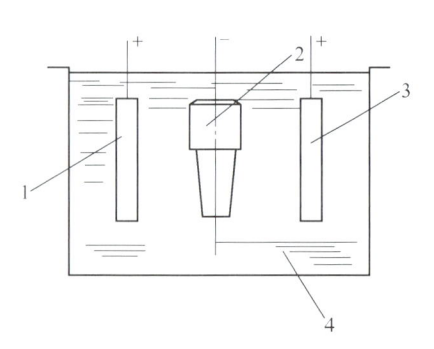

④ 原模及阳极在电铸溶液中的放置对电铸质量影响较大。为改善铸层的均匀性，原模的电铸面与阳极间距离宜大，且距离要均匀，一般不小于 200 mm。对不同形状的原模，两者的放置也不相同。

对于轴类的原模，宜采用四面或三角形挂置阳极，以改善铸层的圆度，若因设备条件设置，阳极可两面挂置，如图 6-24 所示。铸层达一定厚度后，每隔一两天将原模绕垂直线转置 45°。

对于带有凸缘的盘形原模，如图 6-25a 所示，垂直挂置在凹处易生成气泡。一般可采用水平挂置，以改善铸件中间薄、四周厚的现象，如图 6-25b 所示。或将原模倾斜 30°挂置，如图 6-25c 所示。

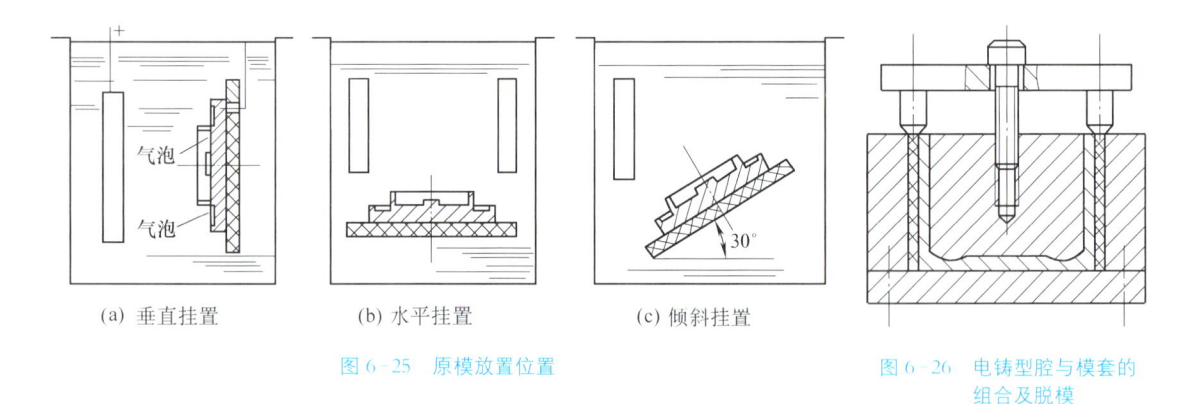

1、3—阳极；2—原模；4—铸槽。
图 6-24　原模与阳极的位置

(a) 垂直挂置　　(b) 水平挂置　　(c) 倾斜挂置
图 6-25　原模放置位置

图 6-26　电铸型腔与模套的组合及脱模

当铸件达到所要求的厚度后，取出清洗，擦干。

（3）衬背和脱模　有些电铸件电铸成形之后，需要用其他材料在其背面加工（称为衬背），以防止变形，然后再对电铸件进行脱模和机械加工。

> **技能提示**

电铸成形的型腔结构简单时,对电铸表面机械加工后直接镶入模套使用;对于复杂的型腔,为简化模套形状,一般都需要加衬背,机械加工后再镶入模套。脱模通常在镶入模套后进行,这样可以避免电铸件在机械加工中变形或损坏。脱模方法有用锤敲打、加热或冷却、用脱模架脱出,要根据原模材料合理选用脱模方法。图6-26所示为金属原模及电铸脱模架,旋转脱模架的螺钉,就可以将原模从电铸件中取出。

3.4 电解加工

1. 电解加工的基本原理

电解加工是利用金属在电解液中发生电化学阳极溶解的原理将工件加工成形的一种特种加工方法。加工时,工件接直流电源的正极,工具接负极,两极之间保持较小的间隙。电解液从极间间隙中流过,使两极之间形成导电通路,并在电源电压下产生电流,从而阳极被电解。随着工具相对工件不断进给,工件金属不断被电解,电解产物不断被电解液冲走,最终两极间各处的间隙趋于一致,工件表面形成与工具工作面基本相似的形状。

图6-27所示为电解加工的基本原理图。工件接直流电源的正极,为阳极。按所需形状制成的工具接直流电源的负极,为阴极。电解液从两极间隙(0.1~0.8 mm)中高速(5~60 m/s)流过。当工具阴极向工件进给并保持一定间隙时即产生电化学反应,在相对于阴极的工件表面上,金属材料按对应于工具阴极型面的形状不断地被溶解到电解液中,电解产物被高速电解液流带走,于是在工件的相应表面上就加工出与阴极型面相对应的形状。直流电源应具有稳定而可调的电压(6~24 V)和高的电流容量(有的高达 4×10^4 A)。

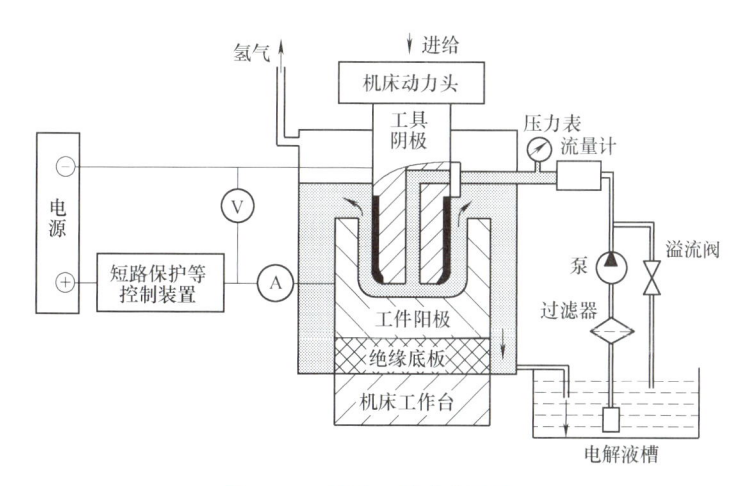

图6-27 电解加工的基本原理图

2. 电解加工的工艺特点

电解加工对于难加工材料、形状复杂或薄壁零件的加工具有显著优势。目前,电解加工已获得广泛应用,如炮管膛线、叶片、整体叶轮、模具、异型孔及异型零件、倒角和去毛刺等加工。并且在许多零件的加工中,电解加工工艺已占有重要甚至不可替代的地位。

与其他加工方法相比,电解加工具有以下特点:

(1) 加工范围广。电解加工几乎可以加工所有的导电材料,并且不受材料的强度、硬度、韧性等力学、物理性能的限制,加工后材料的金相组织基本上不发生变化。它常用于加工硬质合金、高温合金、淬火钢、不锈钢等难加工材料。

(2) 生产率高,且加工生产率不直接受加工精度和表面粗糙度的限制。电解加工能以简单的直线进给运动一次加工出复杂的型腔、型面和型孔,而且加工速度可以和电流密度成比例地增加。据统计,电解加工的生产率为电火花加工的5~10倍,在某些情况下,甚至可以超过机械切削加工。

(3) 加工质量好。可获得一定的加工精度和较低的表面粗糙度值。加工精度:型面和型腔为±0.05 mm~±0.20 mm,型孔和套料为±0.03 mm~±0.05 mm。表面粗糙度:对于一般中、高碳钢和合金钢,可稳定地达到$Ra = 1.6~0.4\ \mu m$,有些合金钢可达到$Ra = 0.1\ \mu m$。

(4) 可用于加工薄壁和易变形零件。电解加工过程中工具和工件不接触,不存在机械切削力,不产生残余应力和变形,没有飞边毛刺。

(5) 工具阴极无损耗。在电解加工过程中工具阴极上仅仅析出氢气,而不发生溶解反应,所以没有损耗。只有在产生火花、短路等异常现象时才会导致阴极损伤。

3.5 电解磨削

电解磨削是利用电解作用与机械磨削相结合的一种复合加工方法,其工作原理如图6-28所示,电解磨削机床如图6-29所示。工件接直流电源正极,高速回转的磨轮接电源负极,两者保持一定的接触压力,磨轮表面凸出的磨料使磨轮导电基体与工件之间有一定的间隙。当电解液从间隙中流过并接通电源后,工件产生阳极溶解,工件表面上生成一层称为阳极膜的氧化膜,其硬

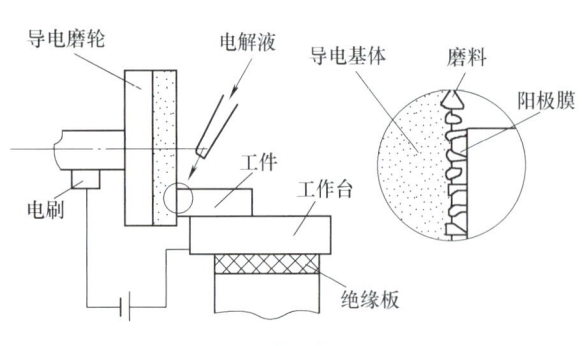

图6-28 电解磨削原理图　　　　　　图6-29 电解磨削机床

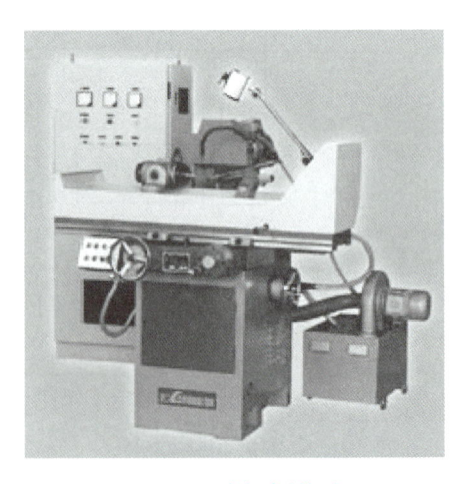

度远比金属本身低,极易被高速回转的磨轮所刮除,使新的金属表面露出,继续进行电解。电解作用与磨削作用交替进行,电解产物被流动的电解液带走,使加工继续进行,直至达到加工要求。

但是,电解加工也具有一定的局限性,主要表现为:

(1) 加工精度和加工稳定性不高。电解加工的加工精度和稳定性取决于阴极的精度和加工间隙的控制。而阴极的设计、制造和修正都比较困难,阴极的精度难以保证。此外,影响电解加工间隙的因素很多,且规律难以掌握,加工间隙的控制比较困难。

(2) 由于阴极和夹具的设计、制造及修正困难,周期较长,因而单件小批生产的成本较高。同时,电解加工所需的附属设备较多,占地面积较大,且机床需要足够的刚性和耐蚀性能,造价较高。因此,批量越小,单件附加成本越高。

型腔电解加工工艺如下:

(1) 电解液的选择 电解液一般为中性、酸性和碱性溶液。其成分主要取决于工件材料和加工要求,氯化钠($NaCl$)和硝酸钠($NaNO_3$)水溶液使用较为普遍,某些场合也使用氯酸钠($NaClO_3$)水溶液。对不锈钢、钛合金等工件材料,为了防止电蚀和改善表面质量,可使用两种或多种成分混合的电解液。混气电解加工是在电解液中混入一定量的压缩空气,使加工区域内电解液的流场分布更为均匀,加工间隙趋向一致,从而提高加工精度。

(2) 工具电极的设计与制造 工具电极的设计与制造包括以下工作:

① 确定电极材料 电解加工的电极材料应具备电阻小、有耐液压的刚性、耐蚀性好、机械加工性好、导热性好和熔点高等条件。满足这些条件的材料主要有黄铜、紫铜和不锈钢。

② 确定电极尺寸 一般先根据被加工型腔尺寸和加工间隙确定电极尺寸,再通过工艺试验对电极尺寸、形状加以修正,以保证电解加工的精度。

③ 制造电极 电极的制造主要采用机械加工。对三维曲面可采用仿形铣、数控铣和反拷贝法制作。反拷贝法是预先准备好基准模型,然后以基准模型作为电极,用电解加工法制作工具电极。然后再用这个工具电极加工模具。

任务 4 模具的快速成型技术

4.1 模具的快速成型技术的发展

近年来,制造业市场环境发生了巨大的变化,迅速将产品推向市场已成为制造商把握市场先机的重要保障。因此,产品的快速开发技术将成为赢得 21 世纪制造业市场的关键。

快速成型技术(以下简称 RP)是一种集计算机辅助设计、精密机械和材料学为一体的新兴技术,它采用离散堆积原理,将所设计物体的 CAD 模型转化成实物样件。由于 RP 技术采用将三维形体转化为二维平面分层制造的原理,对物体构成的复杂性不敏感,因此物体越复杂越能体现它

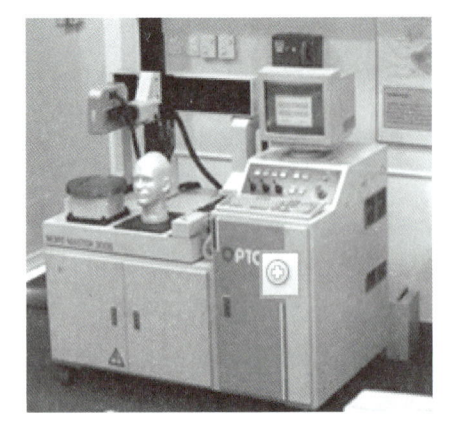

图 6-30 快速成型设备

的优越性。图 6-30 所示为快速成型设备。

以 RP 为技术支撑的快速模具制造 RT(rapid tooling)正是为了缩短新产品开发周期,早日向市场推出适销对路的、按客户意图定制的多品种、小批产品而发展起来的新型制造技术。由于产品开发与制造技术的进步,以及不断追求新颖、奇特、多变的市场消费导向,使得产品(尤其是消费品)的寿命周期越来越短已成为不争的事实。例如,汽车、家电、计算机等产品,采用快速模具制造技术制模,制作周期为传统模具制造的 1/3~1/10,生产成本仅为 1/3~1/5。

4.2 基于 RPM(快速成型技术,rapid prototyping manufacturing)的快速模具制造方法

模具是制造业必不可少的手段,其中用得最多的有铸模、注射模、冲压模和锻模等。传统制作模具的方法是:对木材或金属毛坯进行车、铣、刨、钻、磨、电蚀等加工,得到所需模具的形状和尺寸。这种方法既费时又费钱,特别是汽车、摩托车和家电所需的一些大型模具,往往造价数十万元以上,制作周期长达数月甚至一年。而基于 RPM 技术的直接或间接制作模具,使模具的制造时间大大缩短而成本却大大降低。

(1) 用快速成型机制作模具(图 6-31) 由于一些快速成型机制作的工件有较好的机械强度和稳定性,因此快速成型件可直接用作模具。例如,某公司快速成型制件坚如硬木,可承受 300 ℃高温,经表面处理(如喷涂清漆、高分子材料或金属)后可用作砂型铸造木模、低熔点合金铸造模、试制用注射模以及熔模铸造的压型。当用作砂型铸造的木模时,它可用来重复制作 50~100 件砂型。作为蜡模的成形模时,它可用来重复注射 100 件以上的蜡模。用快速成型机的 ABS 工件能选择性地融合包裹热塑性黏结剂的金属粉,构成模具的半成品,烧结金属粉并在孔隙渗入第二种金属(铝)从而制作成金属模。

(a)　　　　　　　　(b)

图 6-31 用快速成型机制作模具

(2) 用快速成型件作母模(图 6-32)，复制软模具(soft tooling)　用快速成型件作母模，可浇注蜡、硅橡胶、环氧树脂、聚氨酯等软材料，构成软模具，或先浇注硅橡胶、环氧树脂模(即蜡模的压型)，再浇注蜡模。其中，蜡模可用于熔模铸造，而硅橡胶模、环氧树脂模等可用作试制用注塑模或低熔点合金铸造模。

(3) 用快速成型件作母模，复制硬模具(iron tooling)　用快速成型件作母模，或据其复制的软模具，可浇注(或涂覆)石膏、陶瓷、金属基合成材料、金属，构成硬模具(如各种铸造模、注塑模、蜡模的压型、拉深模)，从而批量生产塑料件或金属件。这种模具有良好的机械加工性能，可进行局部切削加工，以便获得更高的精度，或镶入嵌块、冷却系统、浇注系统等。用金属基合成材料浇注成的蜡模的压型，其模具寿命可达 1 000～10 000 件。

图 6-32　快速成型件母模

(4) 用快速成型系统制作电脉冲机床用电极　用快速成型件作母体，通过喷镀或涂覆金属、粉末冶金、精密铸造、浇注石墨粉或特殊研磨，可制作金属电极或石墨电极。

4.3　基于 RP 的快速模具制造的应用

1. 利用硅橡胶模(silicone rubber mold)制作佛头、线圈

硅橡胶有很好的弹性和复制性能，用它来复制模具可不考虑起模斜度，基本不会影响尺寸精度，而且这种材料有很好的切割性能，用薄片就可容易地将其切开且切面间非常贴合，因此用它来复制模具时可以先不分上、下模，整体浇注出软模后，再沿预定的分模面将其切开，取出母模，即可得到上、下两个软模。

(1) 试验用设备和材料　试验所用的设备：某公司的快速成型机、真空注型机和恒温箱。所用的材料：透明硅橡胶、固化剂和聚氨酯树脂。

(2) 制模工艺路线　使用 UG NX、SolidEdge、CREO(原 Pro/E)、CATIA、Inventor 等软件进行数字化建模，以 STL 文件格式保存；将文件输入快速成型机做出制件原型，处理后作为硅橡胶母模；组合模框后将硅橡胶和固化剂的混合物浇注于框中，通过真空脱泡、固化后剖切取出母样即得硅胶模；最后在真空注型机中浇注塑料样件。

(3) 制作硅胶模具时的注意事项　对成型硅橡胶而言，不要在室温下固化，而以 40～60 ℃加温固化；分模面的选取一定要注意将外观面朝下，在内观面的合适位置上放置胶棒；如果零件有倒钩，可以在硅胶模上作 45°切口，但注意不要割断；在一些树脂不易流满的死角处，一定要做气孔；对不容易进行分模的原型件，可以喷少许离型剂。

此外，对形状复杂(倒钩、斜面很多)，两半模无法满足脱模条件的情况，开模时可以将硅橡胶模具剖开成数块来处理。但要注意，在浇注塑料件的时候合模应精确，否则会因模具的错位或合模不紧而影响浇注品的精度。

(4) 应用图例　图 6-33 和图 6-34 分别为硅橡胶材料的佛头和线圈模具的照片。

模具制造工艺

图 6-33 佛头模具

图 6-34 线圈模具

2. 利用电极快速制造精铸摆杆

注射模等多种模具的型腔常常用电脉冲加工机床(EDM)制作。它是利用导电材料(金属)在液体介质中放电时的电腐蚀现象来对金属材料(型腔)进行加工的,原理如图 6-35 所示。

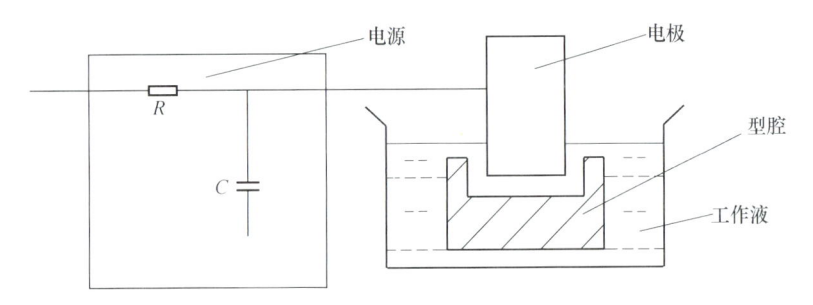

图 6-35 电脉冲加工原理图

(1) 精铸摆杆制作工艺流程

如图 6-36 所示,在此摆杆制作工艺中,电极的制作是关键。首先用快速成型机制作出母件,在其表面进行金属喷镀构成铜电极壳体,然后取出电极壳体,在电极壳体的背面注射环氧树脂,用电极固定座与电极壳体连接构成铜电极。这样,精铸摆杆电极就制作完成了。

(2) 注意事项

① 这种方法由于通过电极的电流较大会产生大量的热,如果散热不够好,镀层和母体易分离,导致电极镀层畸变、破裂,加剧损耗。为此,可在电极中设置相应的冷却道,或在靠近镀层处放入金属嵌块来改善导热条件。

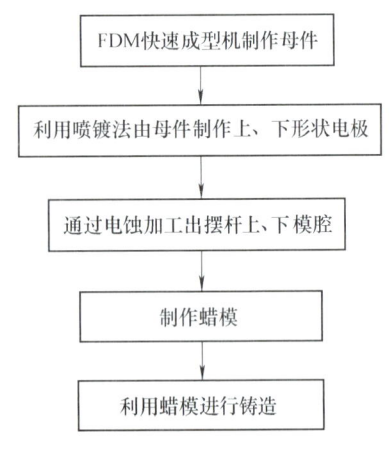

图 6-36 精铸摆杆制作工艺流程

② 在电脉冲加工过程中,电极与被加工表面之间的间隙应适中。间隙过大,极间电压不能击穿极间介质,从而不能产生火花放电;间隙过小,容易短路。

③ 加工工件必须放在较高绝缘强度的液体介质中进行。通常采用泵和过滤器使工作液循环过滤。

④ 精加工电极表面应尽可能光洁，以便减少模腔表面的后处理工作量。

(3) 应用图例

如图 6-37 所示,从左向右依次为快速原型件、上半形状电极及模具、下半形状电极及模具、蜡模。

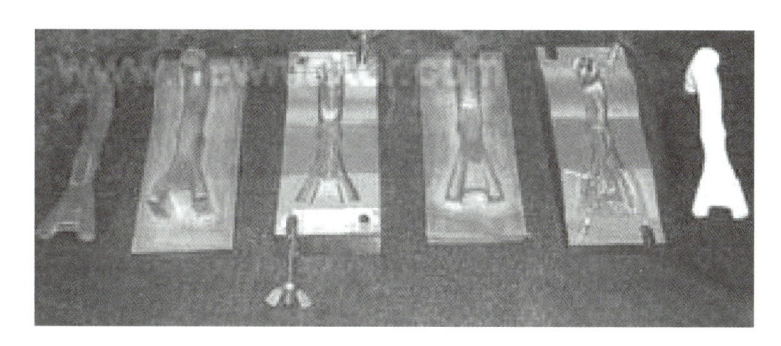

图 6-37 剪毛机摆杆模具

由此可以看出,快速成型技术及以其为基础的快速制模技术在企业新产品开发中起着重要作用。它可以极大缩短新产品的开发周期,降低开发阶段的成本和开发风险。在 21 世纪,新产品的快速开发成为企业生存与发展命脉,该项技术必将得到广泛应用与发展。

任务 5　模具的表面处理技术

5.1　型腔的抛光和研磨

1. 抛光和研磨的概念

(1) 研磨的概念　研磨是在不损坏工件形状的条件下,尽可能减小工件表面粗糙度值的方法。研磨是使用氧化铝或碳化硅磨粒和以铸铁或氧化铝制成研磨用平板从事玻璃透镜等工件研磨加工。在工件和工具(研具)之间加入研磨剂,在一定压力下由工具和工件间的相对运动,驱动大量磨粒在加工表面上滚动或滑擦,切下微细的金属层而使加工表面的粗糙度值减小。

(2) 抛光的概念　抛光是借助于介质和工具,通过带动工件表面的自由磨粒去除金属的方法。抛光主要是使工件具有光泽面的作业,即经过磨合后,工件需再次经过抛光处理才具有光学性的光泽面,抛光可以看成研磨的最后工序。

2. 抛光的方法

(1) 手工抛光　手工抛光是利用油石、砂纸、研磨膏等磨料及超声研磨装置、气动超声磨具等辅助工具,对模腔表面进行微切削加工以去掉经机械加工或 EDM 加工留下的刀痕或硬层,以达到提高表面质量的目的。常见的手工抛光方法有以下两种：

第一种为用砂纸抛光,即手持砂纸,压在加工表面上作缓慢的运动,以去除机械加工的切削痕迹,使表面粗糙度值减小,是一种常见的抛光方法。

第二种为用油石抛光。此种方法主要是对型腔的平坦部位和槽的直线部分进行处理。选用适当种类的磨料、粒度、形状的油石,根据抛光面大小选择适当大小的油石,以使油石能纵横交叉运动。经修整后的油石如图 6-38 所示。

图 6-38 油石

(2) 机械抛光　机械抛光是在专用抛光机上进行抛光,靠极细的抛光粉和磨面间产生的相对磨削和滚压作用来消除磨痕。常见的抛光机有以下几种:

第一种为圆盘式抛光机。如图 6-39 所示。用手持式圆盘式抛光机对一些大型模具去除仿形加工后的走刀痕迹及倒角,抛光精度不高,其抛光程度接近粗磨。

图 6-39 圆盘式磨光机　　图 6-40 电动抛光机

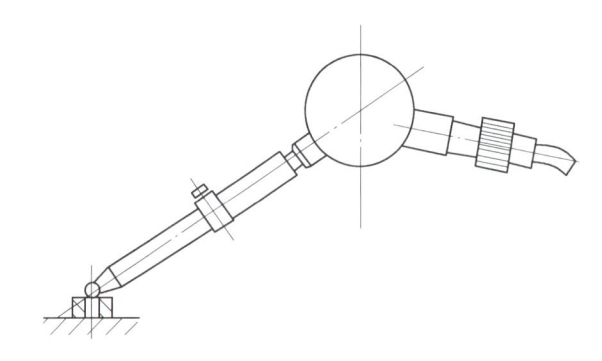

第二种为电动抛光机。电动抛光机由电动机、传动软轴及手持式抛光头组成。电动抛光机如图 6-40 所示。

第三种为手持直式旋转研抛头。手持直式旋转研抛头如图 6-41 所示。

(3) 电解抛光　电解抛光是利用电化学阳极溶解的原理对金属表面进行抛光的一种表面加工方法。此种方法抛光效率高,但型腔表面经电解抛光后尺寸略有改变,因此对尺寸精度要求高的塑件,不宜采用。

图 6-42 所示为电解抛光设备,图 6-43 所示为电解抛光的工作原理。

电解抛光特点:

① 电解抛光不会使工件产生热变形或应力。

图 6-41 手持直式旋转研抛头

图 6-42 电解抛光设备

1—阴极；2—电解液管；3—磨粒；4—电解液；
5—阳极；6—电源。
图 6-43 电解修磨抛光原理图

② 工件硬度不影响加工速度。

③ 对型腔中用一般方法难以修磨的部分及形状，可采用相应形状的修磨工具进行加工，操作方便、灵活。

④ 表面粗糙度一般为 $Ra\ 6.3\sim3.2\ \mu m$。

⑤ 装置简单，工作电压低，电解液无毒，生产安全。

(4) 超声抛光　超声抛光是利用超声作为动力，推动细小的磨料以极高的速度冲击工件的表面，从工件上刮下无数的材料，而达到加工的目的。图 6-44 所示为超声抛光机，图 6-45 所示为超声抛光的原理图。

超声发生器能将 50 Hz 的交流电转变为具有一定功率输出的超声电振荡。超声发生器用的磨料为碳化硅、碳化硼、金刚砂，加工表面粗糙度为 $Ra\ 0.63\sim0.08\ \mu m$。它抛光效率高，能减轻劳动强度，适于抛光各种型腔模具，对窄缝、深槽、不规则圆弧的抛光尤为适用，还适用于不同材质的抛光。

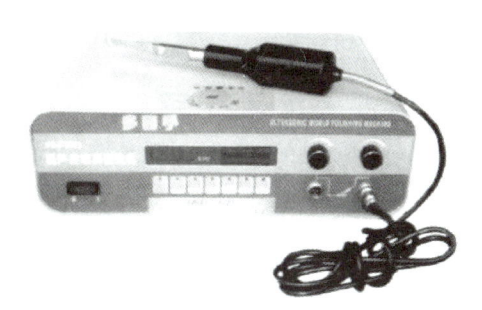

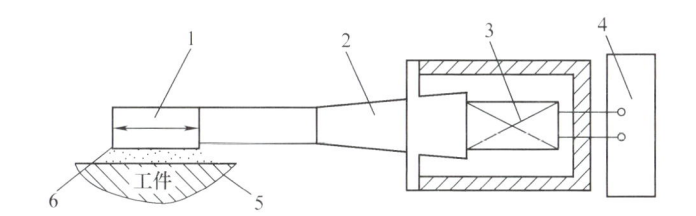

图 6-44 超声抛光机

1—抛光工具；2—变幅杆；3—换能器；4—超声发生器；5—磨料；6—磨料液。
图 6-45 超声抛光的原理图

3. 影响模具抛光质量的因素

操作者的技能是指操作者在进行抛光时控制作用力的三要素（力的大小、方向、作用点）和作用时间的能力。

(1) 在手工抛光中,当对模具型腔施加的作用力的方向不同时,被抛光面各点去屑的速度也不同,因而将影响其表面质量。如果要去除模腔表面的凹坑,抛光时作用力的方向应交错进行,以增大其端面的去屑速度,这样有利于消除模腔表面的凹坑;若要消除模腔表面的凸形,抛光时作用力的方向应垂直于被抛光模腔表面,以增加其中心的去屑速度,从而消除模腔表面的凸形。在手工抛光中,模腔表面受作用力大的方向,其去屑速度也快,因而作用力的大小对模腔的抛光质量也有影响。抛光所加的压力差不多以手指尖轻轻推压的力量就够了。若推压的力太大会在工件表面留下伤痕,同时也会使形状精度降低。

(2) 在手工抛光中,作用力的时间过短,即前道抛光手续遗留的痕迹没有去除就匆忙进入下一道手续,这样下去,其抛光结果一定很不理想;作用力的时间过长,则会增加其成本,还有可能引起"橘皮"效应,所以作用力的时间对模腔的抛光质量也有影响。

5.2 型腔的表面硬化处理

型腔的表面硬化处理的目的是提高模具的耐用度。型腔的表面硬化处理的方法有:

1. CVD法(化学气相沉积法)

在高温下将盛放工件的炉内抽成真空或通入氢气,再导入反应气体,气体的化学反应在工件表面形成硬质化合物涂层。

CVD法的优点:

(1) 处理温度高,涂层与基体之间的结合比较牢固。

(2) 用于形状复杂的模具,使模具能获得均匀的涂层。

(3) 设备简单,成本低,效果好(可提高模具寿命2~6倍),易于推广。

CVD法的缺点:

(1) 处理温度高,易引起模具变形。

(2) 涂层厚度较薄,处理后不允许研磨修整。

(3) 处理温度高,模具的基体会软化,对于高速钢、高碳钢和高铬钢,必须进行涂覆处理后于真空或惰性气体中再进行淬火、回火处理。

2. PVD法(物理气相沉积法)

在真空中把钛等活性金属熔融蒸发离子化后,在高压静电场中使离子加速并沉积于工件表面形成涂层。

PVD法的优点:

(1) 处理温度一般为400~600 ℃,不会影响Cr12型模具钢原先的热处理效果。

(2) 处理温度低,模具变形小。

PVD法的缺点:

(1) 涂层与基体的结合强度较低。

(2) 涂覆处理温度低于 400 ℃,涂层性能下降,不适于低温回火的模具。

(3) 采用一个蒸发源,对形状复杂的模具覆盖性能不好;用多个蒸发源或使工件绕蒸发源旋转来弥补,又会使设备复杂,成本提高。

复习与思考

1. 电火花加工时的自动进给系统和车、钻、磨削时的自动进给系统,在原理上、本质上有什么不同?为什么会引起这种不同?

2. 什么是电火花加工和线切割的电规准?在电火花加工和线切割加工中,粗、中、精加工时的生产率大小和脉冲电源的功率、输出电流大小有什么关系?

3. 为什么说电化学加工过程中的阳极溶解是氧化过程,而阴极沉积是还原过程?

4. 阳极钝化现象在电解加工中是优点还是缺点?试举例说明。

5. 电解加工的自动进给系统和电火花加工的自动进给系统有何异同?为什么会形成这些不同?

6. 电解加工时的电极间隙蚀除特性与电火花加工时的电极间隙蚀除特性有何不同,为什么?

7. 超声加工时的进给系统有何特点?

8. 试判断超声加工时以下哪种说法最确切。

(1) 工具整体在作超声振动;

(2) 只有工具端面在作超声振动;

(3) 工具各个截面都在作超声振动,但各截面同一时间的振幅不一样;

(4) 工具各个横截面依次都在作"原地踏步"式的振动。

9. 如何提高化学蚀刻加工和光化学腐蚀加工的精密度?

拓展提升

实践训练题六

项目七
模具的装配调试技术

学习目标

1. 掌握模具装配的基本原则。
2. 能够理解简单冲裁模的装配工艺。
3. 能够理解简单塑料模的装配工艺。
4. 了解锻模的安装和调整技术。
5. 了解铝合金挤压模的修整技术。
6. 节约成本,保证质量,树立责任意识。

图片

模具装配

能力要求

1. 能够按照装配要求完成冲裁模的装配和调整。
2. 能够设计简单冲裁模的装配工艺路线。
3. 能够设计简单塑料注射模的装配工艺路线。
4. 在专业理论和实践的学习中,形成个人技能的综合能力。

问题导入

图 7-1 为一副塑料注射模的零件分解图。本任务是把这些加工好的模具零件按一定的顺序装配起来,并调整好,使之能安装在加工设备上生产出合格的制品。

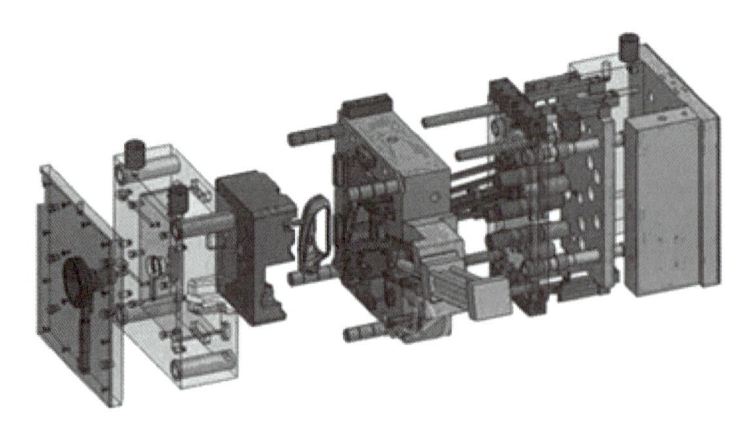

图 7-1 塑料注射模的零件分解图

任务实施

任务1 模具的装配方法及装配尺寸链计算

1.1 模具的装配要求

根据模具装配图样和技术要求,将模具的零部件按照一定的工艺顺序进行配合、定位、连接以及补充加工,使之成为符合要求的模具,称为模具装配,其装配过程称为模具装配工艺过程。

模具装配图及验收技术条件是模具装配的依据,构成模具的所有零件,包括标准件、通用件及成形零件等,符合技术要求是模具装配的基础。但是,并不是有了合格的零件,就一定能装配出符合设计要求的模具,合理的装配工艺及装配经验也很重要。

模具装配过程是模具制造工艺全过程中的关键工艺过程,包括装配、调整、检验和试模。

在装配时,零件或相邻装配单元的配合和连接,均须按装配工艺确定的装配基准进行定位与固定,以保证它们之间的配合精度和位置精度,从而保证模具凸模与凹模间精密均匀的配合、模具开合运动及其他辅助机构(如卸料、抽芯、送料等)运动的精确性,进而保证制件的精度和质量,保证模具的使用性能和寿命。

1.2 模具的装配方法

产品的装配方法是根据产品的产量和装配精度要求等因素来确定的。一般情况下,产品的装配精度要求高,则零件的精度要求也高。但是,根据生产的实际情况采用合理的装配方法,也可以用精度较低的零件来达到较高的装配精度。常用的装配方法有以下几种:

1. 互换装配法

按照装配零件所能达到的互换程度,分为完全互换法和不完全互换法。

(1) 完全互换法 完全互换法是指在装配时各配合零件不经修理、选择和调整就可以直接装配即达到装配精度要求。要使被装配的零件达到完全互换,装配的精度要求和被装配零件的制造公差之间应满足

$$T_\Sigma = T_1 + T_2 + \cdots + T_{n-1} = \sum_{i=1}^{n-1} T_i$$

式中,T_Σ——装配精度所允许误差范围,mm;

T_i——影响装配精度零件的制造公差,mm;

n——装配尺寸链的总环数。

采用完全互换装配法,具有装配工作简单、对装配工人的技术水平要求不高、装配质量稳定、

易于组织流水作业、生产率高、产品维修方便等优点。因此,这种方法在实际生产中获得了广泛应用。

(2) 不完全互换法　当采用完全互换法装配,配合零件的精度要求高,制造困难时,可将配合零件的制造公差适当放大,降低加工难度。但这样会造成少部分零件不能完全互换,需进行有选择的装配。这种通过有选择的装配达到装配精度要求的方法称为不完全互换法。

2. 分组装配法

在成批和大量生产中当产品的装配精度要求很高时,装配尺寸链中各组成环的公差必然很小,致使零件加工困难,还可能使零件的加工精度超出现有的工艺所能实现的水平。在这种情况下,先将零件的制造公差扩大数倍,按经济精度进行加工,然后将配合副的零件按实测尺寸分组。装配时按对应组进行互换装配以达到装配精度的方法称为分组装配法。

3. 修配装配法

在装配时修去指定零件上的预留修配量达到装配精度的方法,称为修配装配法。这种装配方法在单件小批生产中被广泛采用。常见的修配方法有以下三种:

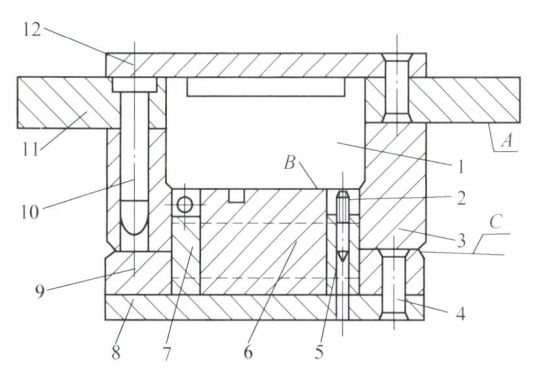

(1) 按件修配法　按件修配法是在装配尺寸链的组成环中预先指定一个零件作修配件(修配环),装配时用切削加工改变该零件的尺寸以达到装配精度要求。

图 7-2 所示为热固性塑料压塑模,装配后要求上、下型芯在 B 面上,凹模的上、下平面与上、下固定板在 A、C 面上同时保持接触。为了使零件的加工和装配简单,选凹模为修配环。

在装配时,先完成上、下型芯与固定板的装配,并测量出型芯对固定板的高度尺寸。按型芯的实际高度尺寸修磨 A、C 面。凹模的上、下平面在加工中应留适当的修配余量,其大小可根据实际生产经验或计算确定。

1—上型芯;2—嵌件螺杆;3—凹模;4—铆钉;5—型芯拼块;6—下型芯;7—型芯拼块;8、12—支承板;9—下固定板;10—导柱;11—上固定板。
图 7-2　热固性塑料压塑模

在按件修配法中,选定的修配件应是易于加工的零件,在装配时它的尺寸改变对其他尺寸链不致产生影响,由此可见,上例选凹模为修配环是恰当的。

(2) 合并加工修配法　合并加工修配法是把两个或两个以上的零件装配在一起后,再进行机械加工,以达到装配精度要求。将零件组合后所得尺寸作为装配尺寸链的一个组成环看待,从而使尺寸链的组成环数减少,公差扩大,更容易保证装配精度。

如图 7-3 所示,凸模和固定板连接后,要求型芯拼块—支承板下型芯凸模的上端面和固定板的上平面共面。在加工凸模和固定板时,对尺寸 A_1、A_2 并不严格控制,而是将两者装配在一起磨削上平面,以保证装配精度。

1—凸模；2—固定板；3—等高垫铁。
图 7-3 磨凸模和固定板的上平面

图 7-4 自身加工修配法

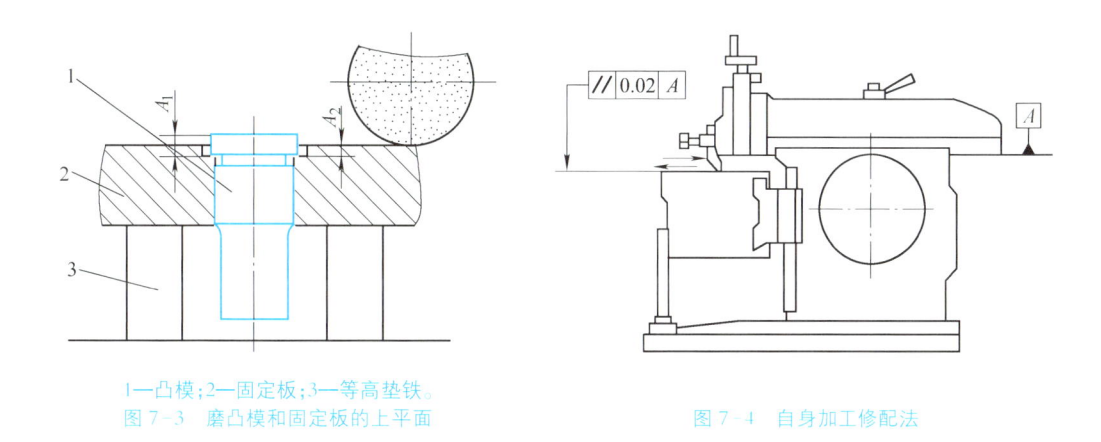

(3) 自身加工修配法 用产品自身所具有的加工能力对修配件进行加工达到装配精度的方法，称为自身加工修配法。这种修配方法常在机床制造或修配中采用，例如牛头刨床在装配时，它的工作台面可用刨床自身来进行刨削（图 7-4），以达到滑枕运动方向对工作台面的平行度要求。

4. 调整装配法

装配时用改变产品中可调整零件的相对位置或选用合适的调整件达到装配精度的方法，称为调整装配法。根据调整方法不同，将调整法分成以下两种：

(1) 可动调整法 在装配时改变调整件位置达到装配精度的方法，称为可动调整法。图 7-5a 所示是用螺钉调整件调整滚动轴承的配合间隙。转动螺钉可使轴承外环相对于内环作轴向位移，使外环、滚动体、内环之间获得适当的间隙。图 7-5b 所示为移动调整套筒 1 的轴向位置，使间隙 N 达到装配精度要求。当间隙调整好后，用止动螺钉 2 将套筒固定在机体上。

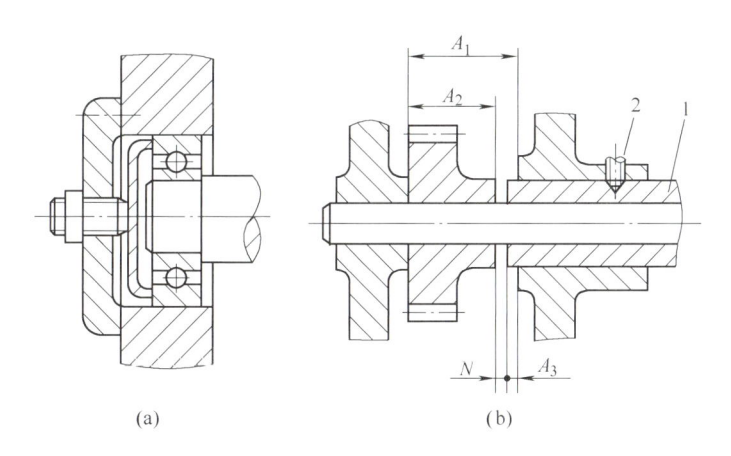

1—调整套筒；2—止动螺钉。
图 7-5 可动调整法

可动调整法在调整过程中不需拆卸零件，比较方便，在机械制造中应用较广。在模具中也常用到，如冲裁模采用上出件时，顶件力的调整常采用可动调整法。

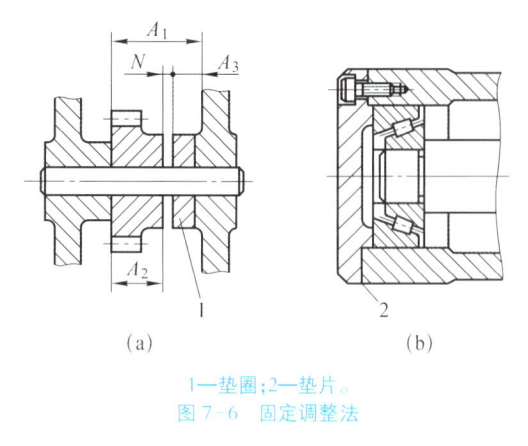

(2) 固定调整法　在装配过程中选用合适的调整件达到装配精度的方法。图 7-6a 所示是采用垫圈调整轴向间隙。调整垫圈的厚度尺寸 A_3 根据尺寸 A_1、A_2、N 来确定，由于尺寸 A_1、A_2、N 是在它们各自的公差调整套筒定位螺钉范围内变动的，所以需要准备不同厚度尺寸的垫圈（A_3），这些垫圈可以在装配前按一定的尺寸间隔做好，装配时根据预装时对间隙的测量结果，选择一个厚度适当的垫圈进行装配，以得到所要求的间隙 N。

1—垫圈；2—垫片。
图 7-6　固定调整法

图 7-6b 所示是采用调整垫片调整滚动轴承的间隙。在装配时当轴承间隙过大（或小），不能满足运动要求时，可选择一个厚度比原垫片适当减薄（或增厚）的垫片替换原有垫片，使轴承外环沿轴向有适当位移，以使轴承间隙满足运动要求。

不同的装配方法对零件的加工精度、装配的技术水平要求及其生产率也不相同，因此在选择装配方法时，应从产品装配的技术要求出发，根据生产类型和实际生产条件合理进行选择。

技能提示

修配装配法和调整装配法两者的共同之处是能用精度较低的组成零件，达到较高的装配精度。但调整装配法是用更换调整零件或改变调整件位置的方法达到装配精度，而修配装配法是从修配件切除一定的修配余量达到装配精度的。

1.3　装配尺寸链的概念

在产品的装配关系中，由相关零件的尺寸（表面或轴线间的距离）或相互位置关系（同轴度、平行度、垂直度等）所组成的尺寸链，叫作装配尺寸链。装配尺寸链的封闭环就是装配后的精度和技术要求，这种要求是通过将零部件等装配好以后才最后形成和保证的，是最终的尺寸或位置关系。在装配关系中，与装配精度要求发生直接影响的那些零部件的尺寸和位置关系，是装配尺寸链的组成环，组成环分为增环和减环。装配尺寸链的基本定义、所用基本公式、计算方法均与零件工艺尺寸链相类似。应用装配尺寸链计算装配精度的步骤是：首先，正确无误地建立装配尺寸链；其次，做必要的分析计算，并确定装配方法；最后，确定经济而可行的零件制造公差。

模具的装配精度要求可根据各种标准或有关资料予以确定。当缺乏成熟资料时，常采用类比法并结合生产经验定出。确定装配方法后，把装配精度要求作为装配尺寸链的封闭环，通过装配尺寸链的分析计算，就可以在设计阶段合理地确定各组成零件的尺寸公差和技术条件。只有零件按规定的公差加工，装配按预定的方法进行，才能有效而又经济的达到规定的装配精度要求。

1.4 装配尺寸链的计算

1. 尺寸链的建立

建立和解算装配尺寸链时应注意以下几点：

(1) 当某组成环属于标准件(如销)时,其尺寸公差和分布位置在相应的标准中已有规定,属已知值。

(2) 当某组成环为公共环时,其公差及公差带位置应根据精度要求最高的装配尺寸链来决定。

(3) 其他组成环的公差与分布应视各环加工的难易程度予以确定。对于尺寸相近、加工方法相同的组成环,可按等公差值分配;对于尺寸不同、加工方法不一样的组成环,可按等精度(公差等级相同)分配;加工精度不易保证时可取较大的公差值等。

(4) 一般公差带的分布可按"入体"原则确定,并应使组成环的尺寸公差符合国家极限与配合标准的规定。

(5) 对于孔心距尺寸或某些长度尺寸,可按对称偏差予以确定。

(6) 在产品结构既定的条件下建立装配尺寸链时,应遵循装配尺寸链组成的最短路线原则(即环数最少),即应使每一个有关零件(或组件)仅以一个组成环来参入装配尺寸链中,因而组成环的数目应等于有关零部件的数目。

2. 尺寸链的分析计算

装配尺寸链确定以后,就可以进行具体的分析与计算工作。图 7-7 所示为塑料注射模中常用的斜楔锁紧结构的装配尺寸链。在空模合模后,滑块 2 沿定模 1 内斜面滑行,产生锁紧力,使两个半圆滑块严密拼合。为此,须在定模 1 内平面和滑块分型面之间留有合理间隙。

(1) 封闭环的确定　图 7-7a 中的间隙是在装配后形成的,为尺寸链的封闭环,以 L_0 表示。按技术条件,间隙的极限值为 0.18～0.30 mm,则为 $L_{0+0.18}^{+0.30}$ mm。

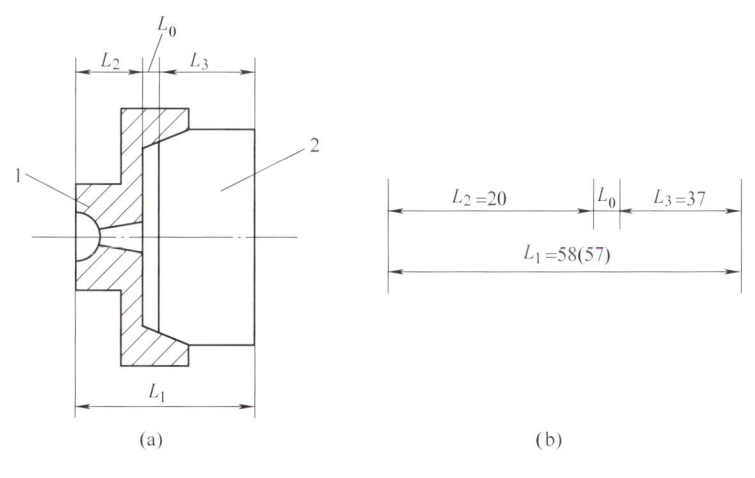

1—定模；2—滑块。
图 7-7　装配尺寸链图

(2) 查明组成环 将 $L_0 \sim L_3$ 依次相连,组成封闭的装配尺寸链。该尺寸链由 4 个尺寸环组成,如图 7-7a 所示,L_0 是封闭环,$L_1 \sim L_3$ 为组成环。绘出相应的尺寸链图,并将各环的公称尺寸标于尺寸链图上,如图 7-7b 所示。

如图 7-7b 所示,其尺寸链方程式为:$L_0 = L_1 - (L_2 + L_3)$。其中:当 L_1 增大或减小(其他尺寸不变)时,L_0 亦相应增大或减小,即 L_1 的变动导致 L_0 同向变动,故 L_1 为增环。

当 L_2、L_3 增大时,L_0 减小;当 L_2、L_3 减小时,L_0 增大。故 L_2、L_3 为减环。

(3) 校核组成环公称尺寸 将各组成环的公称尺寸代入尺寸链方程式,得 $L_0 = [58-(20+37)]\text{mm} = 1\text{ mm}$。但技术要求为 $L_0 = 0$,若将 $L_1 - 1\text{ mm}$,即 $(58-1)\text{ mm} = 57\text{ mm}$,则使封闭环公称尺寸符合要求。因此,各组成环公称尺寸确定为 $L_1 = 57\text{ mm}$、$L_2 = 20\text{ mm}$、$L_3 = 37\text{ mm}$。

(4) 公差计算 尺寸链各环的其他尺寸和公差的计算方法与零件工艺尺寸链的计算方法相同。

任务 2 冲裁模的装配与调试

冲裁模装配的主要要求是:保证冲裁间隙的均匀性,这是冲裁模装配合格的关键;还应保证导向零件导向良好、卸料装置和顶出装置工作灵活有效;保证排料孔畅通无阻,冲压件或废料不卡留在模具内;保证其他零件的相对位置精度等。

2.1 冲裁模装配常用的方法

1. 冲裁模零件的固定装配方法

(1) 模板的固定装配

冲裁模各模板之间一般采用螺钉和销连接固定。保证各模板之间的相对位置精度要求的装配方法要依模具模板周界尺寸的大小而定。对于大型冲压模模板,因尺寸大、自重大,装配时模板搬运及翻转不宜频繁,同时搬运及翻转也应尽量少用人工方法。所以,除少量需要根据凸模与凹模间隙调整后才能精确确定位置的销孔外,其余各模板上的螺钉孔、其他安装孔及其孔系一般采用分开加工的方式,要求各模板用螺钉和销固定后,不经过修配就能保证各模板之间的装配位置精度。这时,模板上的螺钉孔、其他安装孔及其孔系的加工必须在精密坐标镗床和精密坐标磨床等设备上进行,利用加工设备的加工精度确保装配位置精度。

小型模具模板的固定装配则常采用补充加工法,主要有配作加工及同钻同铰等。

① 配作加工 配作加工是指模板上的螺钉孔和销孔的孔位不是直接按照图样标注的尺寸公差加工的,而是依据另一个制造好的相关零件的实际孔位来加工。

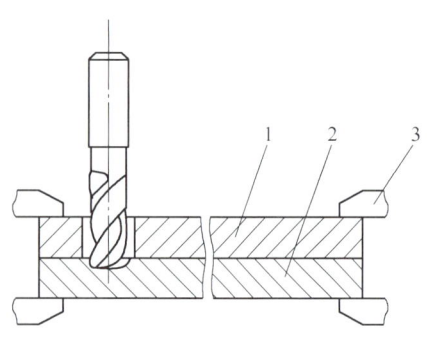

图 7-8 所示是通过凹模 1 上的通孔对凸模固定板 2

1—凹模;2—凸模固定板;3—平行夹头
图 7-8 引钻凸模固定板

直接引钻锥孔;拆开后,再按锥孔位置加工凸模固定板上的螺孔或通孔。若凹模上通孔的孔径小于凸模固定板上的相应孔径,可从凹模通孔直接向凸模固定板引钻预孔,分开后再对凸模固定板做扩孔加工。

如图 7-9 所示,待相关零件位置找正后,利用螺纹中心冲压印出下模座上通孔的中心位置,再进行后续的划线和钻孔加工。配作加工时必须注意从淬硬件向未淬硬件引钻,即淬硬件的孔须先行在零件淬硬之前加工完毕。也就是说,淬硬件是不能被引钻的。

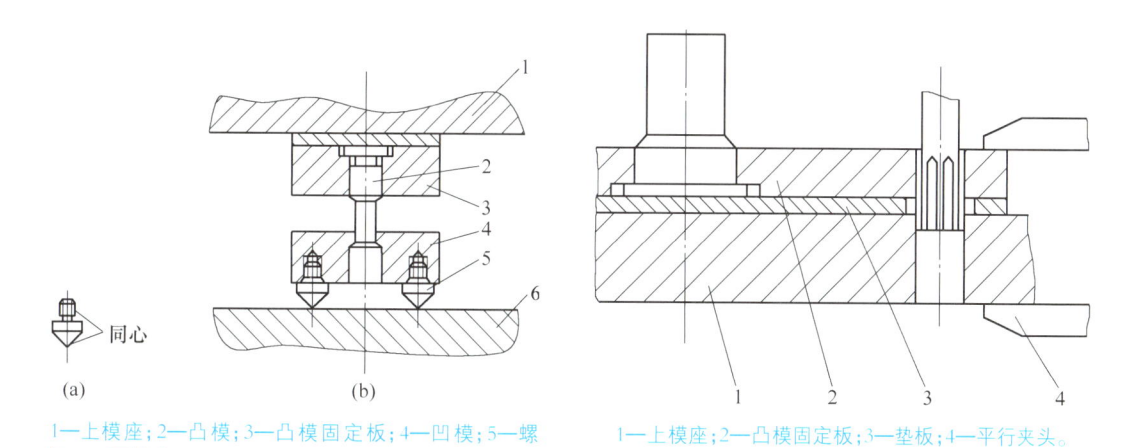

1—上模座;2—凸模;3—凸模固定板;4—凹模;5—螺钉;6—下模座。
图 7-9　用螺钉中心冲压印孔位

1—上模座;2—凸模固定板;3—垫板;4—平行夹头。
图 7-10　不同材料上同钻同铰销孔

② 同钻同铰　将相关零件找正后用平行夹头夹紧成一体,然后按一块板上的划线位置同时钻孔与铰孔,如图 7-10 所示。

技能提示

同铰时应注意:在不同材料上铰孔时,应从较硬材料一方铰入较软材料一方,否则孔易扩大;通过淬硬件上的孔来铰削时,应先对淬硬件的变形孔用研磨棒进行研磨,然后才能进行引铰;对于不通孔的铰削,应先用标准铰刀铰孔,然后磨去切削锥部分的旧铰刀铰削孔的底部。

(2) 成形零件的固定装配

模具成形零件按结构设计的不同,需采用不同的固定装配方法。

① 压入式固定　模具成形零件与相应固定板之间的接合面一般选用过渡配合或小过盈量配合。装配时常用压入式固定装配方法。

图 7-11a 所示是圆形凸模的压入式装配方法。为压入顺利,凸模配合段前端具有直径为 $D-0.02$ mm(D 为配合段的直径)的导向段。将压入件置于压力机中心,垫以等高平行垫块后即可压入装配。压入时应不断检查凸模配合段圆柱面对凸模固定板端面的垂直度,在 100 mm 内其误差一般不大于 0.02 mm。压入后在平面磨床上磨平凸模与凸模固定板的上端面,如图 7-11b 所示。

微视频

凸模的安装（铆接）

(a)　　　　　　　　　　　　(b)

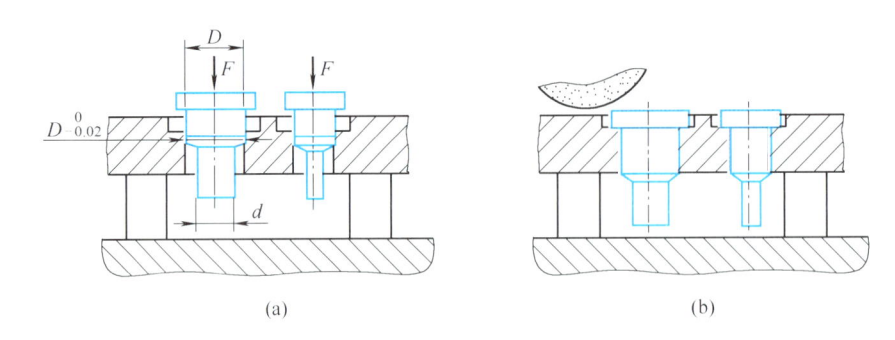

图 7-11　圆形凸模的压入式装配

微视频

凸模的安装
（台阶）

图 7-12a 所示是直通型凸模的压入式装配。将凸模固定板平置，凸模刃口面朝上，另一面设有圆角或倒角作为压入的导向段，在压力机上施以压力即可将凸模压入凸模固定板中。压入后再用挤紧法，即用圆弧头凿子（或称錾子）环绕凸模外圈对固定板型孔进行局部敲击，使固定板的局部挤向凸模面将其固定，如图 7-12b 所示。在固定板内压入装配多个凸模时，一般先装配最大的凸模，并以此为基准，再装配离该凸模较远的凸模。这样的装配次序稳定性较好，对小凸模影响也较小，以后的凸模装配次序可以任选。

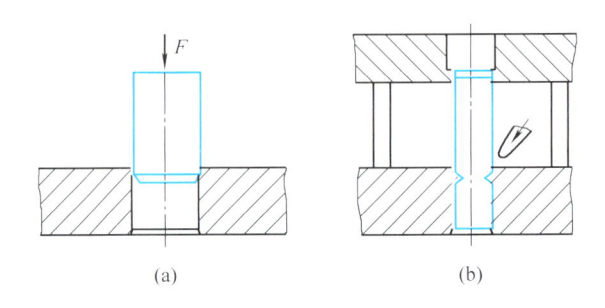

(a)　　　　　　　　　　　　(b)

图 7-12　直通型凸模的压入式装配

② 热套式固定　热套装配常用于镶拼式成形零件的固定，过盈量一般较小，如图 7-13a 所示，过盈量取 $(0.001\sim0.002)D$，式中 D 为套圈的内径。先将各镶块在定位圈上排好，再将套圈加热至 300~400 ℃ 即可取出套圈。图 7-13b 所示是镶拼式硬质合金凹模的热套式装配。两个方向分别取过盈量 $(0.001\sim0.002)A$、$(0.001\sim0.002)B$，将套圈加热至 400~450 ℃，模块加热至 200~250 ℃ 套入。在热套冷却后，再进行型孔加工，如线切割等。但需采用多次线切割加工，第一次切割完成后，放置 12~16 h，再进行第二次切割加工，以克服内应力变形对尺寸精度及稳定性的影响。

③ 浇注式固定　浇注式固定常用的浇注材料有低熔点合金、环氧树脂及无机黏合剂等。

• 低熔点合金浇注固定　图 7-14 所示为熔化的低熔点合金浇入固定凸模的形式。利用低熔点合金冷凝时的体积膨胀特性，将成形零件固定，又称冷胀法。

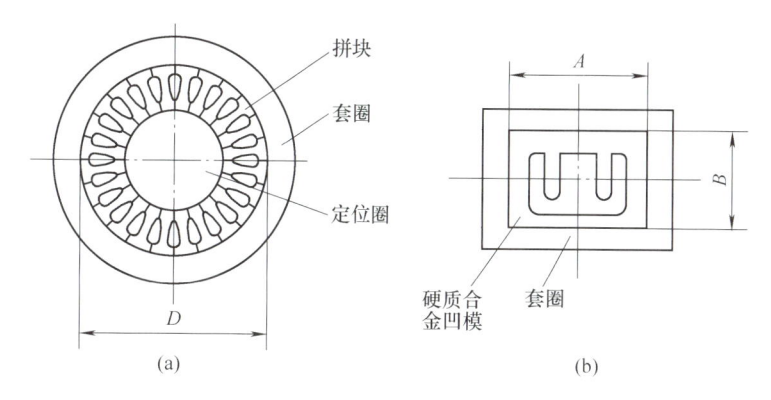

图 7-13 镶拼式硬质合金凹模的热套式装配

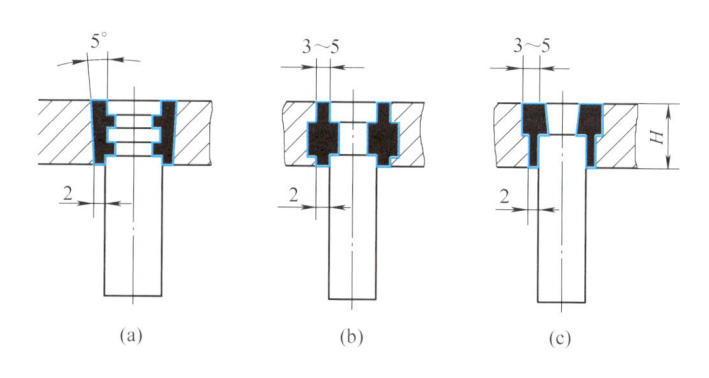

图 7-14 低熔点合金浇注固定凸模的形式

浇注前将固定零件清洗、去油后倒置在安装平板上并找正固定位置,如图 7-15 所示。可在固定间隙中垫入薄片,再垫等高平行垫块,然后套上凹模,控制均匀的间隙,最后向间隙内浇注熔化的低熔点合金。浇注时先将被浇注部位预热至 100～150 ℃,浇注过程中及浇注后不能触动固定零件,以防错位。一般放置 24 h 进行充分冷却。除固定凸模外,低熔点合金浇注固定法还可用于对导柱、导套和卸料板的固定。

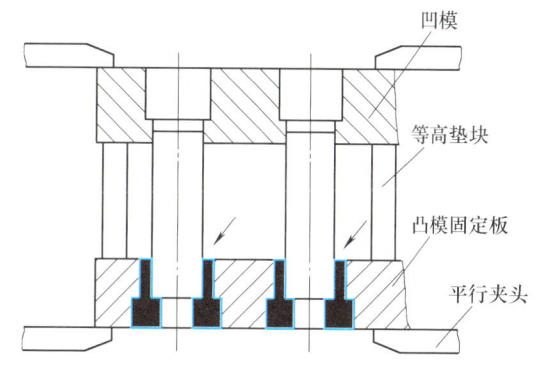

图 7-15 浇注低熔点合金示例

- 环氧树脂浇注固定　环氧树脂浇注固定法是指将环氧树脂黏合剂浇入待固定凸模与凸模固定板的间隙内,经固化后固定成形零件的方法。环氧树脂在硬化状态时对各种金属表面的附着力都非常强,附着处机械强度高、收缩率小、化学稳定性和工艺性好。用环氧树脂固定凸模时,应将凸模固定板上的孔做得大一些,一般单面间隙取 1.5～2.5 mm,黏结面应较为粗糙,以增大黏结强度,一般取 $Ra = 50～12.5$ μm。图 7-16 所示是环氧树脂浇注法固定凸模的几种结构形式。

环氧树脂浇注固定的突出优点是可简化固定型孔的加工,降低机械加工要求,容易获得均匀

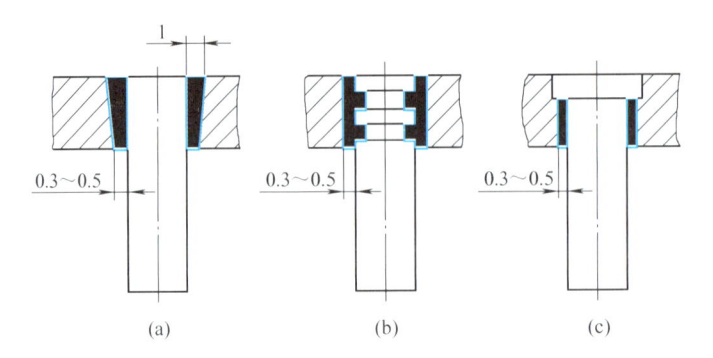

图 7-16 环氧树脂浇注固定凸模的结构形式

的冲裁间隙。

● 无机黏合剂浇注固定 此种方法是将氢氧化铝的磷酸溶液与氧化铜粉混合为黏合剂,填充在成形零件与固定板的间隙内,经化学反应固化,使成形零件固定。黏结处的间隙不宜过大,一般取单面间隙 0.1～1.25 mm,黏结处表面宜粗糙。

无机黏合剂的黏结面具有良好的耐热性(可耐 600 ℃左右的高温),黏结简便,不变形,有足够的强度,其抗压强度可达 80～100 MPa。但是承受冲击能力较差,不耐酸、碱的腐蚀。

2. 模架的装配过程

(1) 模架装配的技术要求

目前大多数模架的导柱、导套与模座之间采用过盈配合。装配成套的模架按上模座上平面对下模座下平面的平行度、导柱轴线对下模座下平面的垂直度、导套孔轴线对上模座上平面的垂直度三项技术指标来划分模架的精度等级,见表 7-1。

表 7-1 模架分级技术指标

项目	检测内容	被测尺寸/mm	滑动导向模架精度等级 1级	2级	3级	滚动导向模架精度等级 1级	2级
			公 差 等 级				
A	上模座上平面对下模座下平面的平行度	≤400 >400	6 7	7 8	8 9	4 5	5 6
B	导柱轴心线对下模座下平面的垂直度	≤160 >160	4 5	5 6	6 7	3 4	4 5
C	导套孔轴心线对上模座上平面的垂直度	≤160 >160	4 5	5 6	6 7	3 4	4 5

注:项目 A 中,上模座的最大长度或最大宽度是被测尺寸;项目 B 中,上模座上平面的导柱高度是被测尺寸;项目 C 中,导套孔延长芯棒的高度是被测尺寸。

模架装配需达到的主要技术要求为:

① 滑动式导柱和导套之间的配合精度须达到 H5/h5 或 H7/h6,滚动式导柱与导套保持圈内

的钢球之间须保持 0.01～0.02 mm 的过盈配合。

② 压入上、下模座的导套、导柱离安装表面应有 1～2 mm 的距离,压入后应牢固,不可松动。

③ 装配后的模架上模座沿导柱上、下移动应平稳,无阻滞现象。装配成套的模架各零件的工作表面不应有碰伤、裂纹以及其他机械损伤。

(2) 模架的装配工艺

压入式模架主要有两种装配工艺,各自选择的装配基准不同。

① 导柱为装配基准　以导柱为装配基准时,需先压入导柱,再以导柱为基准压入装配导套,其工艺路线为:

● 压入导柱　如图 7-17a 所示,利用压力机将导柱压入下模座。压入导柱时压块顶在导柱中心孔上,在压入过程中,应用千分表在互相垂直的两个方向不断测量与校正导柱的垂直度,直至将两个导柱全部压入。

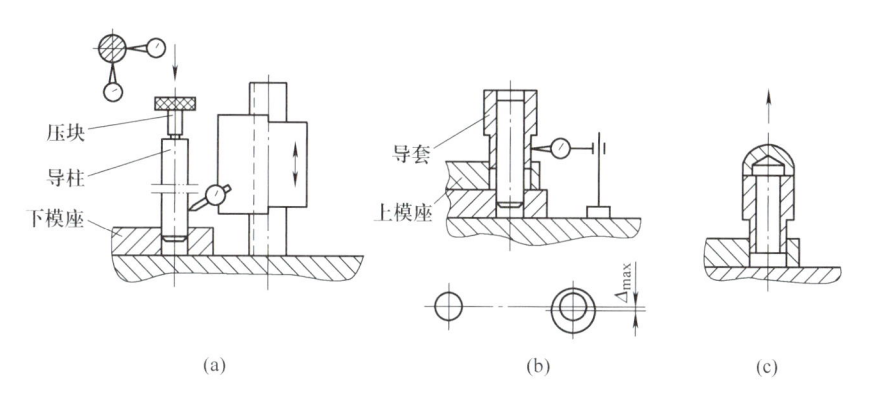

图 7-17　以导柱为基准装配模架

● 装导套　如图 7-17b 所示,将上模座套在导柱上,然后套上导套,用千分表检查导套压配部分内外圆的同轴度,并将其最大偏差 Δ_{max} 放在两导套中心连线的垂直位置,这样可减少由于不同轴而引起的中心距变化。

● 压入导套　如图 7-17c 所示,将帽形垫块放在导套上,将导套压入上模座一部分,然后取走下模座及导柱,仍用帽形垫块将导套全部压入上模座。

● 检验　导柱、导套分别压入模座后,要在两个互相垂直的方向上进行垂直度检测,如图 7-18a 所示。导套孔轴线对上模座上表面的垂直度可在导套孔内插入心轴进行检查,如图 7-18b 所示。上模座与下模座对合后,中间垫入球形垫块,如图 7-18c 所示,在检验平板上测量模座上表面对底面的平行度。

② 导套为装配基准　以导套为装配基准时,先将导柱、导套进行选择配合,然后压入导套,再以导套为基准压入装配导柱,其工艺路线为:

● 压入导套　如图 7-19a 所示,将上模座放在专用工具上,该工具的两圆柱与底板垂直,圆

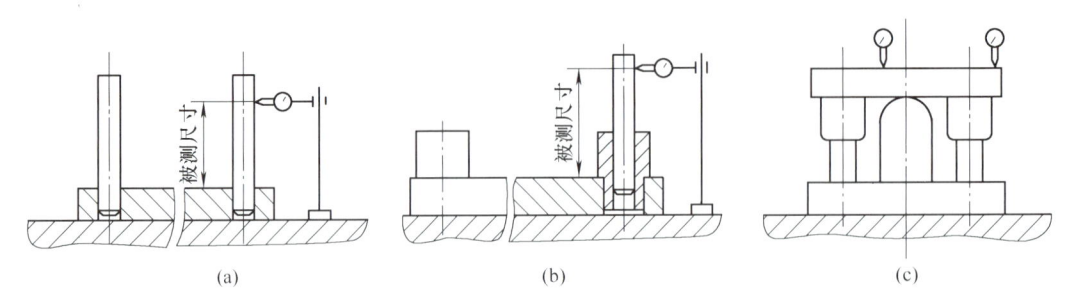

图 7-18 检验装配后模架的三项技术指标

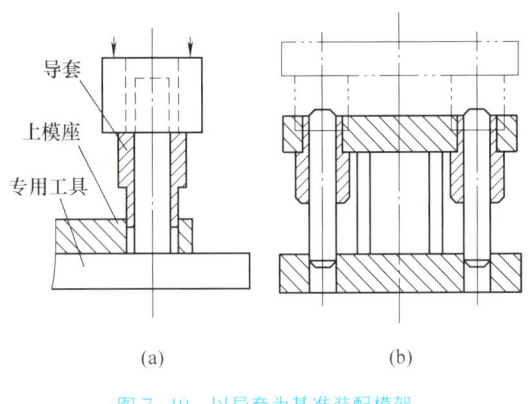

图 7-19 以导套为基准装配模架

柱直径与导柱直径相同。然后将两个导套分别套在圆柱上,用两个等高垫圈垫在导套上,在压力机上将导套压入上模座。

- 压入导柱 如图 7-19b 所示,在上模座和下模座间垫入等高垫块,导柱插入导套,在压力机上将导柱压入下模座 5~6 mm;将上模座用手提升至不脱离导柱的最高位置,然后再放下,若上模座与两垫块接触松紧不一,则调整导柱至接触松紧均匀为止,最后将导柱压入下模座。
- 进行模架三项技术指标的检验。

技能提示

有时在设计对称布置的导柱、导套时,有意把导柱导套的公称尺寸两边做得不一样,这样做是为了防止在模具检修复装时的错边现象发生。

2.2 冲裁模间隙的控制

冲裁模装配的关键是如何保证凸模与凹模之间间隙正确、均匀,这既与模具有关零件的加工精度有关,也与装配工艺是否合理有关。为此,必须选择其中一个主要件作为装配基准件,根据装配基准件的位置,用找正间隙的方法来确定其他零件的相对位置。控制间隙均匀性主要有以下几种方法:

1. 垫片法与试切法

将凹模固定于模座上,将装好凸模的固定板用螺钉连接在另一个模座上,初步对准位置,但螺钉不要紧固太紧。如图 7-20a 所示,在凹模刃口四周适当地方安放垫片,间隙较大时可叠放两片,垫片厚度等于单面间隙值。然后将上模座的导套慢慢套进导柱,观察凸模 1 及凸模 2 是否顺利进入凹模与垫片接触,如图 7-20b 所示。由等高平行垫块垫好,用敲击固定板的方法调整间隙直到均匀为止,并将上模座事先未固紧的螺钉拧紧。然后采用试切法,即放纸试冲,由切纸上四周毛刺的分布情况进一步判断间隙的均匀程度,再进行间隙的微调直至均匀。最后对上模座与固定板同钻同铰定位销孔,并配入销定位。

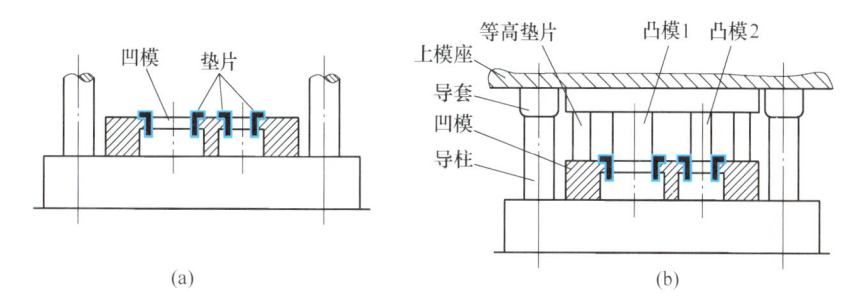

图 7-20 垫片法控制间隙示例

2. 电镀法与涂层法

电镀法是指在凸模工作段镀上厚度与单面间隙相同的铜层或锌层来代替垫片。由于镀层均匀,可提高装配间隙的均匀性,镀层本身会在冲模使用过程中自行剥落而无须安排去除工序。

与电镀法相似,涂层法是指仅在凸模工作段涂以厚度等于单面间隙的涂料,如磁漆、氨基酸绝缘漆等,来代替电镀层。

3. 透光法与酸蚀法

透光法是凭目测观察透过凹模的光线,根据光线的强度来判断间隙的大小和均匀性。酸蚀法是先将凸模的尺寸做成与凹模型孔尺寸相同,待装配好后再将凸模工作部分用酸腐蚀法达到规定的间隙值。

2.3 典型冲裁模的装配工艺

冲裁模的装配顺序主要与冲裁模类型、结构、零件制造工艺以及装配者的经验和工作习惯有关。一般装配顺序为:装配主要组件→选择装配基准件→按基准装配有关零件→控制并调整凸模与凹模之间间隙均匀→装入其他零件或组件→试模。

原则上应按照冲裁模主要零件加工时的依赖关系来确定装配基准件。

(1) 导板模常选导板作为装配基准件。装配时将凸模穿过导板后装入凸模固定板,再装入上模座,然后装凹模及下模座。

(2) 级进模常选凹模作为装配基准件。为了便于准确调整步距,应先将拼块凹模装入下模座,再以凹模定位将凸模装入固定板,然后装上模座。

(3) 复合模常选凸凹模作为装配基准件。一般先装凸凹模部分,再装凹模、顶块以及凸模等。

(4) 弯曲模及拉深模则视具体结构确定。对于导向式模具,通常选成形凹模作为装配基准,这样间隙调整比较方便;而对于敞开式模具,则可任选凸模或凹模作为装配基准件。

下面以导板式级进模的装配为例说明冲裁模的装配工艺过程。图 7-21 所示的弹压导板级

微视频
弯曲模装配

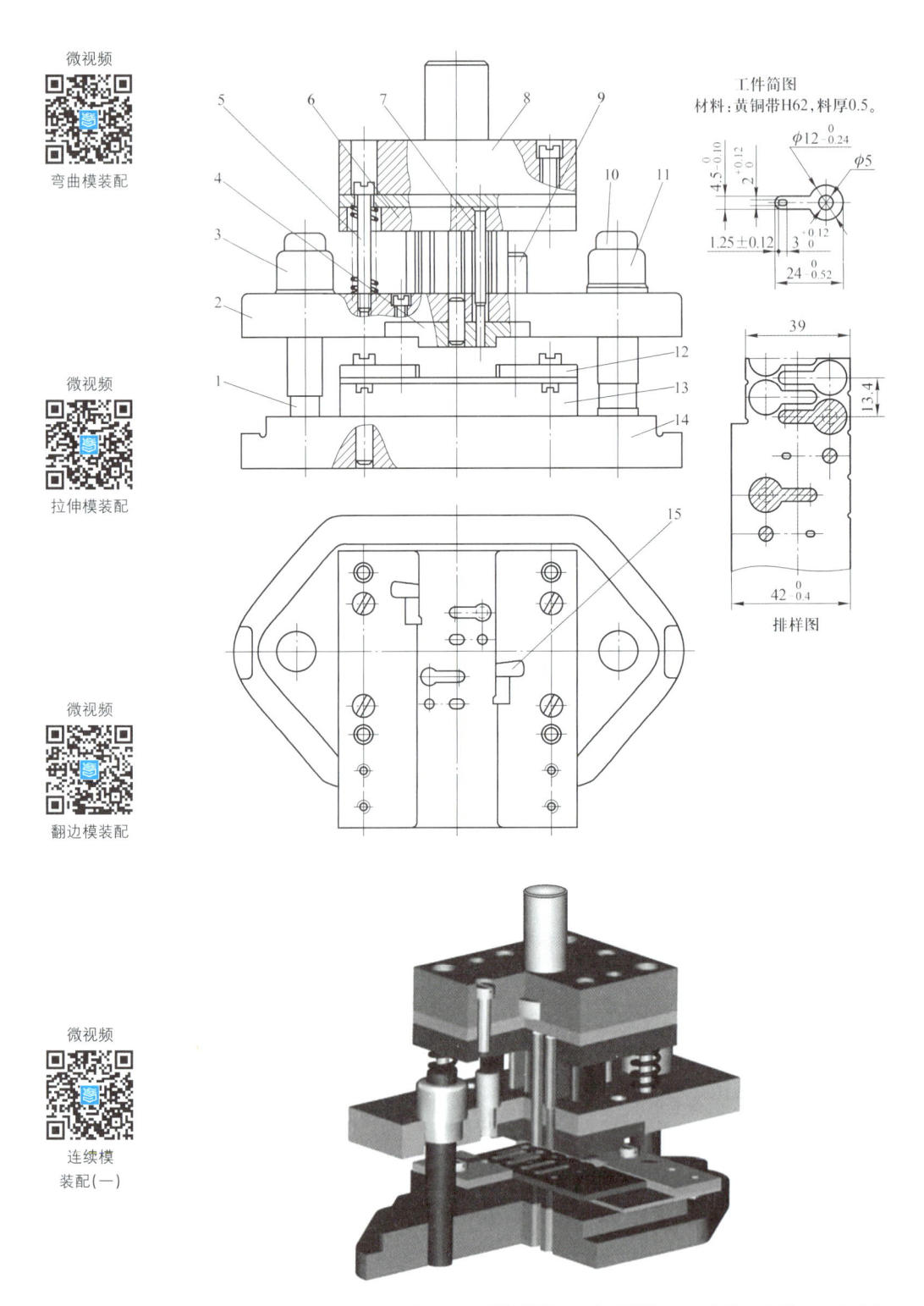

微视频
拉伸模装配

微视频
翻边模装配

微视频
连续模
装配(一)

工件简图
材料：黄铜带H62，料厚0.5。

排样图

1—导柱；2—弹压导板；3—导套；4—导料板镶块；5—卸料螺钉；6—凸模固定板；7—冲孔凸模；8—上模座；9—限位柱；10—导柱；11—导套；12—导料板；13—凹模；14—下模座；15—侧刃挡块。

图 7-21 弹压导板级进模

进模有 6 个凸模及 2 个刨刃。其中 2 个小冲孔凸模 7 与凸模固定板 6 之间采用浮动吊装固定法装配(见图示冲孔凸模 7 的固定方法),即尾部退火后采用铆接法与凸模固定板 6 连接,但凸模固定板 6 配合段的间隙大于与导料板镶块 4 配合段的间隙,可根据在导料板镶块 4 内的导向情况在固定板内作微量移动,以确保导向精确有效。其余凸模与侧刃则采用压入固定法(未画出)装配。通常选择导板作为装配基准件,具体装配工艺路线如下:

(1) 复检模具零件

复检时重点检查各个凸模及两侧刃与对应凹模洞口的间隙是否均匀。检验时应单独将各个凸模与侧刃插入相应的凹模洞口内,用垫片法或光隙法等检验间隙的均匀性。检验合格后将各个凸模与侧刃编号,装配时依编号装入。

(2) 装导料板组件

① 选择相距较远的一个大凸模与一个小凸模,将两个凸模穿过弹压导板 2 及导料板镶块 4,调整至两个凸模能够运动灵活,然后用一对平行夹头夹紧弹压导板及导料板镶块。

② 卸走两个凸模后,从导料板镶块上已加工好的螺孔向弹压导板方向引钻螺钉通孔。分开后将弹压导板的螺孔加工至要求,配装螺钉,将弹压导板与导料板镶块连接成一体,螺钉暂不拧紧。

③ 将两个凸模的工作面朝上,重新穿过反置的弹压导板,反置的弹压导板与安装平板之间垫以等高平行垫块。在凹模 13 与弹压导板之间垫入适当高度的平行垫块,使两个凸模插入凹模洞口约 5 mm。然后用透光法仔细调整两个凸模与凹模的间隙,直至均匀。再用一对平行夹头将调整好相对位置的弹压导板与导料板镶块夹紧。

④ 从导料板镶块上向弹压导板引钻、铰销孔,用研磨棒研磨后配装定位销。

⑤ 将所有凸模及侧刃穿过弹压导板插入凹模,用透光法逐个检验间隙的均匀性,做适当微调,直到各个凸模及侧刃与凹模间隙全部符合要求为止,旋紧紧固螺钉。

(3) 组装凸模组件

① 将一个大凸模压入凸模固定板 6 内,确保垂直度;

② 套上弹压导板,将另一个相距较远的小凸模穿过弹压导板后,装入凸模固定板(小凸模与凸模固定板是间隙配合);

③ 依次逐个穿过导板,装入其余凸模及侧刃;

④ 在安装平板上对浮动吊装的冲孔凸模 7 进行铆接;

⑤ 用平面磨床磨平所有凸模尾部端面及凸模固定板的上端面。

(4) 组装模柄组件

① 将模柄压入上模座 8,确保垂直度;

② 找正位置,配作防转销孔,并配装防转销。

(5) 组装上模部分

① 将已经装好的凸模组件垫以等高平行垫块放置在安装平板上,然后将凸模垫板、上模座叠

放在凸模固定板上。按装配图找正三者之间的位置,用一对平行夹头夹紧。

② 从凸模固定板上已加工好的螺孔向凸模垫板及上模座方向引钻螺钉通孔。分开后将各自的螺钉通孔加工至要求,配装紧固螺钉,即可形成一个上模部分的二级组件。

(6) 上模部分与弹压导板的连接装配

① 将二级组件上的各个凸模及侧刃穿过弹压导板,按照装配图找正位置后用一对平行夹头夹紧。

② 从弹压导板上已经加工好的卸料螺钉安装孔向二级组件方向引钻卸料螺钉通孔。分开后再将各自的通孔加工至要求。

③ 将限位柱 9 压装入弹压导板。然后将二级组件重新穿入弹压导板,检验各凸模及侧刃的工作端面相对导料板下平面的伸出量是否足够,必要时可通过磨削限位柱上端面的方法予以调整。

④ 配装入适当长度的卸料螺钉,检验卸料螺钉处于下止点位置时凸模相对弹压导板的伸出量是否符合要求,检验卸料螺钉处于上止点位置时,头部是否越出上模座的上表面,以及工作时上模部分是否达到了永不脱出导料板镶块的装配要求等。

(7) 精确调整各凸模与凹模的间隙

① 将已经装好的上模部分的导套套在下模座 14 的导柱 1 及导柱 10 上,凹模 13 叠放在下模座上,上模部分缓慢下降,对准凹模洞口后插入。初步调好凸、凹模的间隙后用一对平行夹头将凹模板与下模座两者夹紧。

② 卸走上模部分,然后从凹模板上已加工好的紧固螺钉孔向下模座方向引钻螺钉通孔,分开后将下模座上的螺钉通孔加工至要求。配装螺钉,但暂不拧紧。

③ 上模部分重新套入下模座的导柱上。合拢后用垫片法或透光法精确调整凸模、侧刃与凹模的间隙。调整完毕后用平行夹头夹紧,旋紧紧固螺钉,然后卸走上模部分,从凹模板上已经加工好的销孔内向下模座引钻、铰定位销孔,用研磨棒配研销孔后,配装定位销。

(8) 安装其他零件

装入卸料弹簧、导料板 12、侧刃挡块 15 等其他模具零件,安装完毕后,合拢上、下模再次以切纸法确认凸、凹模间隙的均匀性,否则应重新调整。

(9) 试模

试模合格后淬硬定位板,送验入库。

2.4 冲裁模试模常见问题及其调整

模具装配完成后均需按正常工作条件进行试模,通过试模找出模具制造中的缺陷并找到相应解决方案。冲裁模试模常见问题及调整方法见表 7-2。

表 7-2 冲裁模试模常见问题及调整方法

存在问题	产 生 原 因	调 整 方 法
冲压件形状或尺寸不正确	凸模与凹模的形状或尺寸不正确	微量时可修整凸模与凹模，重调间隙，严重时须更换凸模或凹模
毛刺大且光亮带很小、圆角大	冲裁间隙过小	修整落料模的凸模或冲孔模的凹模以放大间隙
毛刺大且光亮带大	冲裁间隙过大	更换凸模或凹模以减小模具间隙
毛刺部分偏大	冲裁间隙不均匀或局部间隙不合理	调整间隙，若是局部间隙偏小则可修大，若属局部间隙过大，有时也可加镶块予以补救
卸料不正常	1. 装配时卸料元件配合太紧或卸料元件安装倾斜； 2. 弹性元件弹力不足； 3. 凹模和下模座之间的排料孔不同心； 4. 卸料板行程不足； 5. 弹顶器顶出距离过短	1. 修整或重新安装卸料元件，使其能够灵活运动； 2. 更换或加厚弹性元件； 3. 修整下模座排料孔； 4. 修整卸料螺钉头部沉孔深度或修整卸料螺钉长度； 5. 加长顶出部分长度
啃口	1. 导柱与导套间隙很大； 2. 凸模或导柱等安装不垂直； 3. 上、下模座不平行； 4. 卸料板偏移或倾斜； 5. 压力机台面与导轨不垂直	1. 更换导柱与导套或模架； 2. 重新安装凸模或导柱等零件，校验垂直度； 3. 以下模座为基准，修磨上模座； 4. 修磨或更换卸料板； 5. 检修压力机
冲压件不平整	1. 凹模倒锥； 2. 导正销与导正孔配合较紧； 3. 导正销与挡料销间隙过小	1. 修磨凹模除去倒锥； 2. 修整导正销； 3. 修整挡料销
内孔与外形相对位置不正确	1. 挡料销位置偏移； 2. 导正销与导正孔间隙过大； 3. 导料板的导料面与凹模中心线不平行； 4. 侧刃定距尺寸不正确	1. 修整挡料销位置； 2. 更换导正销； 3. 调整导料板的安装位置使导料面与凹模中心线平行； 4. 修磨或更换侧刃
送料不畅或条料被卡住	1. 导正板间距过小或导料板安装倾斜； 2. 凸模与卸料板间的间隙过大导致搭边翻边； 3. 导料板与侧刃不平行； 4. 侧刃与侧刃挡块不贴合导致条料上产生毛刺	1. 修整导料板； 2. 更换卸料板以减小凸模与卸料板间的间隙； 3. 修整导料板或侧刃； 4. 消除两者之间的间隙

微视频

斜楔式水平冲孔模装配

弯曲模与拉深模都是通过坯料的塑性变形使冲压件获得所需形状的。但在金属的塑性变形过程中，必然伴随弹性变形，而弹性变形的结果必然影响冲压件的尺寸及形状的精度。所以，即使模具零件制造得很精确，所成形的冲压件也未必合格。为确保冲出合格的冲压件，弯曲模和拉深模装配时必须注意以下几点：

1. 选择合适的修配环进行修配装配

对于多动作弯曲模或拉深模，为了保证各个模具动作间运动次序正确、各个运动件到达位置准确、多个运动件间的运动轨迹互不干涉，必须选择合适的修配件，在修配件上预先设置合理的修配余量，装配时通过逐步修配，保证装配精度及运动精度。

2. 安排试装、试冲工序

弯曲模和拉深模精确的毛坯尺寸一般通过冲压 CAE 分析或计算得到，但很难一次到位，所以装配时必须安排试装。试装前选择与冲压件相同厚度及相同材质的板材，可采用线切割加工方法，按毛坯设计计算或分析得到的参考尺寸割制成若干个样件，然后再安排试冲，根据试冲结果，逐渐修正毛坯尺寸，得到最终毛坯尺寸，用来制造毛坯落料模。

3. 安排试冲后的调整装配工序

试冲的目的是找出模具的缺陷以及检验毛坯尺寸的准确性，这些缺陷必须在试冲后的调整工序中予以解决。表 7-3 列出了弯曲模试冲时常出现的缺陷、产生原因及调整方法，表 7-4 列出了拉深模试冲中常见缺陷、产生原因及调整方法，供调整时参考。

表 7-3 弯曲模试冲时常见缺陷、产生原因及调整方法

缺陷	产生原因	调整方法
弯曲件底面不平	1. 卸料杆分布不均匀，卸料时顶弯； 2. 压料力不够	1. 均匀分布卸料杆或增加卸料杆数量； 2. 增加压料力
弯曲件尺寸和形状不合格	冲压时产生回弹	1. 修改凸模的角度和形状； 2. 增加凹模的深度； 3. 减少凸、凹模之间的间隙； 4. 弯曲前坯料退火，增加校正压力
弯曲件产生裂纹	1. 弯曲区内应力超过材料强度极限； 2. 弯曲区外侧有毛刺，造成应力集中； 3. 弯曲变形过大； 4. 弯曲线与板料的纤维方向平行； 5. 凸模圆角小	1. 更换塑性好的材料或材料退火后弯曲； 2. 减少弯曲区变形量或将有毛刺一边放在弯曲内侧； 3. 分次弯曲，首次弯曲用较大弯曲半径； 4. 改变落料排样，使弯曲线与板料纤维方向成一定的角度； 5. 加大凸模圆角
弯曲件表面擦伤或壁厚减薄	1. 凹模圆角太小或表面粗糙； 2. 板料黏附在凹模内； 3. 间隙小，挤压变薄； 4. 压料装置压料力太大	1. 加大凹模圆角，降低表面粗糙度值； 2. 凹模表面镀铬或进行化学处理； 3. 增加间隙； 4. 减小压料力
弯曲件出现挠度或扭转	中性层内外收缩的弯曲量不一样	1. 对弯曲件进行再校正； 2. 材料弯曲前退火处理； 3. 改变设计，将弹性变形设计在挠度相反的方向上

表 7-4　拉深模试冲时常见缺陷、产生原因及调整方法

缺　陷	产　生　原　因	调　整　方　法
局部被拉裂	1. 径向拉力太大,凸、凹模圆角太小; 2. 润滑不良或毛坯材料塑性差	1. 减小压边力,增大凸、凹模圆角; 2. 更换润滑剂或用塑性好的毛坯材料
凸缘起皱且冲压件侧壁拉裂	压边力太小,凸缘部分起皱,无法进入凹模而拉裂	加大压边力
拉深件底部被拉脱	凹模圆角半径太小	加大凹模圆角半径
盒形件角部破裂	1. 凹模角部圆角半径太小; 2. 凸、凹模间隙太小或变形程度太大	1. 加大凹模部圆角半径; 2. 加大凸、凹模间隙或增加拉深次数
拉深件底部不平	1. 坯料不平或弹顶力不足; 2. 顶杆与坯料接触面太小	1. 平整坯料或增加弹顶力; 2. 改善顶杆结构
拉深件壁部拉毛	1. 模具工作部分有毛刺; 2. 毛坯表面有杂质	1. 修光模具工作平面和圆角; 2. 清洁毛坯或更换新鲜润滑剂
拉深高度不够	1. 毛坯尺寸太小或凸模圆角半径太小; 2. 拉深间隙太大	1. 放大毛坯尺寸或加大凸模圆角半径; 2. 减小拉深间隙
拉深高度太大	1. 毛坯尺寸太大或凸模圆角半径太大; 2. 拉深间隙太小	1. 减小毛坯尺寸或加大凸模圆角半径; 2. 加大拉深间隙
拉深件凸缘起皱	凹模圆角半径太大或压边圈失效或压力不够或材料流动不均匀	减小凹模圆角半径或调整压边圈或适当增加压边力,或更改工艺面设计改善材料流动性
拉深件边缘呈锯齿形	毛坯边缘有毛刺	修整前道工序落料凹模刃口,使间隙均匀,减小毛刺
拉深件断面变薄	1. 凹模圆角半径太小或模具间隙太小; 2. 压边力太大或润滑剂不合适	1. 增大凹模圆角半径或加大模具间隙; 2. 减小压边力或更换合适润滑剂
阶梯形冲压件局部破裂	凹模及凸模圆角太小,压边力过大	加大凸模与凹模的圆角半径,减小压边力

4. 调定上下模的合模高度

多数弯曲模和拉深模采用敞开式非标准设计,所以合模时的高度对冲压件形状和尺寸精度会产生直接影响。模具调试达到使用要求后,需安装限位柱,将上模与下模的合模位置固定下来,以确保冲压件的尺寸精度和形状精度。

5. 合理安排淬火工序

模具经过试冲、调整安装工序,能冲出合格的冲压件后,进行热处理淬硬处理。

任务 3　锻模的装配调试

锻模的装配是按照设计要求,把锻模各零件连接或固定起来,达到装配要求,并保证加工出

合格制件。模具装配是模具制造的最后阶段,装配质量直接影响模具的精度、使用寿命和各部分的功能。

3.1 锻模装配的特点和内容

模具装配为单件装配生产类型。其特点是工艺灵活性大、工序集中、手工操作比例大、质量要求高和对操作者的技术和经验要求高等。

模具装配的内容有选择装配基准、组织装配、调整、修配、检验、试锻等。通过装配和试模不仅最终完成模具的制造任务,还将考核制件的成形工艺、模具的设计技术及模具的制造工艺和制造质量等的正确性。在模具装配阶段发现的各种技术问题,必须采取有效的措施妥善解决,以满足锻件成形的要求。

3.2 锻模装配的精度要求

(1) 相关零件的位置精度 例如上下模之间的位置精度、凸模与导套之间的位置精度、凸凹形锁扣的位置精度、键槽紧固的位置精度等。

(2) 相关零件的运动精度 包括直线运动精度及传动精度。例如导柱和导套之间的配合状态、顶杆和卸料装置的运动精度、进料装置的送料精度等。

(3) 相关零件的配合精度 相互配合零件的间隙要求。

(4) 相关零件的接触精度 例如模具分模面的接触状态(平行度)、凸凹形锁扣的结合情况、组合膛模镶块成形面的吻合情况等。

3.3 锻模装配的工艺方法

锻模装配的工艺方法常采用调整装配法,它是用一个可以调整位置的零件来调整其在锻造设备中的位置来达到装配精度,或增加一个具有定位尺寸的零件(如垫片、垫块等)来达到装配精度的一种方法。

具体方法按所采用的零件的作用有以下两种:

1. 可动调整装配法

可动调整装配法是在装配时用改变调整零件的位置来达到装配精度的方法。例如,图 7-22 所示为用压板与螺钉调整热模锻压力机锻模上、下模块的模膛对准。这种方法不用拆卸零件,操作方便,应用广泛。

2. 固定调整装配法

固定调整装配法是在装配过程中,通过改变调整件的定位尺寸的方法来达到调整精度。图 7-23

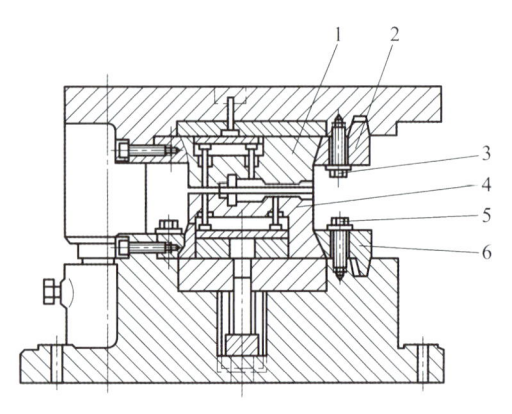

1、4—上、下模块;2、6—上、下压板;3、5—螺钉。
图 7-22 热锻模压力机锻模的调整

所示螺旋压力机锻模高度位置的调整,可通过更换调整垫块 5 达到装配精度的要求。调整垫块可以制成各种不同的厚度,装配时根据预装对制件底厚的测量结果,选择一个适当厚度(或者经过少量加工达到要求厚度)的调整垫块进行装配,进而达到所要求的高度位置。

调整装配法的优点是:

(1) 能获得比较高的装配精度。

(2) 零件可以按照经济精度要求确定加工公差。

1—上模座;2、3—上、下模;4—固定圈;5—调整垫块。

图 7-23 螺旋压力机锻模的调整

3.4 锻模的安装

锻模的安装方法见表 7-5。

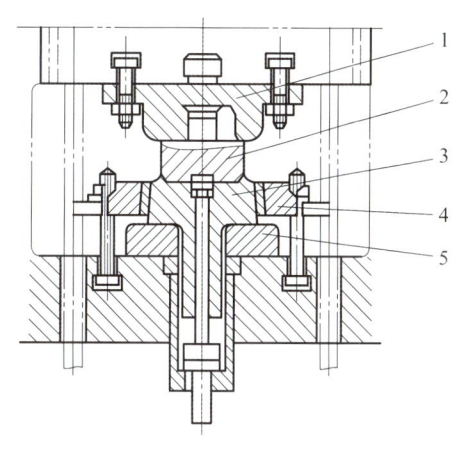

表 7-5 锻模的安装方法

序号	模具类型	安装方法
1	锤上锻模	锤上锻模依靠楔铁将上、下锻模的燕尾紧固在锤头和下模砧座上。其贴合平面都起传递力的作用。在安装时,必须仔细调整键块,以保证锤头导向和锻模导向的一致性和协调性。在打紧楔铁的过程中,应同时用锤头带动上模轻击下模,才能使锻模易于紧固
2	螺旋压力机用锻模或热模锻压力机用锻模	用于压力机的锻模一般装在模座里,模座设有导向部分,如螺旋压力机用锻模及热模锻锻模,都以导向装置保证上、下模配合精度。在安装时,应保证压力机滑块导向和模具导向的一致性,以防止导向部位的偏向磨损和模具导柱被折断。同时,在使用过程中,还应时常检查模具导向部位是否工作、配合是否正常,并要随时进行调整,防止模座因受振动偏心而发生窜动,造成上下模错移。上、下模在安装时,一定要固紧在压力机上,不能有任何松动
3	切边与冲孔模	1. 切边模在安装时,应首先调整好凸、凹模间隙,使其四周均匀,可采用垫片法调整,并且要注意凸模进入凹模的深度。 2. 冲孔模安装时,同样要注意凸、凹模间隙的均匀性,并且还要注意,冲孔模安装时,先固定好凸模,再调整凹模位置

3.5 锻模的调试

锻模的调试见表 7-6。

表 7-6 锻模的调试

步序	项目	操作说明
1	锻模检查	1. 检查模腔的尺寸精度及形状和表面质量是否符合图样要求; 2. 检查上、下模错移量是否超出允许范围; 3. 检查燕尾尺寸是否与设备相匹配

续表

步序	项目	操作说明
2	设备检查	1. 检查设备运行状况是否完好; 2. 检查设备能力是否合适,即不能偏大或偏小; 3. 检查设备安全、防护设施是否完备
3	锻模安装	1. 锻模在锻压机上安装要牢固、可靠; 2. 上、下模基面安装后要相互平行,其中心轴线要与运动方向平行,错移量应减小到允许合理范围值; 3. 燕尾支承面应与锻模分型面平行、与运动方向垂直,并与接触基面不存在间隙; 4. 上、下模分型面要互相平行,合模时接触密合; 5. 锤头与导轨的间隙,在保证正常作业的情况下,应取最小值
4	预热模具	1. 在试模前,模具应进行预热。对于小胎模可在炉前烘烤;对于大锻模,可用烧透的坯料放在上、下模之间烘烤,或用煤气喷灯烤烧; 2. 预热温度:150～350 ℃
5	润滑模具及设备	1. 锻模和锻压机械在试模使用前要对其进行合理的润滑; 2. 选用的润滑剂一般为:重油、润滑油、盐水或二硫化钼
6	清除坯件氧化皮	1. 对要进行锻造的金属坯料清除氧化皮; 2. 在锻造时严防过多的氧化皮入模,即采用压缩空气吹除或用高压水龙喷除
7	加热坯件	为了保证试模质量,被试锻的金属坯料必须按合理的加热规范加热,并在加热过程中不断翻动,使其各向受热均匀
8	试压坯件	将加热后的坯件放在模膛内,按试模工艺规程进行锻造成形

3.6 锻模试模的缺陷和调整方法

锻模试模的弊病、产生原因及调整方法见表 7-7。

表 7-7 锻模试模的弊病、产生原因及调整方法

弊病类型	产生原因	调整方法
锻件欠压,即在高度方向上尺寸偏差太大	1. 加热或锻造温度不合适; 2. 锻压设备吨位不足; 3. 操作工艺不合理; 4. 模具飞边槽过小或飞边槽阻力太大; 5. 模腔尺寸过小	1. 合理控制锻造温度,使终锻温度不要过低; 2. 加大锻压设备吨位; 3. 控制好锤击力及锤击次数; 4. 调整、修磨飞边槽尺寸使之合适; 5. 适当加大模腔尺寸
锻件局部未充满,尺寸不符合图样要求	1. 模锻设备吨位太小; 2. 毛坯体积过小; 3. 锻造温度偏低; 4. 氧化皮太多; 5. 飞边槽过大或阻力太小; 6. 模腔内有气体存在; 7. 模腔加工不精密; 8. 润滑不均匀; 9. 氧化皮没清除干净	1. 加大模锻设备吨位; 2. 加大毛坯尺寸; 3. 提高锻压温度; 4. 控制加热时间,减少氧化皮; 5. 修整飞边槽,使阻力加大; 6. 在模腔内设出气孔; 7. 修整模腔达到精度要求; 8. 将润滑剂涂抹均匀,不使过多的润滑剂残留模腔; 9. 试模前将氧化皮清除干净

续 表

弊病类型	产生原因	调整方法
锻件在冲孔边缘有龟裂或裂纹	1. 毛坯加热温度过低； 2. 凸凹模加热温度不足； 3. 凸（冲头）、凹模间隙不均或过小； 4. 锻造变形量太大	1. 加大毛坯加热温度； 2. 把凸、凹模加热至规定温度； 3. 重新调整凸、凹模间隙，使之大小合适，均匀一致； 4. 分多次锻造，减小变形量
锻件沿分模面的上、下部位产生位移	1. 设备精度不良； 2. 锻模精度差，上、下模错移量大，导向精度不高； 3. 锻模紧固螺钉松动	1. 调换精度高的设备； 2. 重新组装锻模，使之达到设计要求； 3. 将紧固螺钉固紧
锻件表面出现凹坑，不光洁	1. 坯件质量差，表面不光洁有凹痕； 2. 加热温度与加热时间不当，氧化皮太多； 3. 模膛表面粗糙	1. 更换质量好的坯件； 2. 控制加热温度及加热时间，不使其产生过多的氧化皮； 3. 抛磨模膛表面
锻件有裂纹	1. 毛坯本身质量差，有裂纹； 2. 毛坯断面尺寸形状不合理； 3. 模膛有锐角形成锻件裂纹	1. 更换毛坯； 2. 正确设计滚压、弯曲、预锻模膛，避免终锻产生裂纹； 3. 修整模膛，将锐角修整成过渡圆角
锻件局部金属偏多，超差	1. 模具上、下模膛偏移，装配时不在同一中心轴线上； 2. 模具导向精度低； 3. 坯料加热不均	1. 重新装配、调整锻模； 2. 调整导向零件，使配合精度提高； 3. 合理控制加热方法
锻件中心轴线处产生裂纹	1. 毛坯加热时间太短，中心轴线温度太低； 2. 锻造工艺不合理	1. 延长加热时间，使坯料充分烧透； 2. 改进锻造工艺，如在型砧内拔长。若在平砧上拔长时，应先将大砧断面锻成矩形，再将矩形拔长到一定尺寸，然后压成八角形，最后再压成所要求的断面，即可减少裂纹
锻件切边后产生毛刺	1. 间隙过大、过小或不均； 2. 刃口太钝	1. 调整凸、凹模间隙； 2. 磨刃口使之锋利
锻件切边后，中心轴线弯曲	1. 切边凸、凹模设计不合理； 2. 冷却过急； 3. 锻件在模膛内翘起变形	1. 重新设计制造凸、凹模； 2. 注意锻件冷却方法； 3. 增加校形工序，使其锻后整形

续 表

弊 病 类 型	产 生 原 因	调 整 方 法
锻件表面擦伤	1. 模具型腔处有尖角； 2. 氧化皮太多,模腔内不清洁有杂物	1. 修磨锐角为圆角； 2. 锻前清理模腔,并要适当减少氧化皮存在

任务 4　铝合金挤压模的调试

4.1　铝合金挤压模的调试原因

铝合金挤压模很难一次试模成功,必须经过一次或多次试模和修整。这是因为：

(1) 铝合金在挤压过程中由于受到筒壁挤压,以及模具端面、分流孔、焊合孔、舌头表面和模孔工作带表面的强烈摩擦,其流速是极不均匀的。

(2) 当挤压产品形状不对称,部分尺寸、形状或壁厚相差很大时,各部分金属流速不均匀性显著。

(3) 挤压模内的金属的压力分布和流动受到使用的挤压设备的影响,而这种影响是无法预知的。

(4) 模具设计和制作还不能做到准确计算和控制相关设计参数。

> **技能提示**
>
> 新模和经过使用有一定磨损的旧模进行试生产时,需要进行一次以上的调整试模,以消除产品中出现的各种缺陷,使各个型面流出的金属速度一致,产品轮廓基本平直。可以说,模具的调整本质就在于合理调整金属的流速,使金属能均衡地流出模孔。

4.2　铝合金挤压模的修模方法

模具的修模方法主要有阻碍、加快、扩大或缩小模孔尺寸,研磨与抛光、氮化等。出料的各种不正常状态,也有不同的解决方法。

1. 阻碍修模法

阻碍修模法是减缓金属流出模孔速度的修模方法。如图 7-24 所示,其工艺措施包括打麻点、工作带补焊、做阻碍角、工作带堆焊、修分流桥、修分流孔、修焊合室导流孔等。

2. 加快修模法

加快修模法是使金属流出模孔的速度提高的方法,如图 7-25 所示。采用的工艺措施有前加快、后加快、加快角等。

3. 扩大模孔尺寸法

当挤压制品截面壁厚尺寸小于图样技术要求的公差值时,应扩大模孔尺寸。扩大模孔尺寸

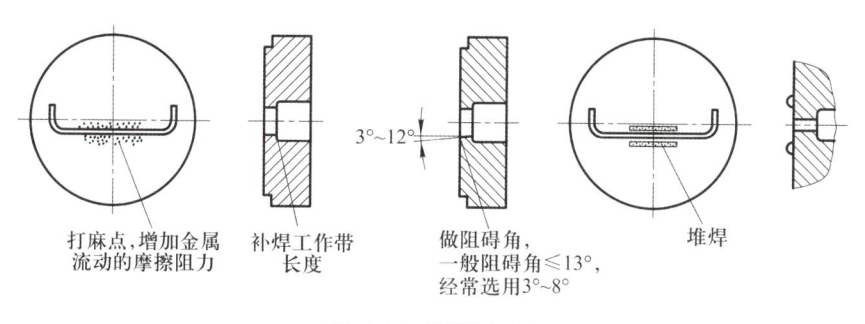

图 7-24 阻碍修模法

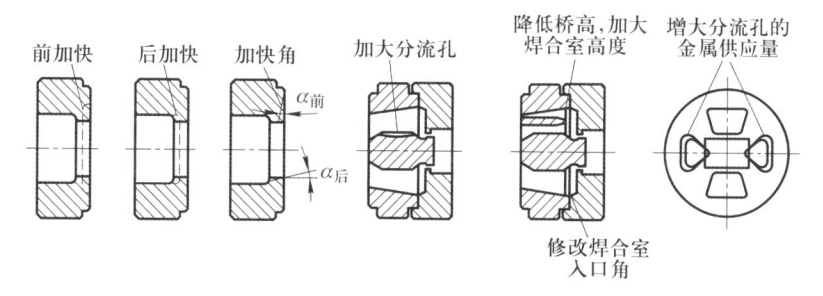

图 7-25 加快修模法

前,无论是手工修模还是机床切割修模都应该仔细测量工作带尺寸,检查是否有内斜、外斜或 R 状等,如果有这类情况,必须先修正,然后再测量、试模、修整。

4. 缩小模孔尺寸法

缩小模孔尺寸法比扩大模孔尺寸法要困难得多。操作方法主要有打击法(图 7-26)、补焊法、镀铬法等。

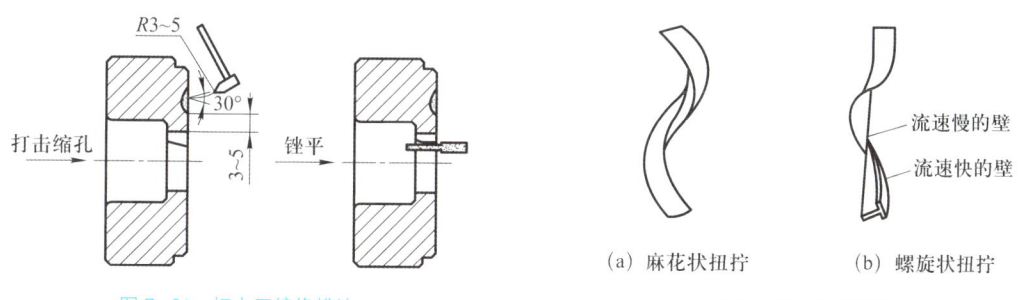

图 7-26 打击压缩修模法

图 7-27 扭拧缺陷

5. 扭拧状态出料的修正方法

在挤压过程中,受到与挤压方向垂直的力矩作用时,出料型材断面沿长度方向上绕某一轴线旋转称为扭拧。一般有麻花状扭拧和螺旋状扭拧两种状态。

麻花状扭拧是型材模孔的两侧工作带长度不一致,导致壁厚两侧的金属流动速度不一致而造成的,如图 7-27 所示。修正的办法是在模孔流速快的一侧,即型材平面凸起的一侧工作带进行阻碍修模,或在另一侧进行加速修模,使之产生一个相反力矩,以消除扭拧。

181

螺旋状扭拧是型材一个壁面的流速大于其他壁面的流速时,流速快的壁面越来越比其他的壁面长,致使此流速快的壁面绕流速较慢的壁面旋转,从而产生螺旋状扭拧,如图 7-28 所示。修模的方法是在流速快的部位做阻碍修模。

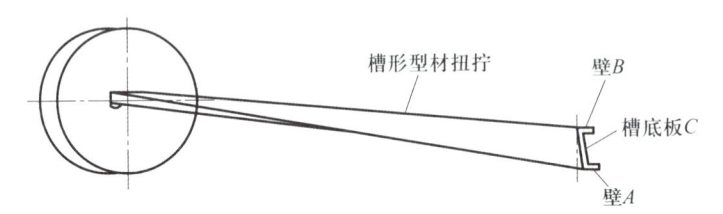

壁 A 端头流速快,金属先流出模孔,表现突出;槽底板 C 受壁 A 的影响出现侧弯;壁 B 流速慢,从型材纵向可以看出,A、C 两壁绕壁 B 旋转。

图 7-28　螺旋状扭拧缺陷

6. 波浪形出料的修正方法

从型材整体上来看出料是平直的,而在个别壁面上出现或大或小的波纹状不平现象,称为波浪形出料。

波浪形出料产生的原因是型材某壁面材料流速快而刚性较小,形不成扭拧缺陷时,此壁面受到压应力的作用,而沿纵向产生周期性波纹。消除的办法是,对流速快的壁面两侧做阻碍修模,如图 7-29 和图 7-30 所示。当波浪较小而波距较大时,可在流速慢的部位涂少许润滑油以消除波浪。

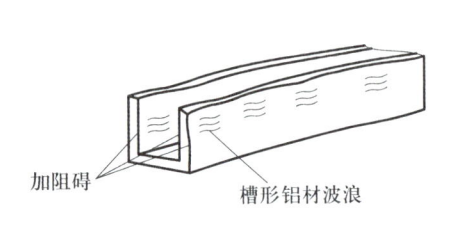

图 7-29　槽形型材波浪形的修正 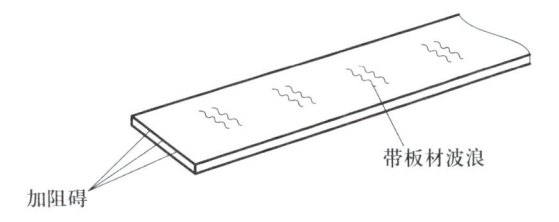　　　　图 7-30　带板材波浪形的修正

7. 出料侧弯的修正方法

扁平状或带状制品在挤出模孔时可能因为左右两侧的流速不一致造成产品头部或整个长度方向向左或向右的硬弯,称为侧弯。又因为制品呈镰刀状或马刀形,也被称为镰刀弯或马刀弯,如图 7-31 所示。

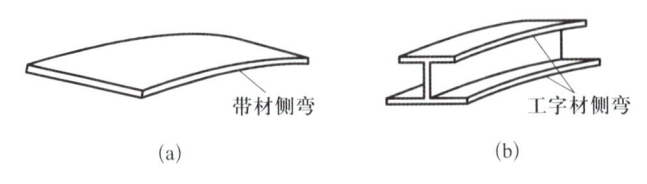

(a)　　　　(b)

图 7-31　材料侧弯

修磨的办法是,将流速快的一侧部位工作带做阻碍修模;情况较轻时,也可以采用润滑的办法来消除侧弯。

8. 平面间隙的修正方法

沿型材横向或纵向产生的不平度称为平面间隙。平面间隙可分为纵向间隙和横向间隙两类。

出料的纵向间隙是因为材料上下两层层金属流速不一致,产生上下翘曲。当挤压时型材某一部位的金属流速略有差异,就会产生纵向间隙,如图7-32a所示;当流速差较大时,就会形成纵向弯曲或弯头。

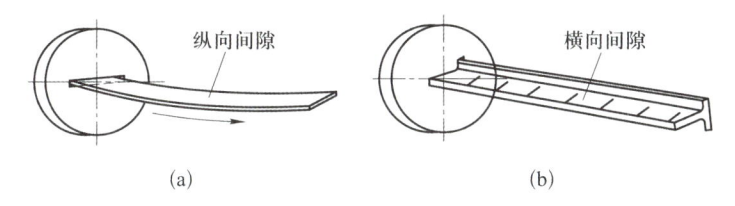

图7-32 间隙的形成

出料的横向间隙是因为型材两侧金属流速不同,凸面快,凹面慢。具体产生的原因与型材的形状、尺寸等有关。当挤压时型材某一部位的金属流速略有差异,就会产生横向间隙,如图7-32b所示;当流速差较大时,就会形成横向弯曲或弯头。挤压T形型材,虽然刚性比较好,但立壁面两侧的金属流速不均匀,有可能产生出料的横向间隙。消除的方法是,在流速快的一边做阻碍修模。如果是由于模具的弹性变形引起的尺寸变化和平面间隙,则可以将悬臂部分的工作带做一斜角来解决,如图7-33所示。

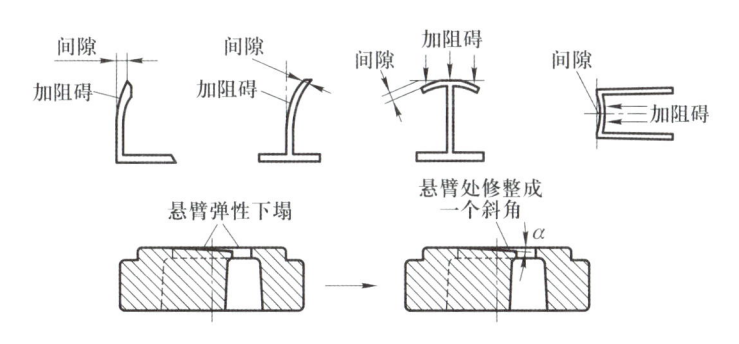

图7-33 平面间隙的修正方法

9. 出料并口和扩口的修正方法

出料并口和扩口是指槽形型材或类槽形型材在成形时由于两个"腿"的两侧的材料流速不一致,使之出现向外或向内凸起的现象。向内凸起称为并口,向外凸起称为扩口。修正的办法是,对流速快的一侧做阻碍修模,对轻微的并口或扩口,可以不必修模,通过辊校来修正。具体修模办法如图7-34所示。

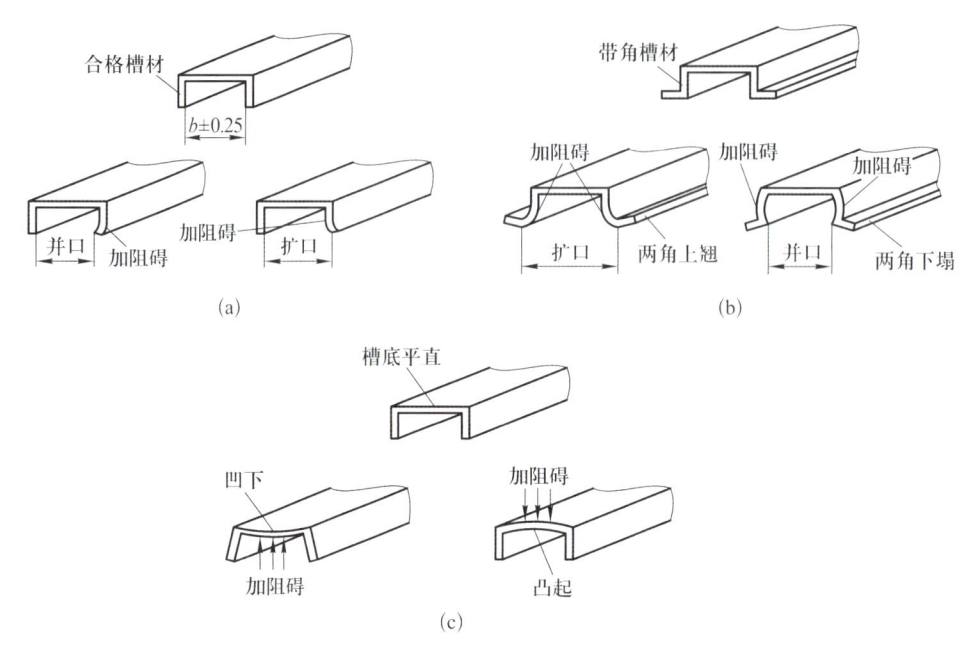

图 7-34 并口和扩口的修正

10. 裂角的修正办法

在型材垂直两壁相交的角部产生的裂纹叫裂角，一般有内角裂纹和外角裂纹。产生的原因是工作带棱角处摩擦阻力比较大或者挤压速度过快。修理的办法是在工作带入口处修一小圆角，如图 7-35 所示，或在易出现裂角处涂润滑油。

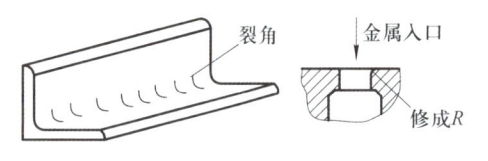

图 7-35 裂角及其修正办法

任务 5　塑料模的装配与调试

塑料模的装配与冲裁模装配有许多相似之处，但在某些方面其要求更为严格，如塑料模闭合后要求分型面均匀密合。在有些情况下，动模和定模上的型芯也要求在合模后保持紧密接触，类似这些要求常常会增加修配的工作量。塑料模的种类、结构不同，其技术要求也不相同，主要有：

(1) 模具安装平面的平行度误差小于 0.05 mm。
(2) 模具闭合后分型面应均匀密合。
(3) 模具闭合后，动模部分和定模部分的型芯位置正确。
(4) 导柱、导套滑动灵活，无阻滞现象。
(5) 推件机构动作灵活、可靠。

5.1 塑料模装配常用的方法

1. 型芯的装配方法

由于塑料模的结构不同,型芯在固定板上的固定方式也不相同。型芯的固定方式如图7-36所示。

图7-36a所示固定方式的装配过程与装配带台肩的冲裁凸模相类似。在压入过程中应注意校正型芯的垂直度,防止压入时切坏孔壁和固定板产生变形。在型芯和型腔的配合要求经修配合格后,在平面磨床上磨平端面A(用等高垫铁支承)。

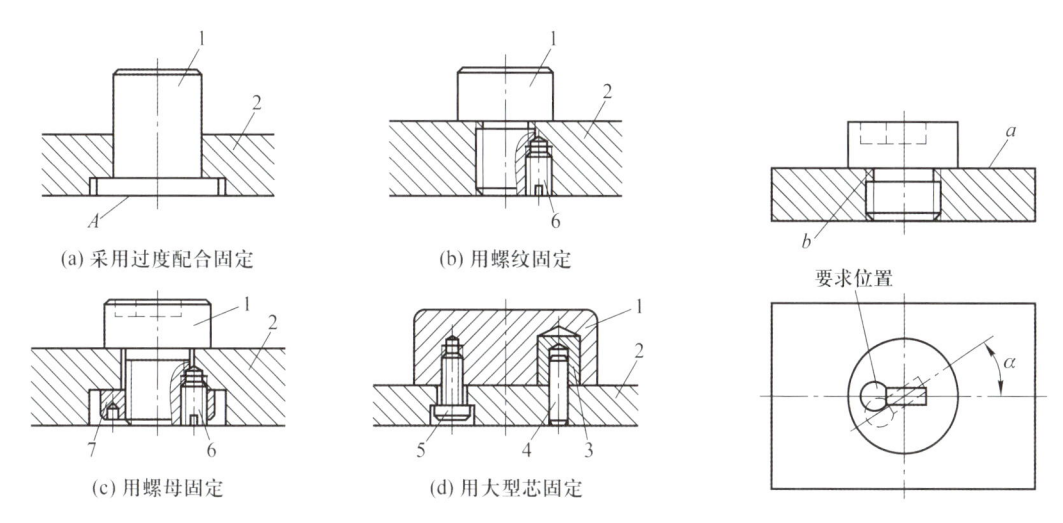

(a) 采用过度配合固定　(b) 用螺纹固定
(c) 用螺母固定　(d) 用大型芯固定

1—型芯;2—固定板;3—定位销套;4—定位销;5—螺钉;6—骑缝螺钉;7—螺母。
图7-36　型芯的固定方式

图7-37　型芯的位置误差

图7-36b所示的固定方式常用于热固性塑料压塑模,对某些有方向要求的型芯,当螺纹拧紧后型芯的实际固定位置与理想位置之间常常出现误差。如图7-37所示,α是理想位置与实际位置之间的夹角。型芯的位置误差可以通过修磨 a 或 b 面来消除。为此,应先进行预装并测出角度 α,其修磨量 $\Delta_{修磨}$ 按下式计算:

$$\Delta_{修磨}=\frac{P}{360°}\alpha$$

式中,α——误差角,(°);

P——连接螺纹的螺距,mm。

图7-36c所示的螺母固定方式对于某些有方向要求的型芯,装配时只需按设计要求将型芯调整到正确位置后,用螺母固定,装配过程简便。适合于固定外形为任何形状的型芯,以及在固定板上同时固定多个型芯的场合。

图7-36b、c所示的型芯固定方式,在将型芯位置调整正确并紧固后,要用骑缝螺钉定位。骑缝螺纹孔应安排在型芯热处理之前加工。

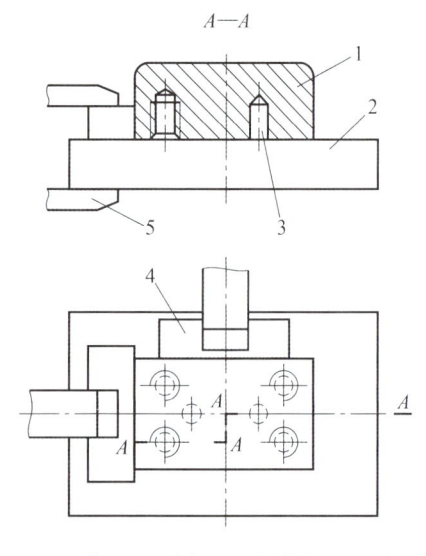

大型芯的固定方式如图 7-36d 所示。装配时可按下列顺序进行：

（1）在加工好的型芯上压入实心的定位销套。

（2）根据型芯在固定板上的位置要求将定位块用平行夹头夹紧在固定板上，如图 7-38 所示。

（3）在型芯螺纹孔口部抹红粉，把型芯和固定板合拢，将螺纹孔位置复印到固定板上取下型芯，在固定板上钻螺钉通孔及钻沉孔，用螺钉将型芯初步固定。

（4）通过导柱、导套将卸料板、型芯和支承板装合在一起，将型芯位置误差调整到正确位置后拧紧固定螺钉。

（5）在固定板的背面划出销孔位置，钻、铰销孔，打入定位销。

1—型芯；2—固定板；3—定位销套；4—定位块；5—平行夹头。
图 7-38　大型芯与固定板的装配

2. 型腔的装配

除了简易的压塑模以外，一般注射模、压塑模的型腔多采用镶嵌或拼块结构，图 7-39 所示是圆形整体式型腔的镶嵌形式。型腔和动、定模板镶合后，其分型面上要求紧密贴合，因此对于压入式配合的型腔，其压入端一般都不允许有斜度，而将压入时的导入部分设在模板上，可在型腔（型芯）固定孔的入口处加工出 1°的型腔，其高度不超过 5 mm。对于有方向要求的型腔，为了保证型腔的位置精度，在型腔压入模板一小部分后应采用百分表检测型腔的直线部位，如果出现位置误差，可用管钳等工具将其旋转到正确位置后，再压入模板。为了方便装配，可以考虑使型腔与模板间保持 0.01～0.02 mm 的配合间隙，在型腔装入模板后将位置找正，再用定位销定位。

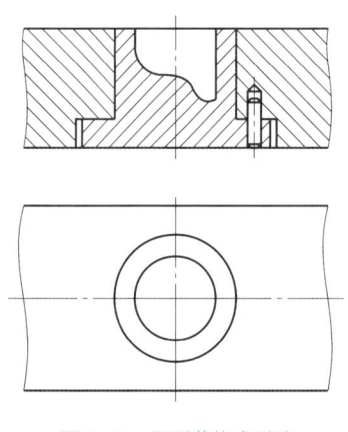

图 7-39　圆形整体式型腔

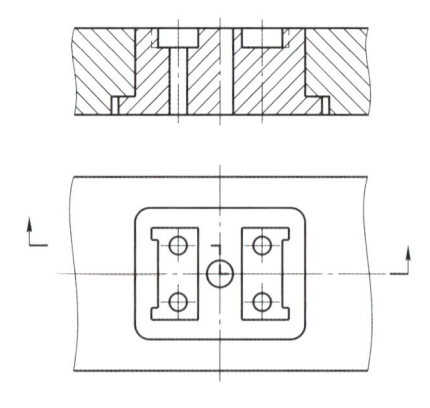

图 7-40　拼块结构的型腔

图 7-40 所示是拼块结构的型腔。这种型腔的拼合面在热处理后要进行磨削加工，因此型腔的某些工作表面不能在热处理前加工到要求尺寸，只能在装配后采用电火花机床、坐标磨床等对

型腔进行精修达到设计要求。如果热处理后硬度不高(如调质处理至刀具能加工的硬度),可在装配后采用切削方法加工。拼块两端应留磨削余量,压入后将两端面和模板一起磨平。

为了不使拼块结构的型腔在压入模板的过程中各拼块在压入方向上产生错位,应在拼块的压入端放一块平垫板,通过平垫板推动各拼块一起移动,如图 7-41 所示。

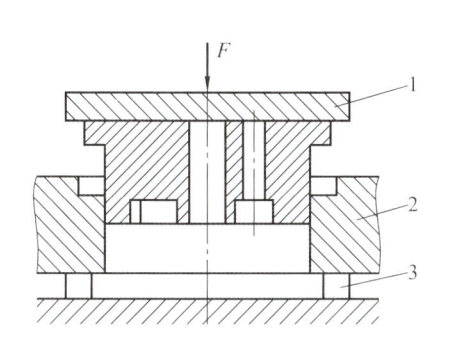

1—平垫板;2—型腔固定板;3—等高垫块。
图 7-41 拼块结构型腔的装配　　图 7-42 型芯端面与加料室底平面出现间隙

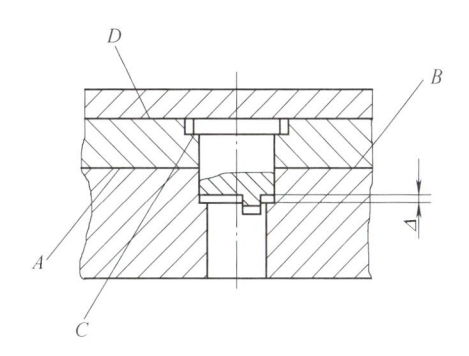

塑料模装配后,有时要求型芯和型腔表面或动、定模上的型芯在合模状态下紧密接触,在装配中可采用修配装配法来达到要求,它是模具制造中广泛采用的一种经济有效的方法。

图 7-42 所示是装配后在型芯端面与加料室底平面间出现了间隙(Δ),可采用下列方法消除:

(1) 修磨固定板平面 A:修磨时需要拆下型芯,磨去的金属层厚度等于间隙值 Δ。

(2) 修磨型腔上平面 B:修磨时不需要拆卸零件,比较方便。

当一副模具有几个型芯时,由于各型芯在修磨方向上的尺寸不可能绝对一致,不论修磨 A 面或 B 面都不能使各型芯和型腔表面在合模时同时保持接触,所以对具有多个型芯面或修磨的模具不能采用这样的修磨方法。

(3) 修磨型芯(或固定板)台肩面 C:采用这种修磨法应在型芯装配合格后再将支承面 D 磨平。此法适用于多型芯模具。

图 7-43a 所示是装配后型腔端面与型芯固定板间有间隙(Δ)。为了消除间隙可采用以下修配方法:

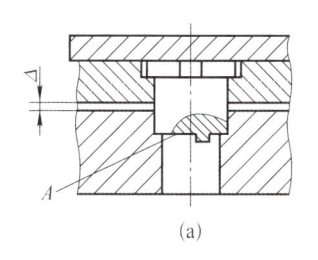

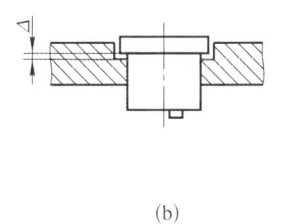

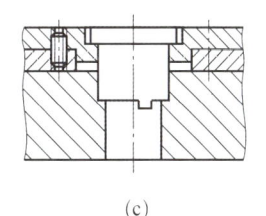

图 7-43 型腔端面与固定板间的间隙

(1) 修磨型芯工作面 A:只适用于型芯端面为平面的情况。

(2) 在型芯台肩和固定板的沉孔底部垫入垫片,如图 7-43b 所示,此方法只适用于小模具。

(3) 在固定板和型腔的上平面之间设置垫块,如图 7-43c 所示,垫块厚度不小于 2 mm。

3. 浇口套的装配

浇口套与定模板的配合一般采用 H7/m6。它压入模板后,其台肩应和沉孔底面贴紧。装配好的浇口套,压入端与配合孔间应无缝隙。所以,浇口套的压入端不允许有导入斜度,应将导入斜度开在模板上浇口套配合孔压入端的入口处。为了防止在压入时浇口套将配合孔壁切坏,常将浇口套的压入端倒成小圆角。在浇口套加工时应留有去除圆角的修磨余量 Z,压入后使圆角凸出在模板之外,如图 7-44 所示,然后在平面磨床上磨平。如图 7-45 所示,最后再把修磨后的浇口套稍微退出,将固定板磨去 0.02 mm,重新压入后成为图 7-46 所示的形式。台肩对定模板的高出量 0.02 mm 亦可采用修磨来保证。

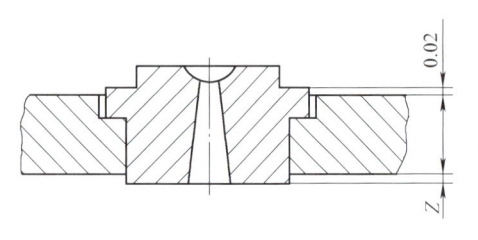

图 7-44 压入后的浇口套

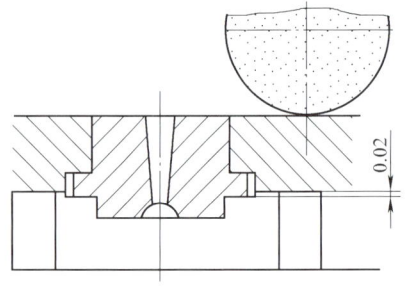

图 7-45 修磨浇口套

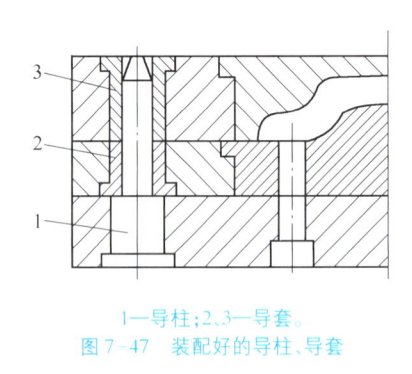

图 7-46 装配好的浇口套

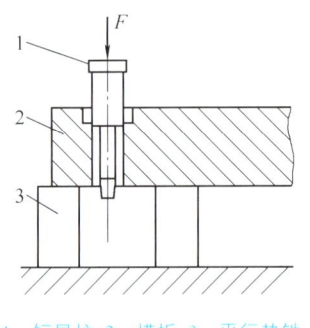

1—导柱;2、3—导套。
图 7-47 装配好的导柱、导套

1—短导柱;2—模板;3—平行垫铁。
图 7-48 短导柱的装配

4. 导柱和导套的装配

导柱、导套分别安装在塑料模的动模和定模部分上,是模具合模和启模的导向装置,如图 7-47 所示。

导柱、导套采用压入方式装入模板的导柱和导套孔内。对于不同结构的导柱所采用的装配方法也不同。短导柱可以采用图 7-48 所示的方式压入模板内。长导柱应在导套装配完成后,以导套导向将长导柱压入动模板内,如图 7-49 所示。

导柱、导套装配后,应保证动模板在启模和合模时能灵活滑动,无卡滞现象。因此,加工时除保证导柱、导套和模板等零件间的配合要求外,还应保证动、定模板上导柱和导套安装孔的中心距一致(其误差不大于 0.01 mm),压入模板后,导柱和导套孔应与模板的安装基面垂直。如果装配后启模和合模不灵活,有卡滞现象,可用红粉涂于导柱表面,往复拉动模板,观察卡滞部位,分析原因,然后将导柱退出,重新装配。在两根导柱装配合格后再装配第三、第四根导柱。每装入一根导柱均应进行上述观察。最先装配的应是距离最远的两根导柱。

1—长导柱;2—固定板;3—定模板;4—导套;5—平行垫铁。
图 7-49 长导柱的装配

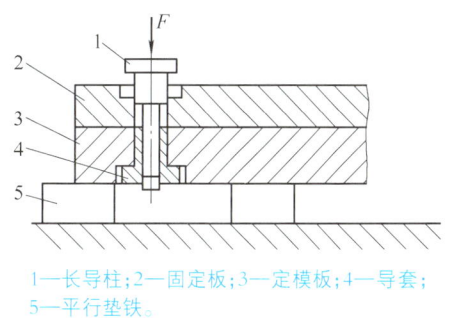

5. 推杆的装配

推杆的作用是推出制件。推杆应运动灵活,尽量避免磨损。推杆由推杆固定板及推板带动。由导向装置对推板进行支承和导向。导柱、导套导向的圆形推杆可按下列顺序进行装配:

(1) 配作导柱、导套孔 将推板、推杆固定板、支承板重叠在一起,配镗导柱、导套孔。

(2) 配作推杆孔及复位杆孔 将支承板与动模板(型腔、型芯)重叠,配钻复位杆孔,按型腔(型芯)上已加工好的推杆孔,配钻支承板上的推杆孔。配钻时以动模板和支承板的定位销定位。

再将支承板、推杆固定板重叠,按支承板上的推杆孔和复位杆孔配钻推杆及复位杆固定孔。配钻前应将推板、导套及导柱装配好,以便用于定位。

(3) 推杆装配

① 将推杆孔入口处和推杆顶端倒出小圆角或斜角;当推杆数量较多时,应与推杆孔进行选择配合,保证滑动灵活,不溢料。

② 检查推杆尾部台肩厚度及推杆固定板的沉孔深度,保证装配后有 0.05 mm 的间隙,对过厚者应进行修磨。

③ 将推杆及复位杆装入固定板,盖上推板,用螺钉紧固。

④ 检查及修磨推杆、复位杆顶端面,模具处于闭合状态时,推杆顶面应高出型面 0.05～0.10 mm,复位杆端面一般是高于分型面 0.02～0.05 mm。上述尺寸要求受垫块和限位销影响。所以,在进行测量前应将限位销装入动模座板,并将限位销和垫块磨到正确尺寸。将装配好的推杆、动模(型腔或型芯)、支承板、动模座板组合在一起。当推板复位到与限位钉接触时,若推杆低于型面则修磨垫块,如果推杆高出型面则可修磨推板底面。推杆和复位杆顶面的修磨可在平面磨床上进行,修磨时采用型铁或三爪自定心卡盘装夹。

6. 滑块抽芯机构的装配

滑块抽芯机构装配后,应保证型芯与凹模达到所要求的配合间隙;滑块运动灵活,有足够的行程、正确的起止位置。

滑块装配常常以凹模的型面为基准。因此,它的装配要在凹模装配后进行。其装配顺序如下:

(1) 装配凹模(或型芯)　将凹模压入固定板,磨上、下平面并保证尺寸 A,如图 7-50 所示。

(2) 加工滑块槽　将凹模镶块退出固定板,精加工滑块槽。其深度按 M 面决定,如图 7-50 所示,N 为槽的底面。T 形槽按滑块台肩实际尺寸精铣后,钳工最后修整。

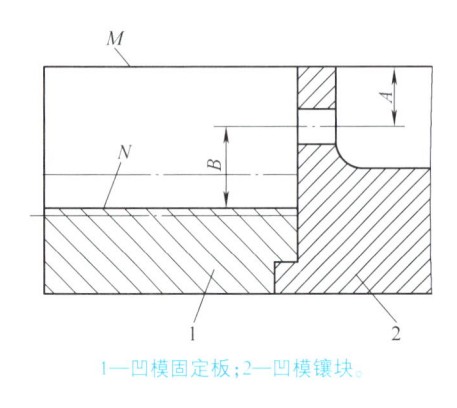

图 7-50　凹模装配
1—凹模固定板；2—凹模镶块。

图 7-51　型芯固定孔压印图
1—侧型芯滑块；2—定中心工具；3—凹模顶块；4—凹模固定板。

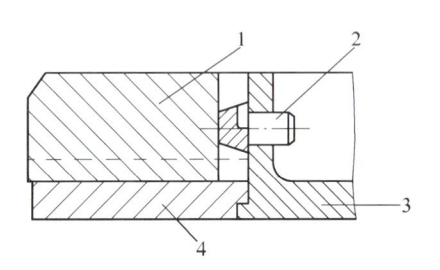

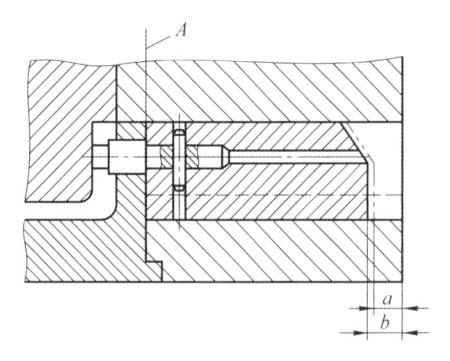

(3) 配钻型芯固定孔　利用定中心工具在滑块上压出圆形印迹,如图 7-51 所示。按轨迹找正,钻、镗型芯固定孔。

(4) 装配滑块型芯　在模具闭合时滑块型芯应与定模型芯接触,如图 7-52 所示,一般都在型芯上留出余量通过修磨来实现。其操作过程如下:

① 将型芯端部磨成和定模型芯相应部位吻合的形状。

② 将滑块装入滑块槽,使端面与型腔镶块的 A 面接触,测得尺寸 b。

图 7-52　型芯修磨量的测量

③ 将滑块型芯装入滑块并推入滑块槽,使滑块型芯与定模型芯接触,测得尺寸 a。

④ 修磨滑块型芯,其修磨量为 $b-a-(0.05\sim0.1)$ mm。其中 $(0.05\sim0.1)$ mm 为滑块端面与型腔镶块 A 之间的间隙。

⑤ 将修磨正确的型芯与滑块配钻销孔后用销定位。

7. 楔紧块的装配

在模具闭合时楔紧块的斜面必须和滑块均匀接触,并保证有足够的锁紧力。为此,在装配时要求在模具闭合状态下,分模面之间应保留 0.2 mm 的间隙,如图 7-53 所示。此间隙靠修磨滑块斜面预留的修磨量保证。此外,楔紧块在受力状态下不能向闭模方向松动,所以楔紧块的后端面应与定模板处于同一平面。

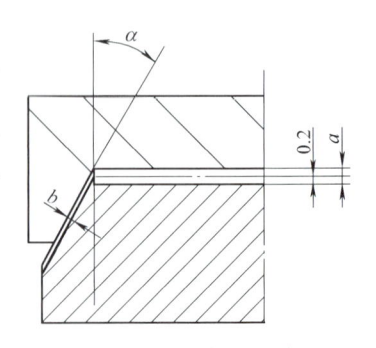

根据上述要求,楔紧块的装配方法如下:

(1) 用螺钉紧固楔紧块。

图 7-53　滑块斜面的修磨量

(2) 修磨滑块斜面,使其与楔紧块斜面密合。其修磨量为

$$b = (a - 0.2)\sin \alpha$$

式中,b——滑块斜面的修磨量,mm;

a——闭模后测得的分模面实际间隙,mm;

α——楔紧块的斜度,(°)。

(3) 楔紧块与定模板一起钻铰定位销孔,装入定位销。

(4) 将楔紧块后端面与定模板一起磨平。

(5) 加工斜导柱孔。

(6) 修磨限位块。

开模后滑块复位的正确位置由限位块定位。在设计模具时一般使滑块后端面与定模板外形齐平,由于加工中的误差而使两者不处于同一平面时,可按需要将定位块修磨成台阶形。

5.2 典型注射模的装配工艺

图 7-54 所示,(a)是塑料注射模的装配图,(b)是制件图,(c)是注射模三维剖切图,其装配要求如下:

1. 总装配图要求

(1) 装配后模具安装平面的平行度误差小于 0.05 mm。

(2) 模具闭合后分型面应均匀密合。

(3) 模具闭合后,定模部分和动模部分的型芯(凸模)位置正确。

(4) 导柱导套滑动灵活,无阻滞现象。

(5) 推件机构动作灵活、可靠。

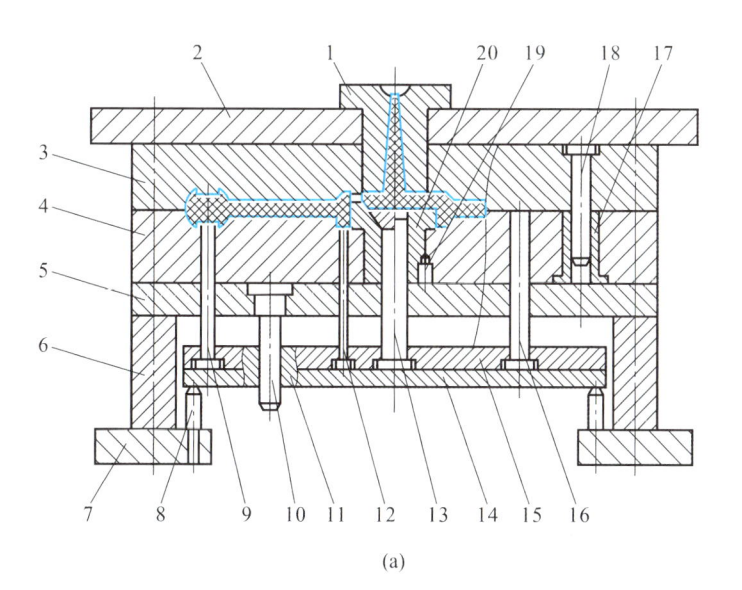

(a)

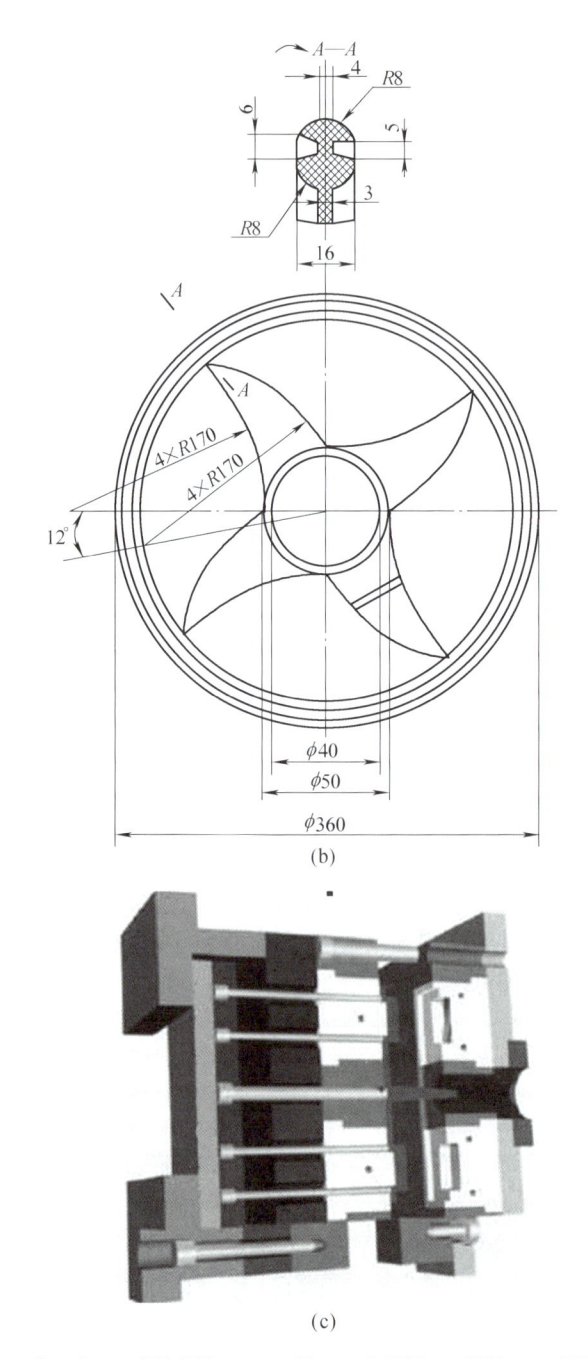

1—浇口套;2—定模座板;3、4—凹模;5—支承板;6—垫块;7—动模座板;8—限位销;9、12—推杆;10、18—导柱;11、17—导套;13—拉料杆;14—推板;15—推板固定板;16—复位杆;19—骑缝螺钉;20—型芯。

图 7-54 风车注射模

2. 模具的总装配顺序

(1) 装配动模部分

① 将型芯 20(型芯上平面预留修磨量)及导套 17 压入凹模 4 的孔中,加工骑缝螺钉孔,旋入

骑缝螺钉 19 并磨平下平面。

② 装配推杆及复位杆、拉料杆。推杆及复位杆等装配的操作程序在上文中已有较详细论述，不再重叙。

③ 装配垫块及动模固定板。将动模座板与垫块组合在一起并用平行夹头夹紧，通过座板上的螺钉通孔在垫块上钻锥窝，拆下动模座板按锥窝钻螺钉通孔。用类似方法配作支承板上螺钉通孔和凹模 4 上的螺纹底孔，并攻螺纹。

将支承钉压入动模座板，磨限位销上端面。用螺钉连接凹模 4、支承板 5、垫块 6、动模座板 7 后，钻、铰定位销孔并打入定位销(图中未画出)。

(2) 装配定模部分

① 按定模固定板配钻凹模 3 上的螺纹底孔，并攻螺纹。

② 将导柱 18 压入凹模 3 的孔中，磨平上平面。

③ 将定模固定板与凹模 3 组合，用螺钉将两板紧固。钻、铰定位销孔，打入定位销(图中未画出)。

④ 精加工浇口套孔。将浇口套压入定模固定板及凹模 3 中，修磨浇口套下端面或在浇口套的台阶处垫入垫片。使浇口套下平面与凹模 3 的型腔面平齐后用螺钉固定浇口套。

(3) 型芯的修磨

合模后观察分型面的密合情况，按实测的分型面处的间隙值，修磨型芯的上平面，保证分型面、型芯与浇口套及型腔面同时密合。

不同的模具装配顺序不尽相同，但必须保证装配精度，达到使用性能要求。

5.3　塑料模试模常见问题及其调整

模具装配完成以后，在交付生产之前，应进行试模，试模的目的有二：一是检查模具在制造上存在的缺陷，并查明原因加以排除；二是对模具设计的合理性进行评定并对成形工艺条件进行探索，以利于设计和成形工艺水平的提高。

试模应按下列顺序进行：

1. 装模

在模具装上注射机之前，应按设计图样对模具进行检验，及时发现问题进行修整，减少不必要的重复安装和拆卸。在对模具的固定部分和活动部分进行分开检查时，要注意方向记号，以免合拢时出错。

模具尽可能整体安装，吊装时要注意安全，操作者要协调一致，密切配合。当模具定位圈装入注射机上定模板的定位孔后，以极慢的速度合模，由动模板将模具轻轻压紧后装上压板压紧。

在模具被紧固后可慢慢启模，直到动模部分停止后退，这时应调节机床的顶杆使模具上的推杆固定板和动模支承板之间的距离不小于 5 mm，以防止顶坏模具。

为了防止制件溢边，又保证型腔能适当排气，合模的松紧程度很重要。由于目前还没有锁模力的测量装置,因此需要凭经验对注射机的液压柱塞-肘节锁模机构进行调节。即在合模时,肘节先快后慢,既不自然,也不太勉强地伸直时,合模的松紧程度就正好合适。对于需要加热的模具,应在模具达到规定温度后再校正合模的松紧程度。

最后,接通冷却水管或加热线路。对于采用液压或电动机分型模具的,也应分别进行接通和检验。

2. 试模

经过以上的调整、检查,做好试模准备后,选用合格原料,根据推荐的工艺参数将料筒和喷嘴加热。由于制件大小、形状和壁厚不同,以及设备上热电偶位置的深度和温度表的误差也各有差异,因此资料上介绍的加工某一塑料的料筒和喷嘴温度只是一个大致范围,还应根据具体条件试调。判断料筒和喷嘴温度是否合适的最好办法是将喷嘴和主流道脱开,用较低的注射压力,使塑料自喷嘴中缓慢地流出,观察料流。如果没有硬头、气泡、银丝、变色,料流光滑明亮,即说明料筒和喷嘴温度比较合适,可以开机试模。

在开始注射时,原则上选择在低压、低温和较长的时间条件下成型。如果制件未充满,通常是先增加注射压力,当大幅度提高注射压力仍无效时,才考虑变动时间和温度。延长时间实质上是使塑料在料筒内的受热时间增长,注射几次后若仍然未充满,最后才提高料筒温度。但料筒温度的上升以及它与塑料温度达到平衡需要一定的时间(一般约为 15 min),不要过快地把料筒温度升得太高,以免塑料过热甚至发生降解。

注射成型时可选用高速和低速两种工艺。一般在制件壁薄而面积大时,采用高速注射,而壁厚、面积小的塑件采用低速注射,在高速和低速都能充满型腔的情况下,除玻璃纤维增强塑料外,均宜采用低速注射。

对黏度高和热稳定性差的塑料,采用较慢的螺杆转速和略低的背压加料及预塑,而黏度低和热稳定性好的塑料可采用较快的螺杆转速和略高的背压。在喷嘴温度合适的情况下,采用喷嘴固定形式可提高生产率。但当喷嘴温度太低或太高时,需要采用每次注射后向后移动喷嘴的形式(喷嘴温度低时,由于后加料时喷嘴离开模具,减少了散热,故可使喷嘴温度升高;喷嘴温度太高时,后加料可挤出一些过热的塑料)。

试模时易产生的缺陷及原因见表 7-8。

表 7-8 试模时易产生的缺陷及原因

原因	制件不足	溢边	凹痕	银丝	熔接痕	气泡	裂纹	翘曲变形
料筒温度太高		√	√	√		√		√
料筒温度太低	√				√	√		
注射压力太高		√					√	√
注射压力太低	√		√		√	√		

续　表

原　因	制件不足	溢边	凹痕	银丝	熔接痕	气泡	裂纹	翘曲变形
模具温度太高			√					√
模具温度太低	√				√	√	√	
注射速度太慢	√							
注射时间太长				√	√		√	
注射时间太短	√		√		√			
成型周期太长		√	√					
加料太多		√						
加料太少	√		√					
原料含水分过多			√					
分流道或浇口太小	√		√	√	√			
模具排气不好	√			√		√		
制件太薄	√							
制件太厚或变化大			√			√		√
成型机能力不足	√		√	√				
成型机锁模力不足		√						

在试模过程中应详细记录，并将结果填入试模记录卡，注明模具是否合格。如需返修，应提出返修意见。在记录卡中应摘录成形工艺条件及操作注意点，最好能附上注射成型的制件，以供参考。

试模后合格的模具，应清理干净，涂上防锈油后入库。

复习与思考

1. 常见的装配方法有哪些？举例说明其应用场合。
2. 模具装配具有哪些特点？
3. 通过对装配尺寸链的分析计算能够解决哪些问题？
4. 成型零件的固定装配方法有哪些？各适用于什么场合？
5. 如何选择冲裁模的装配基准？装配基准与装配顺序间存在怎样的关系？
6. 型芯凸模有哪些装配要求？各种结构形式的型芯凸模的装配有哪些特点？
7. 型腔凹模装配时，可采用哪些工艺方法确保装配的位置精度要求？
8. 滑块抽芯机构装配主要包括哪些步骤及内容？
9. 塑料模试模时发现塑件溢边，是由哪些原因造成的？如何调整？

拓展提升

实践训练题七

参考文献

[1] 洪慎章,等.实用热锻模设计与制造[M].2版.北京:机械工业出版社,2016.
[2] 刘朝福.模具制造实用手册[M].北京:化学工业出版社,2012.
[3] 刘华刚.汽车模具装配与调修技术[M].3版.北京:机械工业出版社,2018.

郑重声明

高等教育出版社依法对本书享有专有出版权。任何未经许可的复制、销售行为均违反《中华人民共和国著作权法》，其行为人将承担相应的民事责任和行政责任；构成犯罪的，将被依法追究刑事责任。为了维护市场秩序，保护读者的合法权益，避免读者误用盗版书造成不良后果，我社将配合行政执法部门和司法机关对违法犯罪的单位和个人进行严厉打击。社会各界人士如发现上述侵权行为，希望及时举报，我社将奖励举报有功人员。

反盗版举报电话　（010）58581999　58582371
反盗版举报邮箱　dd@hep.com.cn
通信地址　北京市西城区德外大街4号　高等教育出版社知识产权与法律事务部
邮政编码　100120

2